煤炭高等教育“十四五”规划教材

机械设计基础课程设计实训教程

（3D版）

Practical Training for Fundamentals of Machine Design

杨善国　刘送永　刘后广 ◎ 主编

张广庆　丁平芳　肖　刚 ◎ 副主编

化学工业出版社

·北京·

内 容 简 介

《机械设计基础课程设计实训教程（3D 版）》是根据高等工科院校机械设计基础课程教学基本要求，结合编者多年的教学经验编写而成。考虑专业特点和学时安排，本书以“易用、够用、实用”为宗旨，以课程设计步骤为主线，精心组织相关内容。书中给出了一级圆柱齿轮减速器设计计算及基于 SolidWorks 的三维设计典型案例，设计步骤及内容系统、完整、详细。本书贯彻执行最新国家标准和设计规范，选择了设计中常用标准和规范作为附录内容，便于学生使用。

《机械设计基础课程设计实训教程（3D 版）》可作为高等院校近机类和非机类专业“机械设计基础课程设计”的教学用书，亦可供相关专业师生或现场工程技术人员参考使用。

图书在版编目（CIP）数据

机械设计基础课程设计实训教程：3D 版/杨善国，刘送永，刘后广主编.—北京：化学工业出版社，2021.6

煤炭高等教育“十四五”规划教材

ISBN 978-7-122-38900-8

Ⅰ.①机… Ⅱ.①杨…②刘…③刘… Ⅲ.①机械设计-高等学校-教材 Ⅳ.①TH122

中国版本图书馆 CIP 数据核字（2021）第 064777 号

责任编辑：陶艳玲　　文字编辑：吴开亮

责任校对：张雨彤　　装帧设计：韩 飞

出版发行：化学工业出版社(北京市东城区青年湖南街 13 号　邮政编码 100011)

印　　装：北京建宏印刷有限公司

787mm×1092mm　1/16　印张 13¾　字数 311 千字　2021 年 8 月北京第 1 版第 1 次印刷

购书咨询：010-64518888　　售后服务：010-64518899

网　　址：http://www.cip.com.cn

凡购买本书，如有缺损质量问题，本社销售中心负责调换。

定　　价：49.00 元

前言

减速器设计是传统的课程设计题目，因其覆盖了机械设计课程的大量知识点，一直保持着强大的生命力，绝大多数学校至今仍把减速器设计作为机械设计基础课程设计的内容。本书以减速器设计为知识载体，以培养学生能力为目标进行编写。本书具有以下特点。

（1）适用面广，满足多层次需要。目前，高等院校各专业的机械设计基础课程设计题目普遍选择以减速器为主的传动装置设计，本书内容也主要围绕减速器设计的实训和指导进行，因此教材适用面广。本书力求编排科学，主线清晰，内容全面，注重学生的设计、分析和创新能力的培养。

（2）结合课程发展趋势，增加了计算机辅助三维设计内容。在第 8 章“基于 SolidWorks 的一级圆柱齿轮减速器三维设计范例”中详细阐述了减速器零部件三维建模及装配的具体过程，实操性强，这在计算机辅助设计及分析技术迅猛发展的今天显得尤为重要。

（3）本书内容凝结了所有编者多年的教学实践经验，详尽地介绍了典型的设计案例，实用性强。

（4）注重教学内容体系完整性及设计过程系统性。本书主要以一级圆柱齿轮传动装置设计为例，按减速器设计的逻辑顺序编写，思路清晰，循序渐进，将各章节知识点有机衔接，便于学生完整地学习机械设计基础的基本概念、基本理论、基本知识。书中既有宏观介绍，又有典型案例；既有理论计算，又有结构设计。将设计原理和具体方法融入设计的各个环节，有利于培养学生理论联系实际、综合处理问题的能力。

（5）现有同类的课程设计指导书中所用公式均参考课程“机械设计”相关教材，与课程“机械设计基础”教材中的简化公式不一致，且缺少必要说明，导致学生使用该类指导书时感觉很困惑。因此，本书在编写时进行了有针对性的改进与统一，所用公式和图表均来自课程“机械设计基础”教材，避免造成不必要的混乱。

（6）本书集课程设计实训与指导、设计资料、参考例图于一体，力求内容精炼，资料新颖，图文并茂。

（7）本书采用了最新的国家标准和技术规范，并可扫描二维码查看设计资料，以适应当前机械设计工作的需要。

本书为中国矿业大学“卓越采矿工程师”教材，由中国矿业大学杨善国、刘送永、刘后广担任主编，徐州凯尔农业装备股份有限公司张广庆、徐州工程机械研究院丁平芳、江苏汇智高端工程机械创新中心有限公司肖刚担任副主编。中国矿业大学刘念、张雨蒙、赵禹、王文博、寇寅欣等参与了编写，进行了圆柱齿轮减速器三维设计以及部分表格、数据资料收集和整理工作。

本书在编写过程中汲取了兄弟院校同行的意见和建议，参考和引用了相关的部分优秀书籍内容，在此诚致谢意。

鉴于编者水平和能力有限，书中难免会有不足之处，敬请广大读者批评指正。

编　者

2021年6月

目录

第1章 概述

1.1 课程设计的目的

本课程设计是与“机械设计基础”理论教学配套的一个重要实践性教学环节。对近机类专业学生来说，它是一次较为全面的机械设计学习与训练过程。通过课程设计实训，可达到以下目的：

① 训练学生综合运用“机械设计基础”课程的知识，培养理论联系实际的设计思想，以巩固、深化、融会贯通及扩展有关机械设计方面的知识。

② 培养学生分析和解决工程实际问题的能力，使学生掌握机械零件、机械传动装置或简单机械的一般设计程序和方法。

③ 使学生熟悉标准、规范、手册、图册等设计资料和经验数据的使用，提高学生计算、绘图、数据处理、计算机辅助设计等方面的能力。

④ 帮助学生正确处理借鉴与创新、设计与选用、设计计算与结构设计等的关系，激发学生的创新意识，提高创新能力。

1.2 课程设计的内容和任务

通常选择机械传动装置或简单机械作为设计课题，一般包括以下内容：

① 拟定、分析传动装置的设计方案，包括带传动、齿轮传动等；

② 传动件和主要零件设计计算与结构设计、部分零部件的校核计算；

③ 绘制装配图和零件工作图；

④ 编写设计计算说明书。

课程设计要求在规定时间内完成以下任务：

① 机械传动装置的总体设计、传动零件和主要零部件的设计计算与结构设计；

② 绘制减速器装配图 1 张（用 A1 或 A0 图纸绘制）；

③ 绘制零件工作图 1～2 张（齿轮、轴等）；

④ 编写设计计算说明书 1 份（8000 字左右）。

1.3 课程设计的方法和步骤

1.3.1 课程设计的方法

① 独立思考，继承与创新。设计时要认真阅读参考资料，借鉴前人的设计经验和成果，根据具体设计条件和要求，独立思考，大胆进行改进和创新，做出高质量的设计。

② 全面考虑机械零部件的强度、刚度、工艺性、经济性和维护等要求。任何机械零部件的结构和尺寸，除考虑其强度和刚度外，还应综合考虑零件本身及整个部件的加工和装配工艺性、经济性、维护方便性等。

③ 采用“三边”设计方法。由于影响设计的因素很多，加之机械零件的结构尺寸不可能完全由计算来确定，所以课程设计还需借助画草图、初选参数或初估尺寸等手段，采用边计算、边画图、边修改的方法逐渐完成。

④ 采用标准和规范。设计时应尽量采用标准和规范，这有利于加强零件的互换性和工艺性，同时也可减少设计工作量、节省设计时间。采用标准或规范的多少，是评价设计质量的一项指标。

1.3.2 课程设计的一般步骤

① 课程设计准备。了解设计任务书，明确设计要求与内容，拟定设计计划；查阅相关资料（如图纸、实物、模型等）；准备设计用图书、手册和工具。

② 传动装置总体设计。分析并确定传动方案及传动装置的运动简图；选定电动机类型和型号；计算传动装置的运动和动力参数。

③ 传动零件设计计算。设计计算各级传动件的参数和主要尺寸，包括减速器外部的传动零件、减速器内部的传动零件的设计计算。

④ 设计装配图。包括确定减速器结构方案和相应尺寸；选择联轴器；选择轴承或设计轴承组合的结构；确定轴上力的作用点及轴承支点距离；校核轴的强度、键连接的强度、轴承寿命；进行箱体和附件的结构设计。

⑤ 绘制减速器装配图。包括三视图、必要的标注、零件编号及明细表和标题栏、技术特性及技术要求等。

⑥ 绘制零件工作图。设计、绘制减速器中主要零件的工作图，如轴、齿轮、箱体等，可由指导教师指定。

⑦ 整理和编写设计计算说明书。整理设计计算资料，编写设计计算说明书。说明书包括整个设计过程的主要计算和一些必要的设计说明。

⑧ 总结设计收获和经验教训，准备答辩。

1.4 课程设计中应注意的问题

① 端正工作态度，培养严谨的作风。课程设计中，必须树立严肃认真、一丝不苟、刻苦钻研、精益求精的工作态度。在设计过程中，应主动思考问题，认真分析问题，积极解决问题。

② 理论联系实际，综合考虑，力求设计合理、实用、经济、工艺性好，正确处理继承与创新的关系，严格遵守规范化、标准化原则。

③ 随时记录和整理数据，及时检查和修正问题。数据是设计的依据，应及时记录与整理计算数据，把设计过程中所考虑的主要问题及一切计算都记录存档。在设计的每个阶段都要进行自查或互查，有问题及时修正，以免造成大的差错或返工。

④ 正确处理设计计算和结构设计间的关系，统筹兼顾。在机械设计中由理论计算式得到的一些参考值通常只是确定零件尺寸的基本参考依据，这些数据有时需要圆整或标准化，有时要综合考虑系统的结构设计才能确定出合理的结果。另外，还有一些尺寸无经验公式可循，常根据加工、使用等条件，参照类似结构用类比方法由设计者自行确定。

⑤ 认真设计草图是提高设计质量的关键。草图应按正式图的比例画出，作图的顺序要得当，而且要着重注意各零件之间的相对位置，有些细节部分的结构可先以简化画法画出。

第 2 章　传动装置的总体设计

传动装置的总体设计包括确定传动方案、选择电动机型号、合理分配各级传动比以及计算传动装置的运动和动力参数等，为各级传动零件计算和装配图设计做准备。

2.1　分析和确定传动方案

传动装置的作用是根据工作机的要求，将原动机的动力和运动传递给工作机。传动装置设计是整个机器设计工作中的重要一环，其直接影响到整机工作性能、制造成本及整体尺寸。采用不同的传动机构、不同的布局和组合，可得到不同的传动方案。合理确定传动方案的首要条件是满足工作机的功能需求，在此基础上，力求结构简单、造价低、工作效率高、安全可靠和使用维护方便等。但在大多数实际情况下，一个方案并不能同时满足上述所有要求，因此需对多个方案进行分析比较，才能选择出能保证重点要求的合理传动方案。在课程设计中，学生应根据各种传动的特点统筹兼顾，拟定最优传动方案，做出总体布置，绘制出传动方案示意图。

常用传动机构及特点见表 2-1，供设计时参考。

表 2-1　常用传动机构及特点

传动机构	特　点
带传动	平稳性好，能缓冲吸振，但承载能力小，宜布置在高速级
链传动	平稳性差，且有冲击、振动，宜布置在低速级
圆柱齿轮传动	最为常见的一种传动形式，承载能力大，速度范围大，瞬时传动比恒定，效率高，推荐单级传动比 3～5
锥齿轮传动	加工比较困难，一般只在需要改变轴的布置方向时采用，应尽量布置在高速级，并限制其传动比，以减小其直径和模数
斜齿轮传动	较直齿轮传动平稳，常用在高速级或要求传动平稳的场合
开式齿轮传动	润滑条件差，磨损严重，寿命较短，一般布置在低速级
蜗杆传动	传动比大，传动平稳，噪声小，可实现自锁，但效率较低，当与齿轮副组成传动机构时，宜布置在高速级，以获得较小的结构尺寸

图2-1所示的是带式输送机的4种传动方案，各有特点，分别适用于不同的工作场合。设计时可根据工作条件和设计要求综合比较，选取最合适的方案。

方案（a）采用二级闭式齿轮传动，该方案结构尺寸小，传动效率高，能在繁重及恶劣条件下长期工作。

方案（b）采用V带传动和一级闭式齿轮传动，该方案外廓尺寸较大，有减振和过载保护作用，在繁重及恶劣条件下会受到很大限制。

方案（c）采用一级闭式齿轮传动和一级开式齿轮传动，成本较低，但使用寿命较短，不适用于较差的工作环境。

方案（d）采用蜗杆传动，结构紧凑，但功率损失较大，传动效率低，不适宜用于长期连续运转的场合。

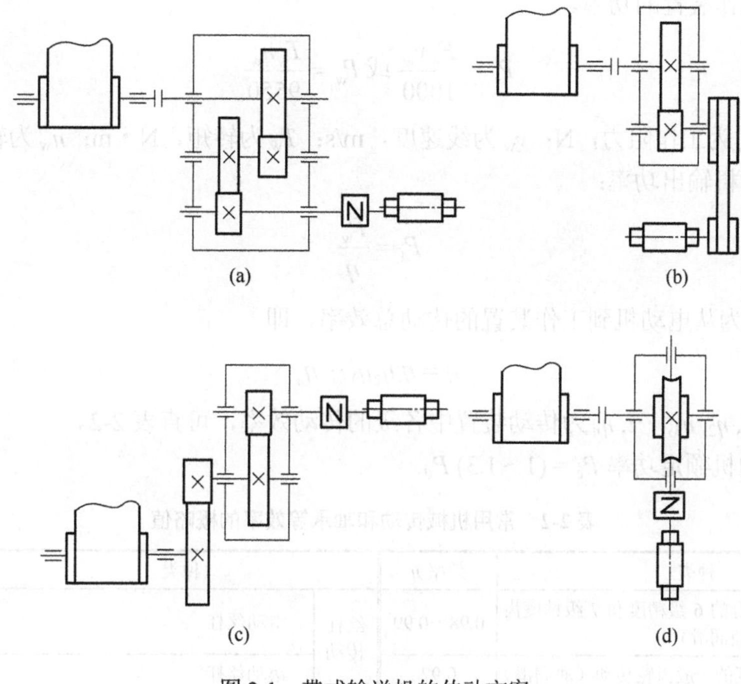

图2-1 带式输送机的传动方案

2.2 电动机的选择

2.2.1 选择电动机种类和结构形式

电动机种类很多，生产中一般选用三相交流异步电动机。其中的Y系列电动机较为常用，其适用于无特殊要求的工作场合，结构简单、工作可靠、启动特性好、价格低廉并且维护方便。课程设计中常选用此类型电动机。Y 系列电动机的技术数据、外形及安装尺寸等参见附录 7（电动机）中的附表 7-1～附表 7-5。

2.2.2　确定电动机功率

电动机功率（容量）选择是否合适，对电动机的正常工作和经济性都有影响。对于长期连续运转、载荷不变或很少变化的、在常温下工作的电动机，确定其容量时，只需使电动机负载不超过其额定值，电动机便不会过热。这样可按电动机的额定功率 P_e 等于或略大于电动机所需的功率 P_d（即 $P_e \geqslant P_d$）选择相应的电动机型号，而不必再做发热计算。

要确定电动机的功率，须先计算出工作装置所需功率。根据工作装置的阻力、转矩和速度，计算工作装置的功率。

$$P_w = \frac{F_w v_w}{1000} \text{或} P_w = \frac{T_w n_w}{9550} \tag{2-1}$$

式中，F_w 为工作阻力，N；v_w 为线速度，m/s；T_w 为转矩，N・m；n_w 为转速，r/min。

所需电动机输出功率：

$$P_d = \frac{P_w}{\eta} \tag{2-2}$$

式中，η 为从电动机到工作装置的传动总效率，即

$$\eta = \eta_1 \eta_2 \eta_3 \cdots \eta_n \tag{2-3}$$

式中，$\eta_1, \eta_2, \eta_3, \cdots, \eta_n$ 为传动装置中各级的传动效率，可查表 2-2。

所需电动机额定功率 $P_e = (1 \sim 1.3)\, P_d$。

表 2-2　常用机械传动和轴承等效率的概略值

种类		效率 η	种类		效率 η
圆柱齿轮传动	很好跑合的 6 级精度和 7 级精度齿轮传动（油润滑）	0.98～0.99	丝杠传动	滑动丝杠	0.30～0.60
	8 级精度的一般齿轮传动（油润滑）	0.97		滚动丝杠	0.85～0.95
	9 级精度的齿轮传动（油润滑）	0.96	复滑轮组	滑动轴承（i=2～6）	0.90～0.98
	加工齿的开式齿轮传动（脂润滑）	0.94～0.96		滚动轴承（i=2～6）	0.95～0.99
	铸造齿的开式齿轮传动	0.90～0.93	联轴器	浮动联轴器（十字沟槽联轴器）	0.97～0.99
圆锥齿轮传动	很好跑合的 6 级和 7 级精度的齿轮传动（油润滑）	0.97～0.98		齿式联轴器	0.99
	8 级精度的一般齿轮传动（油润滑）	0.94～0.97		挠性联轴器	0.99～0.995
	加工齿的开式齿轮传动（脂润滑）	0.92～0.95		万向联轴器（$\alpha \leqslant 3°$）	0.97～0.98
	铸造齿的开式齿轮传动	0.88～0.92		万向联轴器（$\alpha > 3°$）	0.95～0.97
蜗杆传动	自锁蜗杆（油润滑）	0.40～0.45		梅花形弹性联轴器	0.97～0.98
	单头蜗杆（油润滑）	0.70～0.75	滑动轴承	润滑不良	0.94
	双头蜗杆（油润滑）	0.75～0.82		润滑正常	0.97
	三头和四头蜗杆（油润滑）	0.80～0.92		润滑特好（压力润滑）	0.98
	圆弧面蜗杆传动（油润滑）	0.85～0.95		液体摩擦	0.99

续表

<table>
<tr><th colspan="2">种类</th><th>效率 η</th><th colspan="2">种类</th><th>效率 η</th></tr>
<tr><td rowspan="5">带传动</td><td>平带无压紧轮的开式传动</td><td>0.98</td><td rowspan="2">滚动轴承</td><td>球轴承（稀油润滑）</td><td>0.99</td></tr>
<tr><td>平带有压紧轮的开式传动</td><td>0.97</td><td>滚子轴承（稀油润滑）</td><td>0.98</td></tr>
<tr><td>平带交叉传动</td><td>0.90</td><td colspan="2">油池内油的飞溅和密封摩擦</td><td>0.95～0.99</td></tr>
<tr><td>V 带传动</td><td>0.96</td><td rowspan="11">减（变）速器①</td><td>一级圆柱齿轮减速器</td><td>0.97～0.98</td></tr>
<tr><td>同步齿形带传动</td><td>0.96～0.98</td><td>二级圆柱齿轮减速器</td><td>0.95～0.96</td></tr>
<tr><td rowspan="4">链传动</td><td>焊接链</td><td>0.93</td><td>一级行星圆柱齿轮减速器（NGW 类型负号机构）</td><td>0.95～0.98</td></tr>
<tr><td>片式关节链</td><td>0.95</td><td>一级圆锥齿轮减速器</td><td>0.95～0.96</td></tr>
<tr><td>滚子链</td><td>0.96</td><td>二级圆锥-圆柱齿轮减速器</td><td>0.94～0.95</td></tr>
<tr><td>齿形链</td><td>0.97</td><td>无级变速器</td><td>0.92～0.95</td></tr>
<tr><td rowspan="3">摩擦传动</td><td>平摩擦传动</td><td>0.85～0.92</td><td>摆线-针轮减速器</td><td>0.90～0.97</td></tr>
<tr><td>槽摩擦传动</td><td>0.88～0.90</td><td>轧机人字齿轮座（滑动轴承）</td><td>0.93～0.95</td></tr>
<tr><td>卷绳轮</td><td>0.95</td><td>轧机人字齿轮座（滚动轴承）</td><td>0.94～0.96</td></tr>
<tr><td rowspan="2">卷筒</td><td>运输机滚筒</td><td rowspan="2">0.94～0.97</td><td rowspan="2">轧机主减速器</td><td rowspan="2">0.93～0.96</td></tr>
<tr><td>卷扬机滚筒</td></tr>
</table>

①滚动轴承的损耗考虑在内。

在计算传动总效率时，应注意以下几点。

① 表 2-2 中所列数值是概略的范围，一般可取中间值；若工作条件差、加工精度低或维护不良，应取低值，反之取高值。

② 轴承效率通常指一对轴承而言。

③ 同类型的几对传动副、轴承或联轴器，均应单独计入总效率。

2.2.3 确定电动机转速

同一功率的异步电动机有同步转速 3000r/min、1500r/min、1000r/min、750r/min 等几种。一般来说，电动机的同步转速越高，则磁极对数越少，尺寸和质量越小，价格也越低。设计中常选用 1500r/min 或 1000r/min 的电动机，如无特殊要求，一般不选用 3000r/min 和 750r/min 的电动机。

选定了电动机类型、结构、同步转速及所需要的电动机额定功率后，可根据附录 7（电动机）查出其型号、性能参数和主要尺寸。这时应记录电动机型号、额定功率、满载转速、外形尺寸、电动机中心高、轴伸尺寸和键连接尺寸等，用于选择联轴器和计算传动零件。

2.3 总传动比计算及其分配

2.3.1 计算总传动比

根据电动机的满载转速 n_{m} 与工作装置所需转速 n_{w}，计算总传动比为

$$i=\frac{n_{\mathrm{m}}}{n_{\mathrm{w}}} \tag{2-4}$$

在多级传动装置中，总传动比等于各级传动比的连乘积，即

$$i=i_1 i_2 i_3 \cdots i_n \tag{2-5}$$

2.3.2 传动比分配

传动比的合理分配是传动装置设计的一个重要问题和环节。传动比分配不合理，会造成结构尺寸大、相互尺寸不协调、成本高、制造和安装不方便等问题。分配传动比应注意以下几点。

① 各级传动比应在推荐值范围内，表 2-3 列出各类传动的传动比推荐值及最大值。

表 2-3　各类传动的传动比推荐值及最大值

传动类型		传动比推荐值	传动比最大值（≤）
一级圆柱齿轮传动	闭式 开式	3～5 4～7	10
一级锥齿轮传动	闭式 开式	2～3 2～4	6
一级蜗杆传动	闭式 开式	7～40 15～60	80 100
带传动	平带 V 带	2～4 2～4	6 7
链传动		2～4	7

② 各级传动的尺寸应协调、结构匀称，避免相互干涉碰撞。例如，在由带传动与一级圆柱齿轮减速器组成的传动装置中，一般应使带传动的传动比小于齿轮传动的传动比，否则，就有可能使大带轮半径大于减速器中心高，如图 2-2 所示，导致带轮与底座相碰，安装不便。

③ 若为两级以上的齿轮传动，各级传动比的分配应避免造成传动零件之间的干涉。例如，高速级传动比过大容易导致高速级大齿轮齿顶圆与低速轴干涉，如图 2-3 所示。推荐

$i_1=(1.1\sim1.5)i_2$，i_1、i_2 分别为高速级和低速级的传动比。

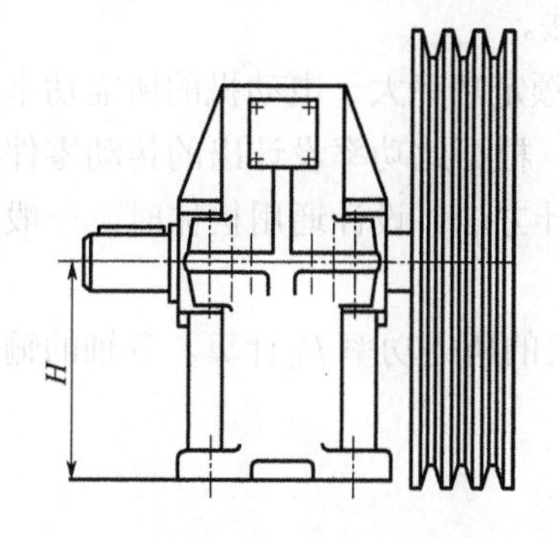

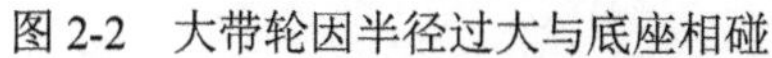

图 2-2　大带轮因半径过大与底座相碰

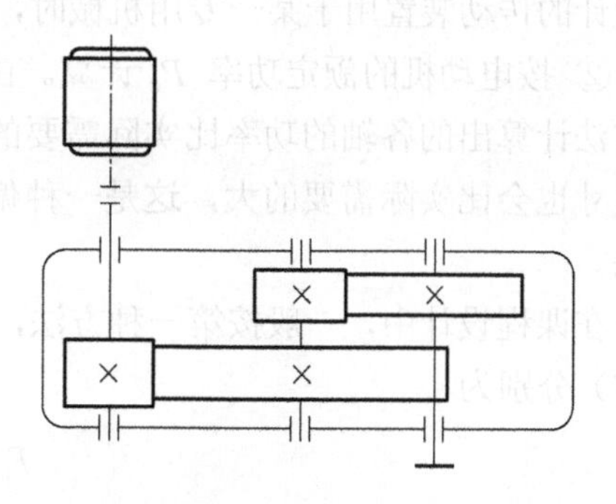

图 2-3　高速级大齿轮齿顶圆与低速轴干涉

④ 当减速器内的齿轮采用油池润滑时，为使各级大齿轮浸油深度合理，各级大齿轮直径应相差不大，以避免低速级大齿轮浸油过深，增加搅油损失。

2.4 传动装置的运动和动力学参数的计算

为便于进行传动零件的设计计算，首先应计算各轴上的转速、功率和转矩。计算时，可将各轴从高速级向低速级依次编号为 0 轴（电动机轴）、1 轴、2 轴……并按此顺序进行计算。

2.4.1 各轴的转速计算

各轴的转速可根据电动机的满载转速和各相邻轴间的传动比进行计算。各轴的转速（r/min）分别为

$$\left.\begin{aligned} n_1 &= \frac{n_m}{i_{01}} \\ n_2 &= \frac{n_1}{i_{12}} \\ n_3 &= \frac{n_2}{i_{23}} \\ &\vdots \end{aligned}\right\} \tag{2-6}$$

式中，i_{01}，i_{12}，i_{23} 为相邻两轴间的传动比；n_m 为电动机的满载转速，r/min。

2.4.2 各轴的输入功率计算

各轴的输入功率计算方法有以下两种。

① 按电动机的所需功率 P_d 计算。该方法的优点是设计出的传动装置结构较紧凑。当所设计的传动装置用于某一专用机械时，常用此方法。

② 按电动机的额定功率 P_e 计算。由于电动机额定功率大于电动机的所需功率，故按该方法计算出的各轴的功率比实际需要的要大一些，根据此功率设计出的传动零件，其结构尺寸也会比实际需要的大，这是一种偏安全的设计方法。设计通用机械时，一般采用此方法。

在课程设计中，一般按第一种方法，即按电动机的所需功率 P_d 计算。各轴的输入功率（kW）分别为

$$\left.\begin{aligned} P_1 &= P_d \times \eta_{01} \\ P_2 &= P_1 \times \eta_{12} \\ P_3 &= P_2 \times \eta_{23} \\ &\vdots \end{aligned}\right\} \tag{2-7}$$

式中，$\eta_{01}, \eta_{12}, \eta_{23}$ 为相邻两轴间的传动效率。

2.4.3 各轴的输入转矩计算

各轴的输入转矩（N·m）分别为

$$\left.\begin{aligned} T_1 &= 9550 \times \frac{P_1}{n_1} \\ T_2 &= 9550 \times \frac{P_2}{n_2} \\ T_3 &= 9550 \times \frac{P_3}{n_3} \\ &\vdots \end{aligned}\right\} \tag{2-8}$$

第3章 传动零件的设计计算

传动零件是传动装置中最主要的零件，其关系到传动装置的工作性能、结构布置和尺寸大小，此外支承零件和连接零件也要根据传动零件来设计或选取。因此，一般应先设计计算传动零件，确定其材料、主要参数、结构和尺寸。

各传动零件的具体设计计算方法和步骤按教材所述进行，在此仅就课程设计中对传动零件设计计算时应注意的一些问题作简要提示和说明。

3.1 联轴器的选择

传动装置中一般包含1～2个联轴器，电动机轴与高速轴之间、低速轴与工作机轴之间经常采用联轴器连接。选择联轴器包括选择联轴器的类型和型号。

一般来说，对载荷平稳、低速、刚性大、同轴度好、无相对位移的传动轴应选用刚性联轴器；对刚性小、有相对位移的两轴宜选用挠性联轴器（分为有弹性元件和无弹性元件两种），以补偿其安装误差。课程设计时可以参考以下内容。

① 连接电动机轴与减速器高速轴的联轴器，由于轴的转速较高，一般应选用具有缓冲、吸振作用的弹性联轴器，如弹性柱销联轴器、弹性套柱销联轴器等。

② 减速器低速轴与工作机轴连接用的联轴器，由于转速较低，传递的转矩大，且减速器轴与工作机轴间往往有较大的轴线偏移，故优先选用刚性可移式联轴器，如滚子链联轴器、齿式联轴器等。

③ 对于中小型减速器，其输出轴与工作机轴的轴线偏移不是很大时，也可选用弹性柱销联轴器这类可移式联轴器。

联轴器现已标准化，按计算转矩、轴的转速和轴径来选择型号，要求所选联轴器的许用转矩大于计算转矩，还应注意联轴器毂孔直径范围是否与所连接两轴的直径大小相适应。若不适应，则应重选型号或改变轴径。注意：电动机选定后，其轴径是一定的，此时应调整减速器高速轴外伸端的直径。

常用联轴器类型、型号及参数见附录6（联轴器）中的附表6-1～附表6-5。

3.2 V 带传动设计

由于 V 带已经标准化、系列化，所以 V 带传动设计的主要任务是确定 V 带的型号、长度和根数，带轮材料与结构尺寸，安装中心距等。同时需要计算出 V 带的压轴力，这在轴的强度校核和轴承的寿命校核中将使用到。

设计时，应考虑带轮的几何尺寸与其他零件的装配和协调关系，如装在电动机轴上的小带轮外圆半径是否大于电动机中心高，大带轮半径会不会过大而碰到底座，如图 3-1、图 2-2 所示。

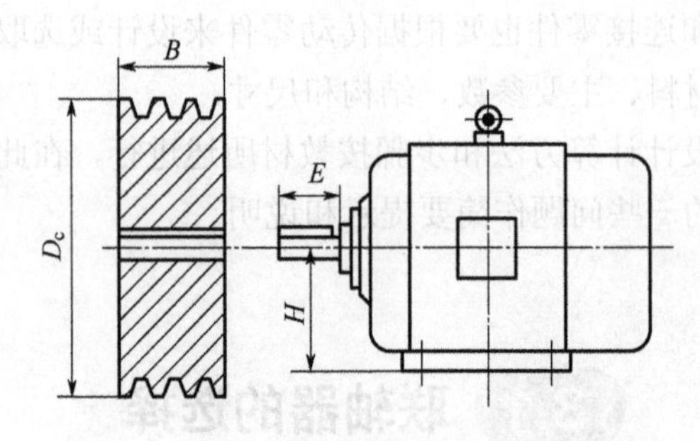

图 3-1　小带轮外圆半径大于电动机中心高

带轮直径确定后，应验算带传动实际传动比和大带轮转速，并以此修正减速器传动比和输入转矩。

带轮具体结构及尺寸可参见附录 11（带传动）中的附图 11-3、附图 11-4 和附表 11-11。

3.3 链传动设计

链传动设计的主要任务是确定链的节距、排数和链节数，链轮齿数、材料和结构尺寸，传动中心距以及作用在轴上的力等。

设计时应尽量取较小的链节距，必要时采用双排链。为使磨损均匀，大、小链轮的齿数最好取奇数或不能整除链节数的数。为避免使用过渡链节，链节数最好取为偶数。为不使大链轮尺寸过大，速度较低的链传动的齿数不宜取得过多。设计时还要检查链轮外廓尺寸、轴孔尺寸、轮毂孔尺寸是否与减速器、工作机的其他零件相适应。同时还要考虑润滑和链轮的布置。

确定参数后，与带传动相似，要计算链传动的实际传动比，并据此调整减速器所需传动比和转矩。

滚子链链轮结构及尺寸可参见有关资料。

3.4 圆柱齿轮传动设计

圆柱齿轮传动设计的主要内容是：选择齿轮材料及热处理方式，确定齿轮传动的参数（中心距、齿数、模数、齿宽等），设计齿轮的结构及其他几何尺寸。

设计制造时，通常先选择毛坯的制造方法（铸造或锻造）。当齿轮直径 $d \leqslant 500\text{mm}$ 时，锻造、铸造均可；当 $d > 500\text{mm}$ 时，多采用铸造方法。然后选定齿轮材料，由此展开齿轮的设计计算。设计时，同一减速器中的各级小齿轮（或大齿轮）的材料应尽可能一致，以降低材料牌号和工艺要求。如果小齿轮齿根圆直径与轴径接近时，一般做成齿轮轴结构，所选材料应兼顾轴的强度与齿轮的强度需求。通过这一系列的设计计算，可得出齿轮的几何尺寸。

需要注意的是，在确定齿数和模数时，应综合考虑，不能孤立地确定。当齿轮传动中心距一定时，齿数多、模数小，既能增加重合度，改善传动平稳性，又能降低齿高，减小滑动系数，减轻磨损和胶合。但齿数多、模数小，又会降低轮齿的弯曲强度。对高速齿轮传动，大、小齿轮的齿数应互为质数。对斜齿轮传动，分度圆螺旋角不能太大或太小，一般取 β=8°～20°。

设计时要正确处理计算所得数据。例如：模数应选标准值；齿宽应圆整，斜齿圆柱齿轮传动的中心距应圆整，而直齿圆柱齿轮传动的中心距不能圆整；齿轮的分度圆、齿根圆、齿顶圆和螺旋角等必须保持计算得出的精确数值，一般精确到小数点后三位。齿轮的孔径和轮毂尺寸因与轴的结构尺寸有关，不能先确定。另外，轮辐、圆角和工艺斜度等结构尺寸可以在零件工作图的设计过程中确定。

3.5 锥齿轮传动设计

锥齿轮以大端模数为标准值，几何尺寸按大端模数计算，强度按照齿宽中点的参数计算。当传递的两轴交角为90°时，两锥齿轮的锥顶角由齿轮的齿数比确定，该值为精确计算值，不能圆整；由强度计算求出小锥齿轮的大端直径后，选定齿数，求出大端模数并取标准值，进一步可求出锥距、分度圆直径，这些值应精确计算，也不能圆整；齿宽按齿宽系数计算，计算结果需圆整，大、小锥齿轮的宽度应相等。

3.6 初算轴的直径

按转矩初步估算轴的最小直径，即

$$d = C\sqrt[3]{\frac{P}{n}} \tag{3-1}$$

式中，P 为轴所传递的功率，kW；n 为轴的转速，r/min；C 为与轴材料有关的系数，C 值见表 3-1。对于确定的材料，当弯矩相对于转矩的影响较大或对轴的刚度要求较高时，C 取较大值；反之，C 取较小值。在多级齿轮减速器中，高速轴的转矩较小，C 取较大值；低速轴的转矩较大，C 取较小值；中间轴取中间值。

表 3-1　轴常用材料的 C 值

轴的材料	Q235、20	35	45	40Cr、35SiMn
C 值	160～135	135～118	118～107	107～98

采用式（3-1）求出的 d 值，一般可作为轴受转矩作用部分的最小直径，通常是轴端最小直径。若该轴段有键槽，则应适当加大并将其圆整到标准值（表 5-2）。该轴段同一剖面有一个键槽时，d 值增大 5%；有双键槽时，d 值增大 10%。也可以采用经验公式来估算轴的直径。如在一般减速器中，输入轴的轴端直径可根据与之相连的电动机轴的直径 D 来估算，$d=(0.8～1.2)D$。

3.7 初选滚动轴承

在充分了解各类轴承的工作特性的基础上，根据轴承所受载荷大小、性质、方向，轴的转速及工作要求选择滚动轴承类型。当承受纯径向载荷、轴的转速较高时，一般选用深沟球轴承或圆柱滚子轴承。当轴承同时承受径向载荷和轴向载荷时，若轴向载荷较小，可选用深沟球轴承或接触角较小的角接触球轴承、圆锥滚子轴承；若轴向载荷较大，可选用接触角较大的角接触球轴承、圆锥滚子轴承。

根据初算轴径，考虑轴上零件的轴向定位和固定，估计出装轴承处的轴径，再假设选用轻系列或中系列轴承，这样可初步定出滚动轴承型号。至于选择是否合适，则有待于在减速器装配草图设计中进行寿命验算后再行确定。

常用滚动轴承类型、型号及技术参数可参见附录 5（滚动轴承）中的附表 5-1～附表 5-4。

第 4 章　减速器的结构、润滑和密封

减速器是位于原动机和工作机之间的机械传动装置。由于其传递运动准确可靠，结构紧凑，效率高，寿命长，且使用维修方便，在工程上得到了广泛的应用。目前，常用的减速器已经标准化和系列化，使用者可根据具体工作条件进行选择。课程设计中的减速器设计通常是根据给定的条件，参考标准系列产品的有关资料进行非标准化设计。

减速器一般由传动零件（如齿轮或蜗杆、蜗轮）、轴系部件（如轴、轴承等）、箱体、附件和润滑密封装置等组成。图 4-1 中标出了组成一级圆柱齿轮减速器的主要零部件名称、相互关系和箱体部分尺寸。

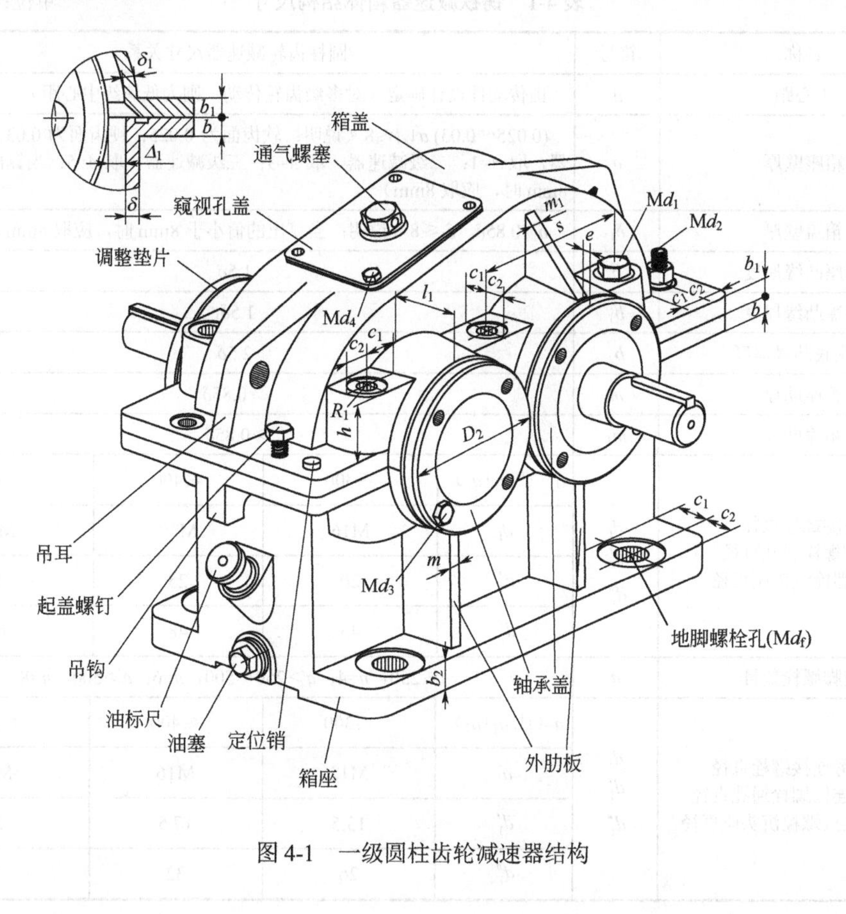

图 4-1　一级圆柱齿轮减速器结构

4.1 减速器箱体

4.1.1 箱体的结构尺寸

箱体是减速器中所有零件的基座，是支承和固定轴系部件、保证传动零件的正确相对位置并承受作用在减速器上载荷的重要零件。箱体一般还兼作润滑油的油箱，具有充分润滑和较好密封箱内零件的作用。

为便于轴系部件的安装和拆卸，箱体大多做成剖分式，由箱座和箱盖组成，取轴的中心线所在平面为剖分面。箱座和箱盖采用普通螺栓连接，用锥销定位。通常情况下，批量生产的箱体宜采用灰铸铁铸造。但是，承受较大冲击载荷的重型减速器，箱体宜采用铸钢铸造。单件生产的箱体也可采用钢板焊制。

表 4-1 所示为铸铁减速器箱体结构尺寸。

表 4-1　铸铁减速器箱体结构尺寸　　单位：mm

名称	符号	圆柱齿轮减速器尺寸关系			
中心距	a	由传动件设计确定（对多级齿轮传动，则为低速级中心距）			
箱座壁厚	δ	$(0.025\sim0.03)a+\Delta\leqslant8$（说明：软齿面为 0.025；硬齿面为 0.03；一级减速器，取 $\Delta=1$；二级减速器，取 $\Delta=3$；三级减速器，取 $\Delta=5$；当算出的值小于 8mm 时，应取 8mm）			
箱盖壁厚	δ_1	$\delta_1=0.85\delta$，$\delta_1\leqslant8$（说明：当算出的值小于 8mm 时，应取 8mm）			
箱座凸缘厚度	b	1.5δ			
箱盖凸缘厚度	b_1	$1.5\delta_1$			
箱座底凸缘厚度	b_2	2.5δ			
箱座肋厚	m	$>0.85\delta$			
箱盖肋厚	m_1	$>0.85\delta_1$			
地脚螺栓直径 地脚螺栓通孔直径 地脚螺栓沉头座直径	d_f d_f' d_f''	a（或 a_1+a_2）	$\leqslant300$	$\leqslant400$	$\leqslant600$
		d_f	M16	M20	M24
		d_f'	20	25	30
		d_f''	45	48	60
地脚螺栓数目	n	$a\leqslant250$，$n=4$；$a>250\sim500$，$n=6$；$a>500$，$n=8$			
轴承旁连接螺栓直径 轴承旁连接螺栓通孔直径 轴承旁连接螺栓沉头座直径	d_1 d_1' d_1''	a（或 a_1+a_2）	$\leqslant300$	$\leqslant400$	$\leqslant600$
		d_1	M12	M16	M20
		d_1'	13.5	17.5	22
		d_1''	26	32	40

续表

名称	符号	圆柱齿轮减速器尺寸关系							
上下箱连接螺栓直径 上下箱连接螺栓通孔直径 上下箱连接螺栓沉头孔直径	d_2 d_2' d_2''	a（或 a_1+a_2）	≤300	≤400	≤600				
		d_2	M10	M12	M16				
		d_2'	11	13.5	17.5				
		d_2''	24	26	32				
上下箱连接螺栓 d_2 的间距	l	≤150～200							
轴承盖螺钉直径、数量	d_3 n	轴承外径 D	45～65	70～100	110～140	150～230			
		d_3	8	10	12	16			
		n	4	4	6	6			
窥视孔盖螺钉直径	d_4	$(0.3\sim0.4)d_f\geqslant6$							
吊环螺钉直径	d_5	按减速器重量确定（表 4-10）							
窥视孔盖螺钉数量	n	$a\leqslant250$，$n=4$；$a\leqslant500$，$n=6$							
起盖螺钉直径（数量）	d	d_2（1～2 个）							
定位销直径（数量）	d	$0.8d_2$（2 个）							
d_f、d_1、d_2 至外机壁距离	c_1	螺栓直径	M8	M10	M12	M16	M20	M24	M30
d_f、d_1、d_2 至凸缘边缘距离	c_2	$c_1\geqslant$	13	16	18	22	26	34	40
		$c_2\geqslant$	11	14	16	20	24	28	34
箱体外壁至轴承座端面距离	l_1	c_1+c_2+（5～8）							
轴承座端面外径	D_2	$D+5d_3$（D 为轴承外径）							
轴承旁连接螺栓间距	s	约 D_2							
轴承旁凸台高度	h	根据 s 和 c_1，由作图决定							
轴承旁凸台半径	R_1	约 c_2							
大齿轮齿顶圆与箱体内壁的距离	Δ_1	$\geqslant1.2\delta$							
齿轮端面与箱体内壁的距离	Δ_2	$\geqslant\delta$（或≥10～15）							

4.1.2　箱体的结构要求

箱体用来支承和固定轴系零件，并保证减速器传动啮合正确、运转平稳、润滑良好、密封可靠。设计时应综合考虑刚度、密封性、制造和装配工艺性等多方面要求。

轴承座两侧的连接螺栓应紧靠座孔，但不得与端盖螺钉及箱内导油沟发生干涉，因此应在轴承座两侧设置凸台。凸台高度要保证有足够的螺母扳手空间（图 4-2）。为保证密封性，箱座与箱盖应紧密贴合，因此连接凸缘应具有足够的宽度，剖分面应经过精刨或研刮，连接螺栓间距不得过大。铸造箱体的壁厚不得太薄，以免浇注时铁水流动困难，铸件的最小壁厚见表 4-1。为便于造型取模，铸件表面沿拔模方向应具有斜度。为避免铸件内部产生内应力、裂纹、缩孔等缺陷，应使壁厚均匀且过渡平缓而无尖角。

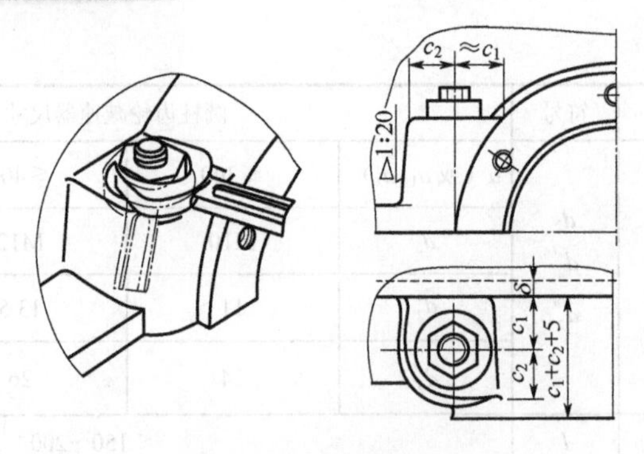

图 4-2　螺母扳手空间

轴承座孔最好是通孔，且同一轴线上的座孔直径最好一致，以便一刀镗出，可减少刀具调整次数和保证镗孔精度。各轴承座同一侧的外端面最好布置在同一平面上，两侧外表端面最好对称于箱体中心线，以便于加工和检验。为区分加工面与非加工面和减少加工面积，箱体与轴承端盖、观察孔盖、通气器、吊环螺钉、油标、油塞、地基等接合处应做出凸台（凸起 3～10 mm）。螺栓头和螺母的支承面可做出小凸台，也可不做出凸台，而在加工时锪出浅鱼眼坑或把粗糙面刮平。在图 4-3 所示的箱体底部结构中，为减少机械加工面积，最好选用图 4-3（b）～（d）所示的结构。

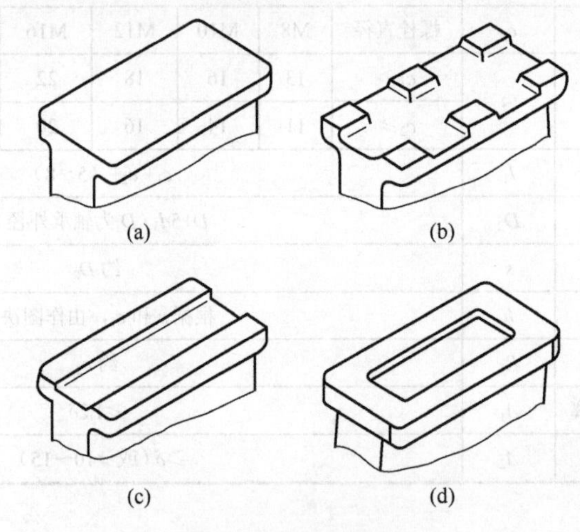

图 4-3　箱体底部结构

4.2 减速器附件

4.2.1 窥视孔和窥视孔盖

窥视孔应设在机盖的上部，以便于观察传动件啮合区的位置，其尺寸应足够大，以便

检查器具和手能伸入机体内操作。减速器内的润滑油也由窥视孔注入，为了减少油的杂质，可在窥视孔口安装过滤网。

窥视孔要有盖板，称为窥视孔盖。在箱体上安装窥视孔盖处应凸起一块，以便机械加工出支撑盖板的表面并用垫片加强密封。盖板常用钢板或铸铁制成，用螺钉紧固，其典型结构如图 4-4 所示。窥视孔及钢板窥视孔盖的结构和尺寸见表 4-2，也可以自行设计。

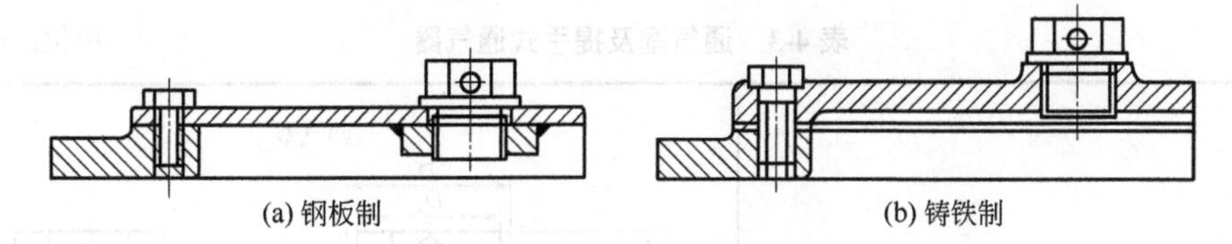

图 4-4　窥视孔盖

表 4-2　窥视孔及钢板窥视孔盖的结构和尺寸　　　单位：mm

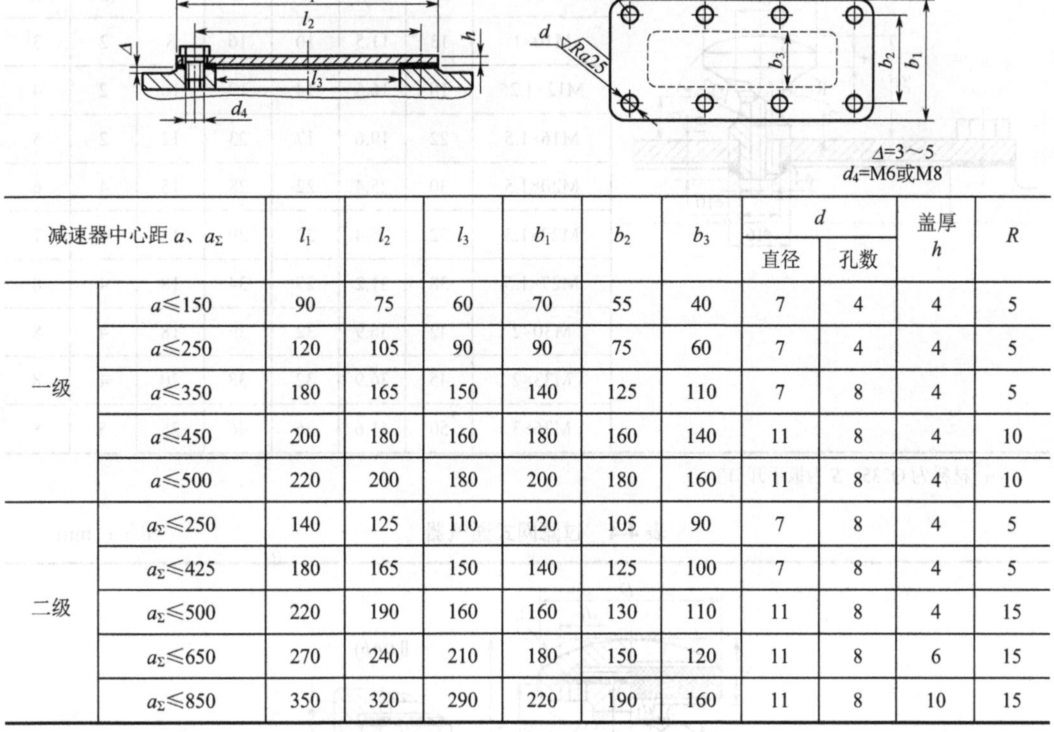

减速器中心距 a、a_Σ		l_1	l_2	l_3	b_1	b_2	b_3	d 直径	d 孔数	盖厚 h	R
一级	$a\leqslant150$	90	75	60	70	55	40	7	4	4	5
	$a\leqslant250$	120	105	90	90	75	60	7	4	4	5
	$a\leqslant350$	180	165	150	140	125	110	7	8	4	5
	$a\leqslant450$	200	180	160	180	160	140	11	8	4	10
	$a\leqslant500$	220	200	180	200	180	160	11	8	4	10
二级	$a_\Sigma\leqslant250$	140	125	110	120	105	90	7	8	4	5
	$a_\Sigma\leqslant425$	180	165	150	140	125	100	7	8	4	5
	$a_\Sigma\leqslant500$	220	190	160	160	130	110	11	8	4	15
	$a_\Sigma\leqslant650$	270	240	210	180	150	120	11	8	6	15
	$a_\Sigma\leqslant850$	350	320	290	220	190	160	11	8	10	15

注：窥视孔盖材料为 Q235。

4.2.2　通气器

减速器工作时，由于箱体内温度升高，气体膨胀，会使压力增大，造成箱体内外压力不等。为使箱体内受热膨胀的气体自由排出，保持箱体内外压力平衡，以免润滑油沿箱体结合面、轴外伸处及其他缝隙渗漏出来，箱体顶部应装有通气器。

通气器多安装在窥视孔盖上：①安装在钢板制的窥视孔盖上时，用一个扁螺母固定，为防止螺母松脱掉落到机体内，将螺母焊在窥视孔盖上，如图 4-4（a）所示。这种形式结构简单，应用广泛。②安装在铸造窥视孔盖或机盖上时，要在铸件上加工螺纹孔和端部平面，如图 4-4（b）所示。

常见通气器的结构及尺寸见表 4-3 和表 4-4。选择通气器类型时应考虑其对环境的适应性，其规格尺寸应与减速器大小相适应。

表 4-3　通气塞及提手式通气器　　单位：mm

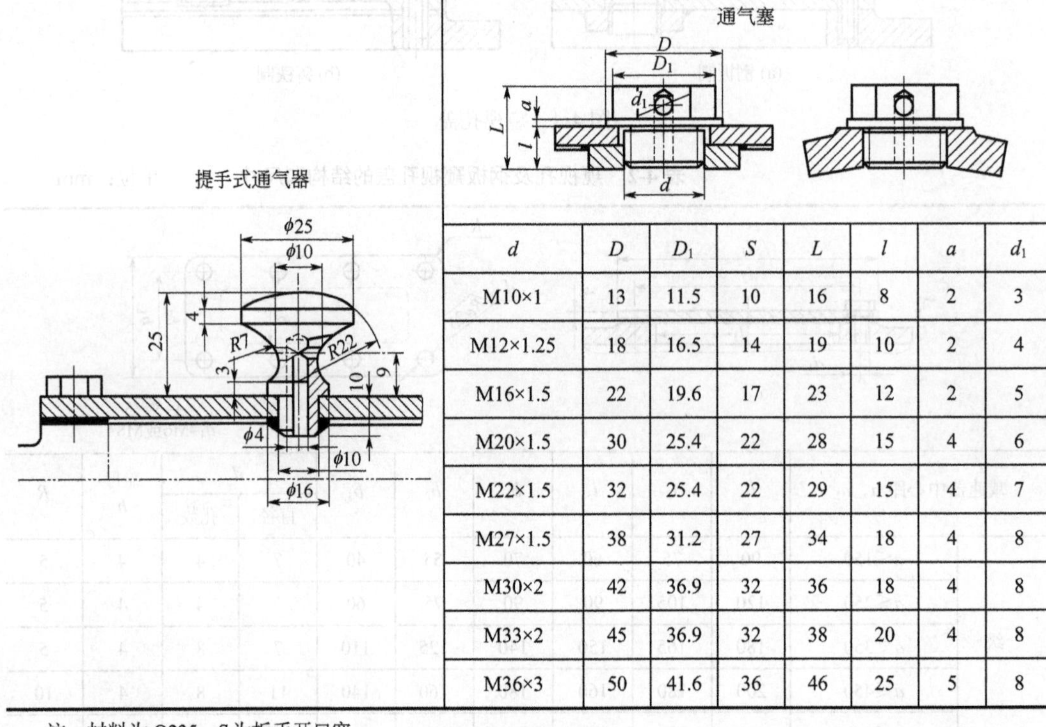

d	D	D_1	S	L	l	a	d_1
M10×1	13	11.5	10	16	8	2	3
M12×1.25	18	16.5	14	19	10	2	4
M16×1.5	22	19.6	17	23	12	2	5
M20×1.5	30	25.4	22	28	15	4	6
M22×1.5	32	25.4	22	29	15	4	7
M27×1.5	38	31.2	27	34	18	4	8
M30×2	42	36.9	32	36	18	4	8
M33×2	45	36.9	32	38	20	4	8
M36×3	50	41.6	36	46	25	5	8

注：材料为 Q235；S 为扳手开口宽。

表 4-4　过滤网式通气器　　单位：mm

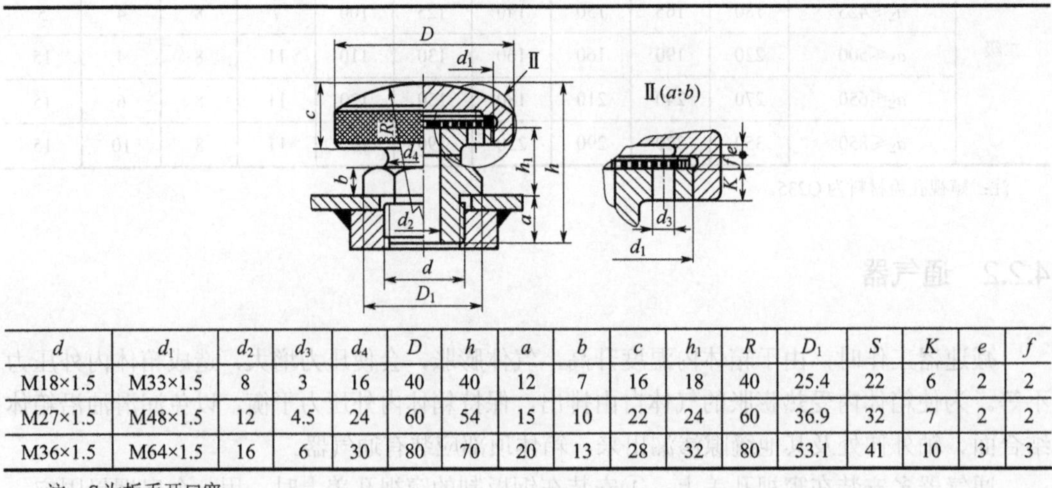

d	d_1	d_2	d_3	d_4	D	h	a	b	c	h_1	R	D_1	S	K	e	f
M18×1.5	M33×1.5	8	3	16	40	40	12	7	16	18	40	25.4	22	6	2	2
M27×1.5	M48×1.5	12	4.5	24	60	54	15	10	22	24	60	36.9	32	7	2	2
M36×1.5	M64×1.5	16	6	30	80	70	20	13	28	32	80	53.1	41	10	3	3

注：S 为扳手开口宽。

4.2.3　油标

油标又称油面指示器，用于检查油面高度，常设置于方便观察油面及油面稳定处，如在低速级齿轮附近的箱壁上。

常用的油标有圆形油标（表 4-5）、长形油标（表 4-6）、杆式油标（表 4-7）等，一般多选用带有螺纹部分的杆式油标。杆式油标在减速器中多采用侧装式结构，如图 4-5 所示。

油标座孔的高度和倾斜位置要合适，否则会直接影响座孔加工和油标使用。杆式油标中心线一般与水平面呈 45°或大于 45°，既便于杆式油标的插取及座孔加工，又不与箱体凸缘或吊钩相干涉，如图 4-6 所示。

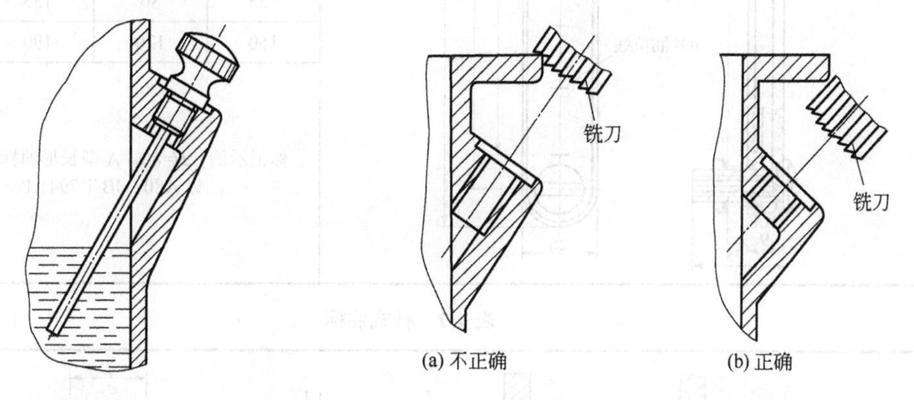

(a) 不正确　　(b) 正确

图 4-5　杆式油标　　　　图 4-6　油标座孔的倾斜位置

表 4-5　压配式圆形油标　　单位：mm

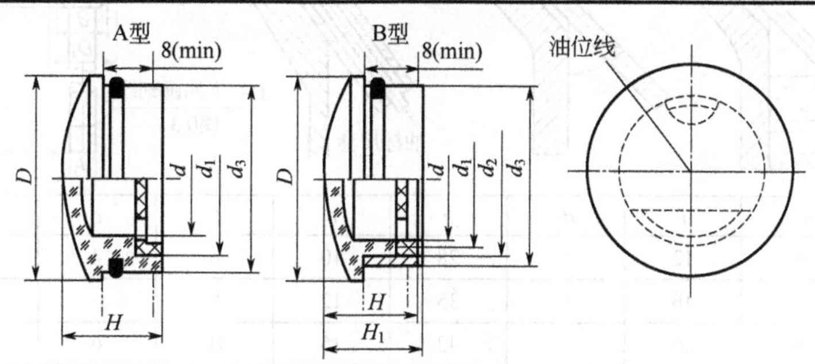

标注示例　d=32，A 型压配式圆形油标：油标 A32　JB/T 7941.1—1995

d	D	d_1	d_2	d_3	H	H_1	O 形橡胶密封圈（按 GB/T 3452.1—2005）
12	22	12	17	20	14	16	15×2.65
16	27	18	22	25			20×2.65
20	34	22	28	32	16	18	25×3.55
25	40	28	34	38			31.5×3.55
32	48	35	41	45	18	20	38.7×3.55

续表

d	D	d_1	d_2	d_3	H	H_1	O 形橡胶密封圈（按 GB/T 3452.1—2005）
40	58	45	51	55	18	20	48.7×3.55
50	70	55	61	65	22	24	—
63	85	70	76	80			

表 4-6　长形油标　　单位：mm

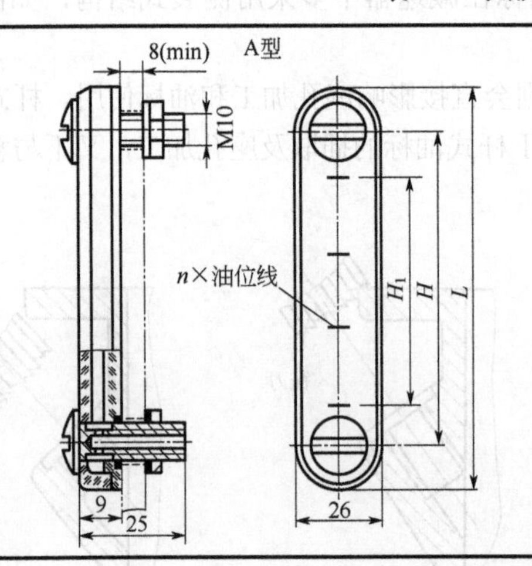

H	H_1	L	n（条数）
80	40	110	2
100	60	130	3
125	80	155	4
160	120	190	5

标记示例　H=80，A 型长形油标的标记为：
油标 A80　JB/T 7941.1—1995

表 4-7　杆式油标　　单位：mm

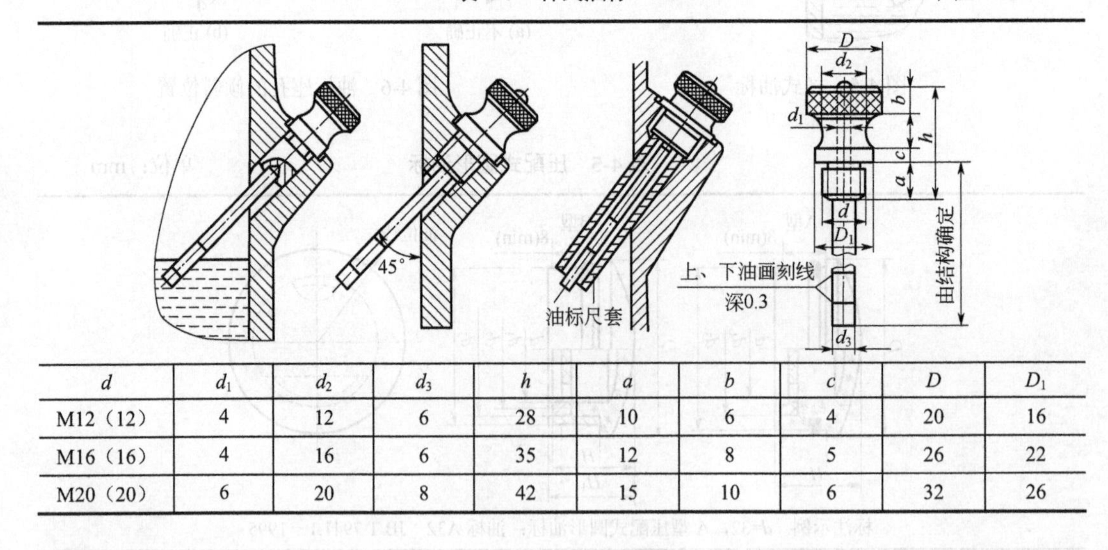

d	d_1	d_2	d_3	h	a	b	c	D	D_1
M12（12）	4	12	6	28	10	6	4	20	16
M16（16）	4	16	6	35	12	8	5	26	22
M20（20）	6	20	8	42	15	10	6	32	26

4.2.4　放油孔与螺塞

为排放污油和便于清洗减速器箱体内部，在箱座油池的最低处设置放油孔，并安排在减速器不与其他部件靠近的一侧，油池底面做成斜面，向放油孔方向倾斜 1°～5°，平时用螺塞和油封圈将放油孔堵住，加强密封，放油螺塞采用细牙螺纹。为方便加工，放油孔座也应制成凸台。表 4-8 所示为外六角螺塞、油封圈尺寸。

表 4-8　外六角螺塞、油封圈　　　　单位：mm

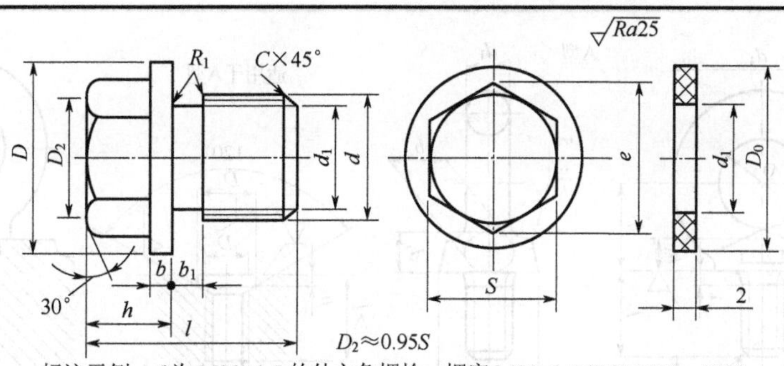

标注示例　d 为 M20×1.5 的外六角螺栓：螺塞 M20×1.5 JB/T 1700—2008

d	d_1	D	e	S	l	h	b	b_1	C	D_0	R_1
M14×1.5	11.8	23	20.8	18	25	12	3			22	
M18×1.5	15.8	28	24.2	21	27	15		3	1	25	
M20×1.5	17.8	30	24.2	21	30	15				30	
M22×1.5	19.8	32	27.7	24	30	15				32	
M24×2	21	34	31.2	27	32	16	4			35	1
M27×2	24	38	34.6	30	35	17		4	1.5	40	
M30×2	27	42	39.3	34	38	18				45	
M33×2	30	45	41.6	36	42	20	5			48	

注：螺塞材料为 Q235；封油圈材料为耐油橡胶、工业用皮革、石棉橡胶纸。

4.2.5　起吊装置

为便于拆卸和搬运减速器，应在箱体上设置起吊装置。常见起吊装置有吊环螺钉、吊耳、吊钩等：吊环螺钉（或吊耳）设在箱盖上，常用于吊运箱盖，也用于吊运轻型减速器；吊钩铸造在箱座两端的凸缘下面，用于吊运整台减速器。起吊装置的结构和尺寸见表 4-9、表 4-10。

表 4-9　吊耳和吊钩　　　　单位：mm

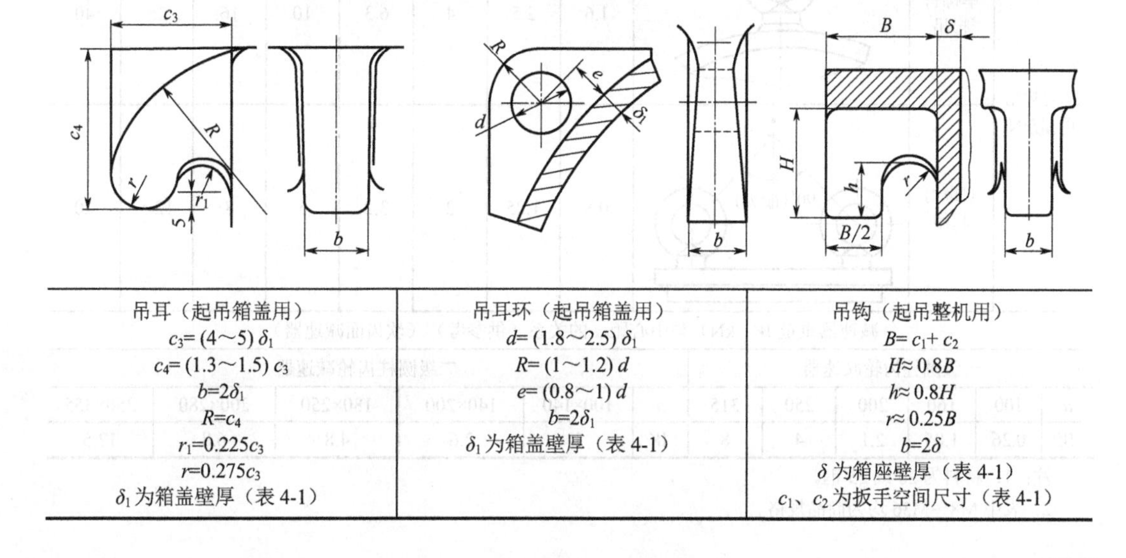

吊耳（起吊箱盖用）	吊耳环（起吊箱盖用）	吊钩（起吊整机用）
$c_3=(4\sim5)\delta_1$ $c_4=(1.3\sim1.5)c_3$ $b=2\delta_1$ $R=c_4$ $r_1=0.225c_3$ $r=0.275c_3$ δ_1 为箱盖壁厚（表 4-1）	$d=(1.8\sim2.5)\delta_1$ $R=(1\sim1.2)d$ $e=(0.8\sim1)d$ $b=2\delta_1$ δ_1 为箱盖壁厚（表 4-1）	$B=c_1+c_2$ $H\approx0.8B$ $h\approx0.8H$ $r\approx0.25B$ $b=2\delta$ δ 为箱座壁厚（表 4-1） c_1、c_2 为扳手空间尺寸（表 4-1）

表 4-10　吊环螺钉　　单位：mm

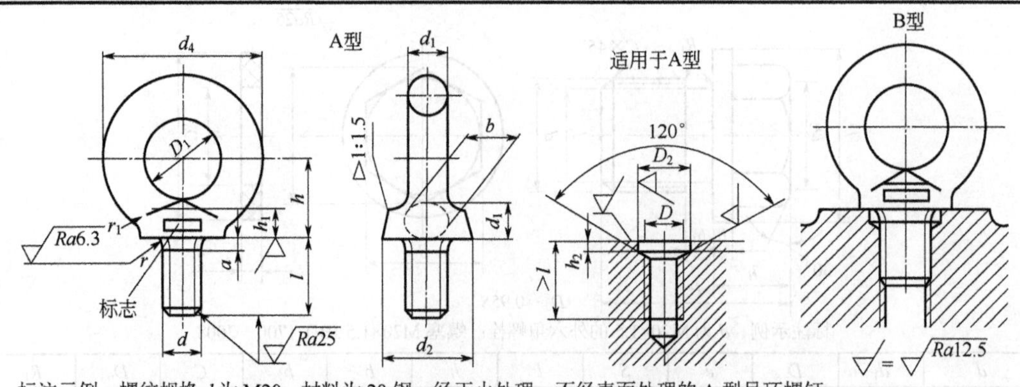

标注示例　螺纹规格 d 为 M20，材料为 20 钢，经正火处理，不经表面处理的 A 型吊环螺钉：
螺钉 GB 825—1988　M20

螺纹规格 d（D）		M8	M10	M12	M16	M20	M24	M30	M36
d_1（max）		9.1	11.1	13.1	15.2	17.4	21.4	25.7	30
D_1（公称）		20	24	28	34	40	48	56	67
d_2（max）		21.1	25.1	29.1	35.2	41.4	49.4	57.7	69
h_1（max）		7	9	11	13	15.1	19.1	23.2	27.4
h		18	22	26	31	36	44	53	63
d_4（参考）		36	44	52	62	72	88	104	123
r_1		4	4	6	6	8	12	15	18
r（min）		1	1	1	1	1	2	2	3
l（公称）		16	20	22	28	35	40	45	55
a（max）		2.5	3	3.5	4	5	6	7	8
b		10	12	14	16	19	24	28	32
D_2（公称 min）		13	15	17	22	28	32	38	45
h_2（公称 min）		2.5	3	3.5	4.5	5	7	8	9.5
最大起吊重量/kN	单螺钉起吊	1.6	2.5	4	6.3	10	16	25	40
	双螺钉起吊（90°（最大））	0.8	1.25	2	3.2	5	8	12.5	20

减速器重量 W（kN）与中心距 a 的关系（供参考）（软齿面减速器）

一级圆柱齿轮减速器						二级圆柱齿轮减速器					
a	100	160	200	250	315	a	100×140	140×200	180×250	200×280	250×355
W	0.26	1.05	2.1	4	8	W	1	2.6	4.8	6.8	12.5

注：1. 材料为 20 或 25 钢。

2. 表中 M8～M36 均为商品规格。

4.2.6　起盖螺钉

为防止润滑油从箱体剖分面处外漏，常在箱盖和箱座的剖分面上涂上水玻璃或密封胶，在拆卸时箱盖和箱座会因黏结较紧而不易分开。因此，常在箱盖或箱座上设置 1、2 个起盖螺钉，如图 4-7 所示，其位置宜与连接螺栓共线，以便钻孔。起盖螺钉直径与箱体凸缘连接螺栓直径相同，其上的螺纹长度 l 应大于箱盖凸缘厚度 b_1。螺钉端部制成圆柱形或半圆形，避免损伤剖分面或端部螺纹。

4.2.7　定位销

定位销用于保证轴承座孔的镗孔精度，并保证减速器每次装拆后轴承座的上、下两半孔始终保持加工时的位置精度。定位销的距离应较远，且尽量对角布置，以提高定位精度。确定定位销位置时应考虑到方便钻、铰孔，且不应妨碍装拆邻近连接螺栓。

定位销有圆柱销和圆锥销两种：圆锥销可多次装拆而不影响定位精度。圆锥销是标准件（GB/T 117—2000），其直径一般取 d=(0.7～0.8)d_2（d_2为箱体凸缘连接螺栓直径），其长度应大于箱体上、下凸缘的总厚度，并使两头露出，以便于装拆（图 4-8）。圆锥销尺寸见附录 4（连接）中的附表 4-20。

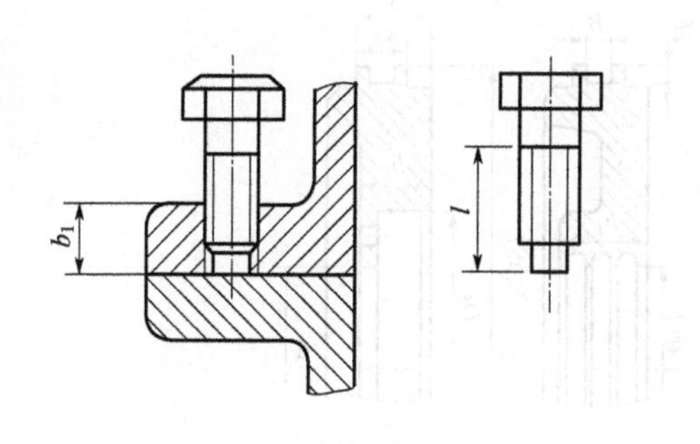

图 4-7　起盖螺钉

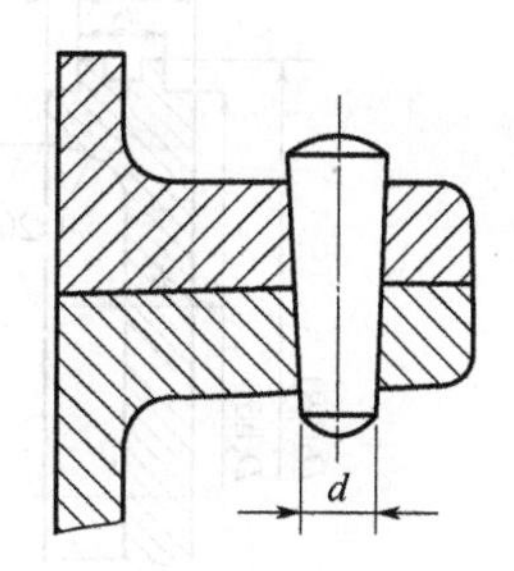

图 4-8　定位销

4.2.8　轴承端盖

轴承端盖（简称轴承盖）用于对轴系零件进行轴向固定和承受轴向载荷，同时起密封作用。其结构形式有凸缘式和嵌入式两种，每种形式按是否有通孔又分为透盖和闷盖。凸缘式密封性能好，调整轴承间隙方便，应用广泛。嵌入式不用螺钉连接，结构简单，尺寸较小，安装后箱体外表面比较平整美观，外伸轴的伸出长度短，有利于提高轴的强度和刚度，但不易调整轴承间隙，且轴承座孔上需开环形槽，加工费时，常用于结构质量较小的机器中。轴承盖尺寸可按表 4-11、表 4-12 进行设计。

表 4-11　凸缘式轴承盖　　单位：mm

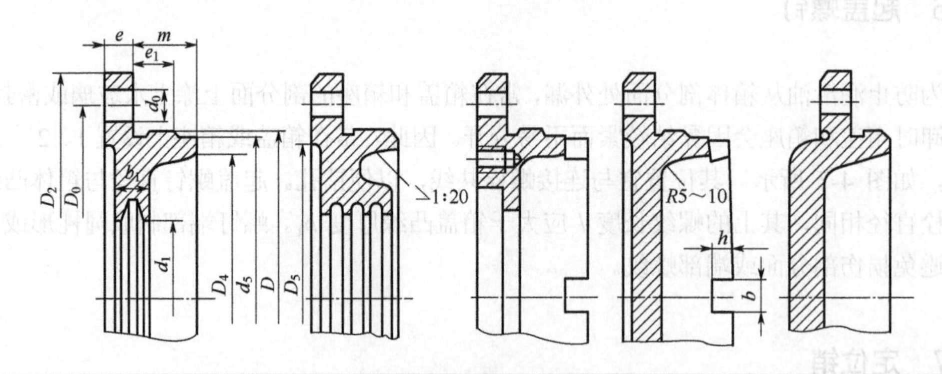

$d_0=d_3+1$；$d_5=D-(2\sim4)$；
$D_0=D+2.5d_3$；$D_5=D_0-3d_3$；
$D_2=D_0+2.53d_3$；b_1、d_1 由密封尺寸确定；
$e=(1\sim1.2)d_3$；$b=5\sim10$
$e_1\geqslant e$；$h=(0.8\sim1)b$；
$D_4=D-(10\sim15)$；m 由结构确定；
d_3 为端盖连接螺钉直径，见表 4-1。

注：材料为 HT150。

表 4-12　嵌入式轴承盖　　单位：mm

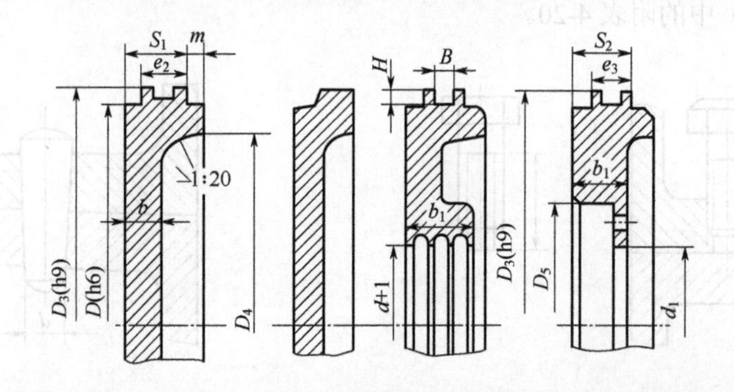

$e_2=8\sim12$；$S_1=15\sim20$；
$e_3=5\sim8$；$S_2=10\sim15$；
$b=8\sim10$；m 由结构确定；
$D_3=D+e_2$，装有 O 形圈的，按 O 形圈外径取整（参见表 4-23　O 形橡胶密封圈）
D_5、d_1、b_1 等由密封尺寸确定；
H、B 按 O 形密封圈的沟槽尺寸确定（参见表 4-24　油沟式密封槽）

注：材料为 HT150。

4.3 减速器润滑

减速器中齿轮等传动件以及轴承在工作时都需要良好的润滑，以降低摩擦，减少磨损

和发热，提高效率。

4.3.1　齿轮传动的润滑

（1）润滑剂的选择

齿轮传动所用润滑剂的黏度根据传动的工作条件、圆周速度或滑动速度、温度分别按照表 4-13 来选择。根据所需的黏度按表 4-14 选择润滑油牌号。

表 4-13　齿轮传动中润滑油黏度荐用值　　单位：mm^2/s

<table>
<tr><th rowspan="2">齿轮材料</th><th rowspan="2">强度极限/MPa</th><th colspan="7">圆周速度/(m/s)</th></tr>
<tr><th>＜0.5</th><th>0.5～1</th><th>1～2.5</th><th>2.5～5</th><th>5～12.5</th><th>12.5～25</th><th>＞25</th></tr>
<tr><td rowspan="2">调质钢</td><td>450～1000</td><td>266（32）</td><td>177（21）</td><td>118（11）</td><td>82</td><td>59</td><td>44</td><td>32</td></tr>
<tr><td>1000～1250</td><td>266（32）</td><td>266（32）</td><td>177（21）</td><td>118（11）</td><td>82</td><td>59</td><td>44</td></tr>
<tr><td>渗碳或表面淬火钢</td><td>1250～1580</td><td>444（52）</td><td>266（32）</td><td>266（32）</td><td>177（21）</td><td>118（11）</td><td>82</td><td>59</td></tr>
<tr><td>塑料、青铜、铸铁</td><td>—</td><td>177</td><td>118</td><td>82</td><td>59</td><td>44</td><td>32</td><td>—</td></tr>
</table>

注：1.多级齿轮传动，润滑油黏度按各级传动的圆周速度平均值来选取。

2.表内数值是温度为 50℃时的黏度，而括号内的数值是温度为 100℃时的黏度。

表 4-14　常用润滑油的主要性能和用途

<table>
<tr><th>名称</th><th>牌号</th><th>运动黏度①/(mm²/s)</th><th>凝点/℃
（≤）</th><th>闪点（开口）
/℃（≥）</th><th>主要用途</th></tr>
<tr><td rowspan="4">全损耗系统用油
（GB 443—1989）</td><td>L-AN46</td><td>41.4～50.6</td><td rowspan="4">-5</td><td rowspan="2">160</td><td rowspan="4">用于一般要求的齿轮和轴承的全损耗系统润滑，不适用于循环润滑系统</td></tr>
<tr><td>L-AN68</td><td>61.2～74.8</td></tr>
<tr><td>L-AN100</td><td>90.0～110</td><td rowspan="2">180</td></tr>
<tr><td>L-AN150</td><td>135～165</td></tr>
<tr><td rowspan="6">工业闭式齿轮油
（GB 5903—2011）</td><td>L-CKC68</td><td>61.2～74.8</td><td rowspan="2">-12</td><td>180</td><td rowspan="6">用于中负荷、无冲击、工作温度-16~100℃的齿轮副的润滑</td></tr>
<tr><td>L-CKC100</td><td>90.0～110</td><td rowspan="5">200</td></tr>
<tr><td>L-CKC150</td><td>135～165</td><td rowspan="4">-9</td></tr>
<tr><td>L-CKC220</td><td>198～242</td></tr>
<tr><td>L-CKC320</td><td>288～352</td></tr>
<tr><td>L-CKC460</td><td>414～506</td></tr>
</table>

①在 40℃的条件下。

（2）润滑方式

在减速器中，齿轮的润滑方式是根据齿轮的圆周速度 v 而定。

① 油池浸油润滑。当 $v \leqslant 12m/s$ 时，多采用油池润滑，即齿轮浸入油池一定深度，齿轮运转时就把油带到啮合区，同时也甩到箱壁上，借以散热。

为避免齿轮搅油功率损失过大，大齿轮浸油深度 h 视圆周速度 v 而定，圆周速度越大，h 越小，但 h 不应小于 10mm（图 4-9）。通常，对于一级圆柱齿轮传动，其大齿轮浸油深度 h 以 1 个齿高为宜。对于多级齿轮传动，低速级大齿轮的圆周速度较低时（$v \leqslant 0.5 \sim 0.8$m/s），浸油深度可适当增大。在多级齿轮传动中，可借助溅油轮（或称为带油轮）将油带到未浸入油池内的齿轮齿面上（图 4-10）。

一般应使油池中油的深度 $H > 30 \sim 50$mm，以防止齿轮搅油时将油池底部的杂质搅起，加剧齿轮的磨粒磨损。充足的油量还可以加强散热，对一级圆柱齿轮传动，每传递 1kW 功率，需油量 0.35～0.7L；对于多级齿轮传动，需油量按级数成倍地增加。

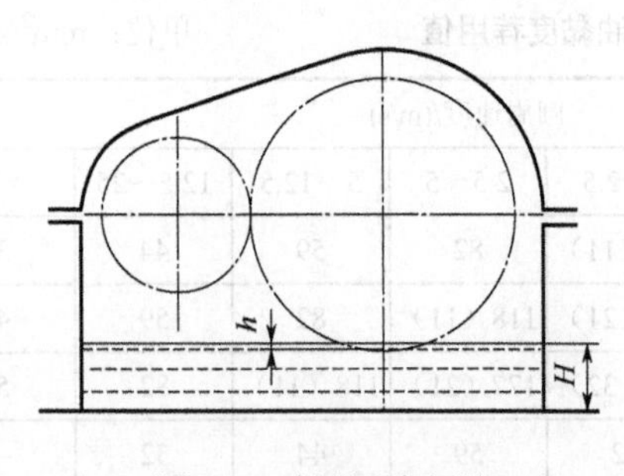

图 4-9 油池浸油润滑

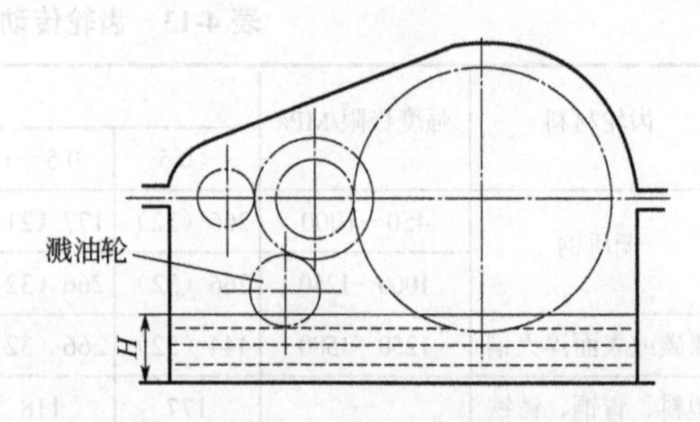

图 4-10 采用溅油轮的油池润滑

② 喷油润滑。当齿轮圆周速度 $v > 12$m/s，就要采用喷油润滑。这是因为圆周速度过高，一方面齿轮上的油大多被甩出去，而达不到啮合区；另一方面圆周速度高，搅油激烈，使油温升高，降低润滑油性能，还会搅起箱底的杂质，加速齿轮磨损。当采用喷油润滑时，用油泵（压力为 0.05～0.3MPa）将润滑油直接喷到啮合区进行润滑（图 4-11），同时也起着散热作用。

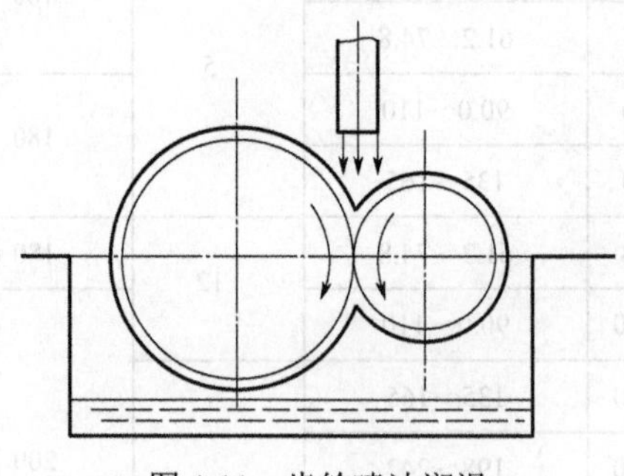
图 4-11 齿轮喷油润滑

4.3.2 滚动轴承的润滑

（1）润滑剂的选择

常采用的润滑剂有润滑油和润滑脂两种，根据轴承速度选择润滑剂。多数情况下，当滚动轴承的速度因子 $d \cdot n \leqslant 1.6 \times 10^5$ mm・r/min 时，一般采用润滑脂润滑，润滑脂牌号可根据工作条件参考表 4-15 进行选择。当滚动轴承的速度因子 $d \cdot n > 1.6 \times 10^5$ mm・r/min 时，

可直接用减速器油池内的润滑油进行润滑。

表 4-15　常用润滑脂的主要性能和用途

名称	牌号	针入度（25℃，150g）/（1/10 mm）	滴点/℃（≥）	主要用途
钙基润滑脂（GB/T 491—2008）	L-XAAMHA1	310～340	80	耐水性能好。适用于工作温度≤55～60℃的工业、农业和交通运输等机械设备的轴承润滑，特别适用于有水或潮湿的场合
	L-XAAMHA2	265～295	85	
	L-XAAMHA3	220～250	90	
	L-XAAMHA4	175～205	95	
钠基润滑脂（GB 492—1989）	L-XACMGA2	265～295	160	耐水性能差。适用于工作温度≤110℃的一般机械设备的轴承润滑
	L-XACMGA3	220～250	160	
钙钠基润滑脂①（SH/T 0362—1992）	ZGN-2	250～290	120	用于工作温度 80～100℃、有水分或较潮湿环境中工作润滑，多用于铁路机车、小电动机、发电机的滚动轴承润滑，不适于低温工作
	ZGN-3	200～240	135	
滚珠轴承润滑脂①（SH/T 0386—1992）	ZGN69-2	250～290 -40℃时为 30	120	用于各种机械的滚动轴承润滑
通用锂基润滑脂（GB/T 7324—2010）	ZL-1	310～340	170	用于工作温度-20～120℃范围内的各种机械滚动轴承、滑动轴承润滑
	ZL-2	265～295	175	
	ZL-3	220～250	180	
7407 号齿轮润滑脂（SH/T 0469—1994）	—	75～90	160	用于各种低速齿轮、中或重载齿轮、链和联轴器等的润滑，使用温度≤120℃，承受冲击载荷≤25000MPa

①此标准已作废，仅供参考。

（2）润滑方式

对齿轮减速器，当浸油齿轮的圆周速度 $v<2$m/s 时，滚动轴承宜采用润滑脂润滑；当齿轮的圆周速度 $v\geq2$m/s 时，滚动轴承多采用飞溅润滑。

① 飞溅润滑。减速器内只要有一个浸油齿轮的圆周速度 $v\geq2$m/s，即可采用飞溅润滑。这时需在箱体剖分面上设输油沟，使溅到箱盖内壁上的油流入输油沟，从输油沟导入轴承，如图 4-12、图 4-13 所示。输油沟的结构及尺寸如图 4-14 所示。当 $v>3$m/s 时，飞溅的油形成油雾，可直接润滑轴承，此时箱座上可不设输油沟。

② 刮板润滑。当浸油齿轮的圆周速度 $v<2$m/s 且轴承又需利用箱体内的油进行润滑时，可采用刮板润滑，如图 4-15 所示，利用装在箱体内的刮板，将轮缘侧面上的油刮下，沿输油沟流向轴承。

③ 润滑脂润滑。采用润滑脂润滑时，只需在装配时将润滑脂填入轴承室中，装脂量一般为轴承内部空间容积的 1/3～1/2，以后每隔一定时期（通常每年 1～2 次）补充

一次。添脂时可用旋盖式油杯或压力脂枪从压注油杯注入润滑脂。各种油杯的尺寸如表 4-16～表 4-18 所示。

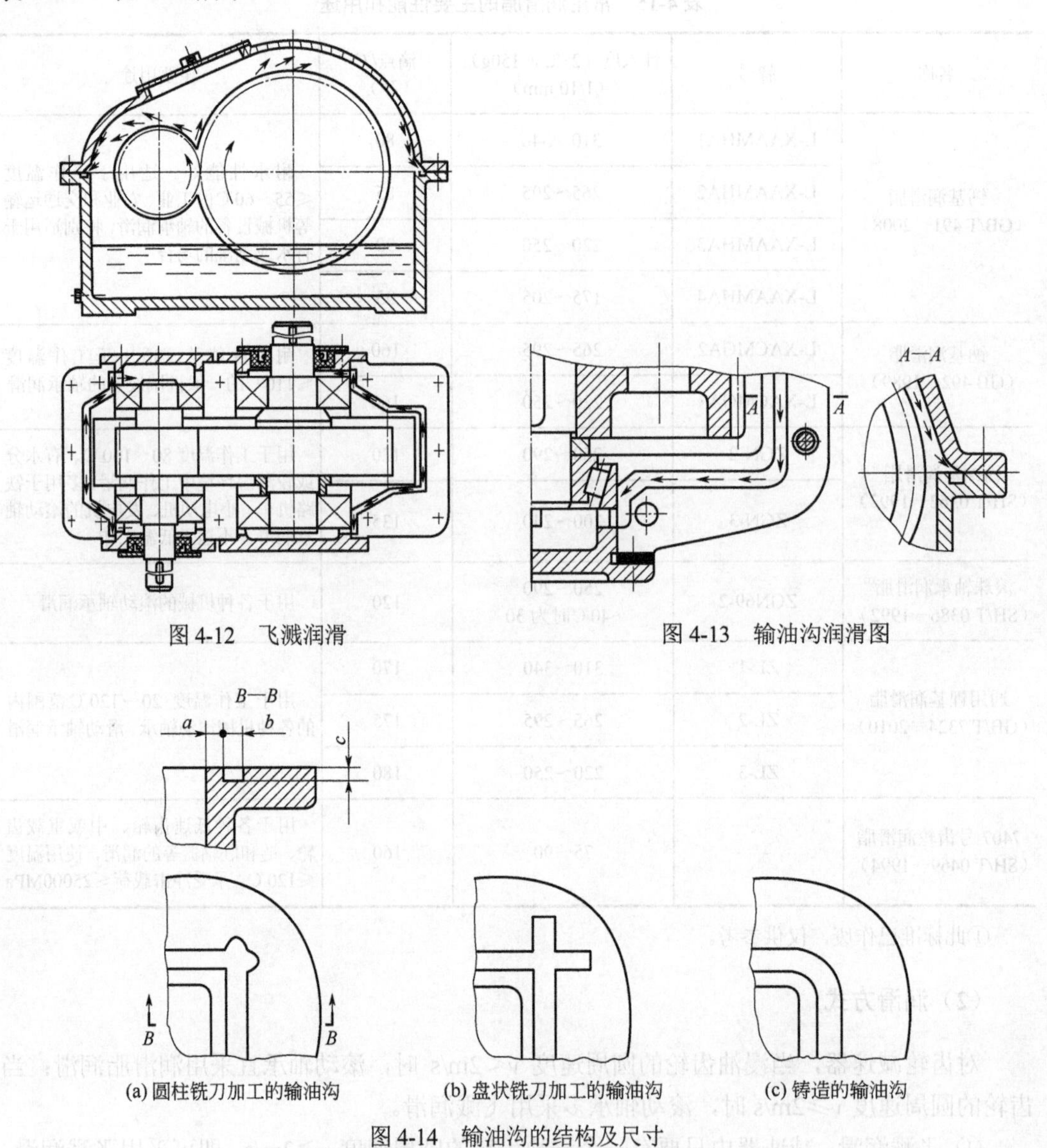

图 4-12　飞溅润滑

图 4-13　输油沟润滑图

(a) 圆柱铣刀加工的输油沟　(b) 盘状铣刀加工的输油沟　(c) 铸造的输油沟

图 4-14　输油沟的结构及尺寸

a=3～5mm（机加工）或 5～8mm（铸造）；b=6～10mm；c=3～6mm

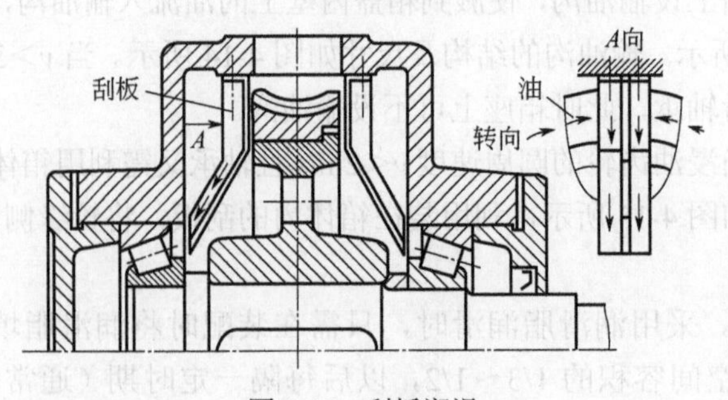

图 4-15　刮板润滑

表 4-16　直通式压注油杯　　　　单位：mm

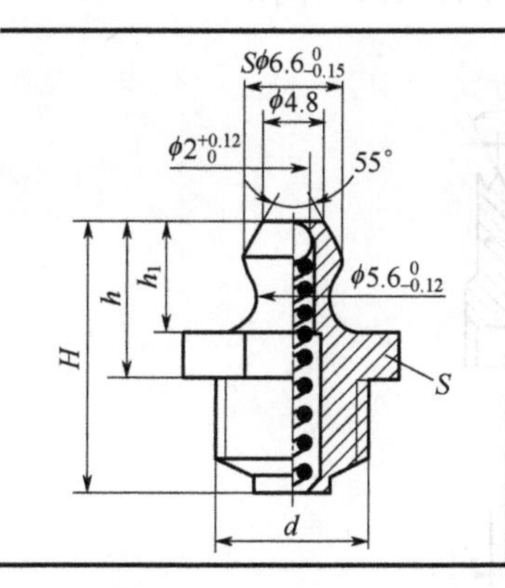

d	H	h	h_1	S	钢球（按 GB 308—2002）
M6	13	8	6	$8_{-0.22}^{0}$	3
M8×1	16	9	6.5	$10_{-0.22}^{0}$	
M10×1	18	10	7	$11_{-0.22}^{0}$	

标注示例　连接螺纹 M8×1、直通式压注油杯：
油杯 M8×1 JB/T 7940.1—1995

表 4-17　压配式压注油杯　　　　单位：mm

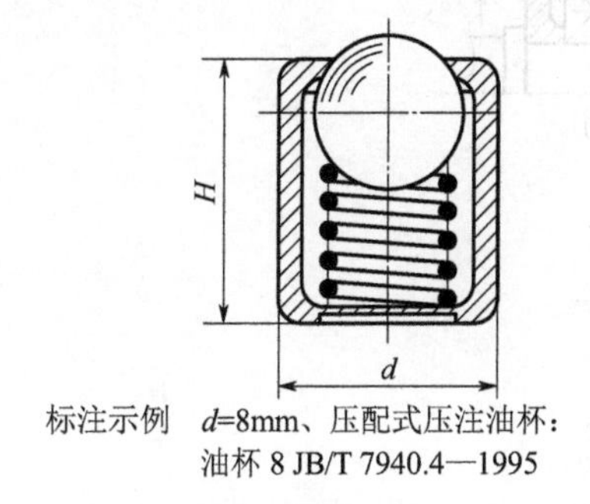

标注示例　d=8mm、压配式压注油杯：
油杯 8 JB/T 7940.4—1995

d		H	钢球（按 GB 308—2002）
基本尺寸	极限偏差		
6	+0.040 +0.028	6	4
8	+0.049 +0.034	10	5
10	+0.058 +0.040	12	6
16	+0.063 +0.045	20	11

表 4-18　旋盖式油杯　　　　单位：mm

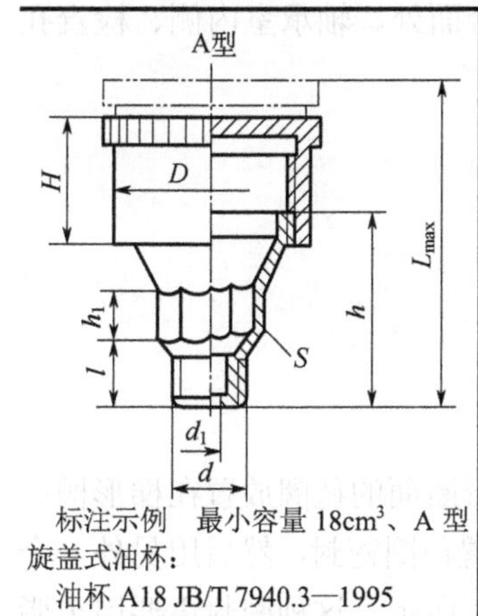

标注示例　最小容量 18cm³、A 型旋盖式油杯：
油杯 A18 JB/T 7940.3—1995

最小容量 /cm³	d	l	H	h	h_1	d_1	D	L_{max}	S
1.5	M8×1	8	14	22	7	3	16	33	$10_{-0.22}^{0}$
3	M10×1		15	23	8	4	20	35	$13_{-0.27}^{0}$
6			17	26			26	40	
12	M14×1.5	12	20	30	10	5	32	47	$18_{-0.27}^{0}$
18			22	32			36	50	
25			24	34			41	55	
50	M16×1.5		30	44			51	70	$21_{-0.38}^{0}$
100			38	52			68	85	

当轴承采用润滑脂润滑时，为防止润滑脂向箱体内部流失，需要在面向箱体的轴承端面一侧设置封油盘。封油盘的尺寸结构和安装位置如图 4-16 所示。

当轴承采用油润滑时，如果轴承旁小齿轮的齿顶圆直径小于轴承外圈，为防止齿轮啮合时挤出的高压热油冲向轴承内部，增加轴承阻力，应设置挡油盘。挡油盘可冲压制造，如图 4-17（a）所示，也可采用车制（单件或小批量），如图 4-17（b）所示。

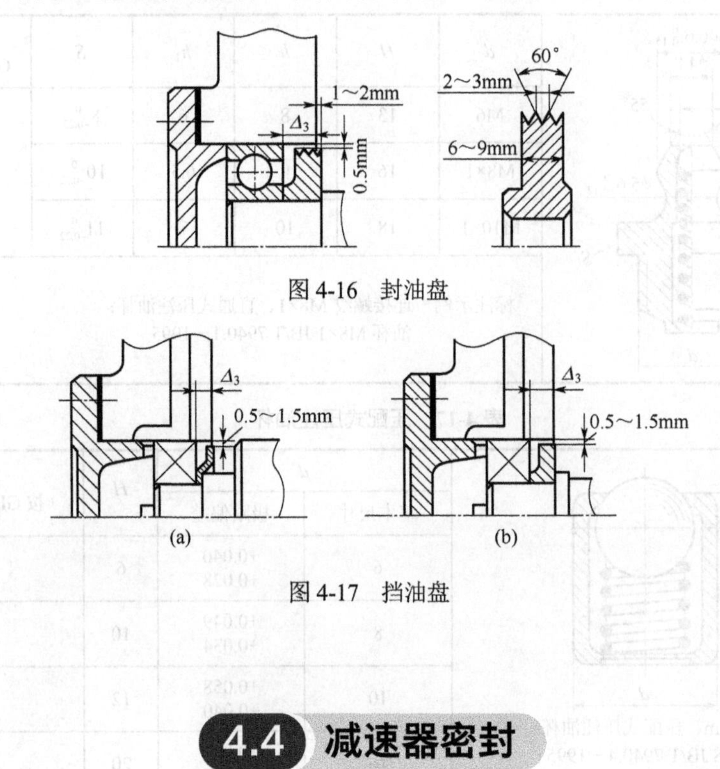

图 4-16　封油盘

图 4-17　挡油盘

4.4 减速器密封

减速器需要密封的部位一般有轴伸出处、箱盖与箱座接合面处、轴承室内侧、检查孔及放油孔与箱体接合面等处。

4.4.1　轴伸出处的密封

（1）接触式密封

接触式密封常用的结构形式有毡圈密封和密封圈密封。

图 4-18 所示为毡圈密封，在轴承盖上开出梯形槽，将矩形断面的毡圈放置在梯形槽中与轴紧密接触，如图 4-18（a）所示；或在轴承盖上开缺口放置毡圈密封，然后用另外一个零件压在毡圈上，以调整毡圈与轴的密合程度，如图 4-18（b）所示。这种密封主要用于脂润滑的场合，其结构简单，但摩擦较大，要求环境清洁，用于轴颈圆周速度 v 不大于 4～5m/s 的场合。

图 4-19 所示为密封圈密封，在轴承盖中，放置一个用皮革、塑料或耐油橡胶制成的唇形密封圈，靠弯折了的橡胶的弹力和附加的环形螺旋弹簧的扣紧作用而紧套在轴上，以便起密封作用。图 4-19（a）所示的密封唇朝里，目的是防漏油；图 4-19（b）所示的密封唇朝外，主要目的是防灰尘、杂质、水进入；图 4-19（c）所示的为双向密封形式，兼具前两

者的功能。这种密封可用于脂或油润滑、轴颈圆周速度 $v<7\text{m/s}$ 的场合。

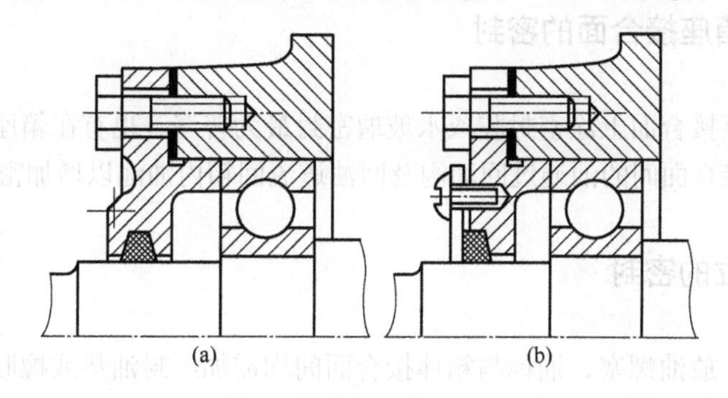

图 4-18　毡圈密封

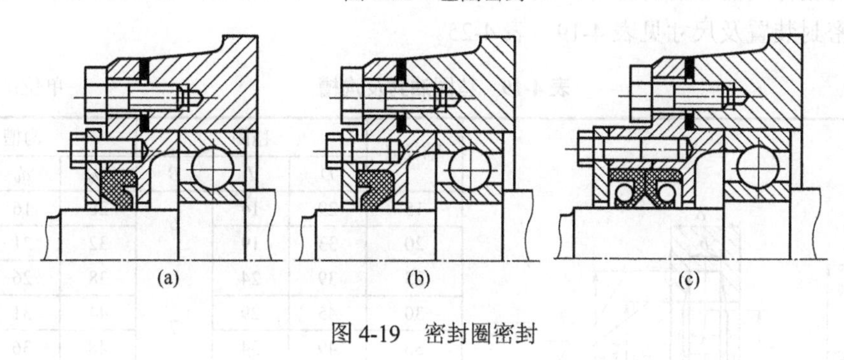

图 4-19　密封圈密封

（2）非接触式密封

接触式密封的缺点是在接触处产生滑动摩擦。而非接触式密封就能避免此缺点，且安全可靠，无须更换，但只能在低油位时采用。常用的非接触式密封有间隙式密封和迷宫式密封等。

图 4-20 所示为间隙式密封，靠轴与盖间的细小环形间隙密封，其密封性能取决于间隙的大小，间隙越小越长，密封效果越好，半径间隙常取 0.1～0.3mm。如果在轴承盖上车出环槽，在槽中填以润滑脂，可提高密封效果。

图 4-21 所示为迷宫式密封，将旋转件与静止件之间的间隙做成曲路（迷宫）形式，并在间隙中充填润滑油或润滑脂以加强密封效果。

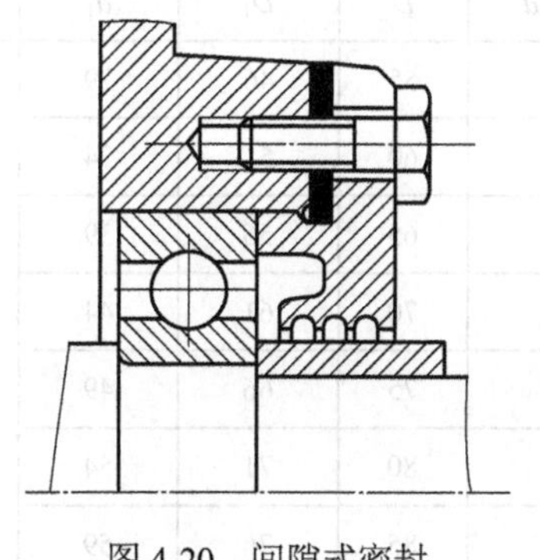

图 4-20　间隙式密封

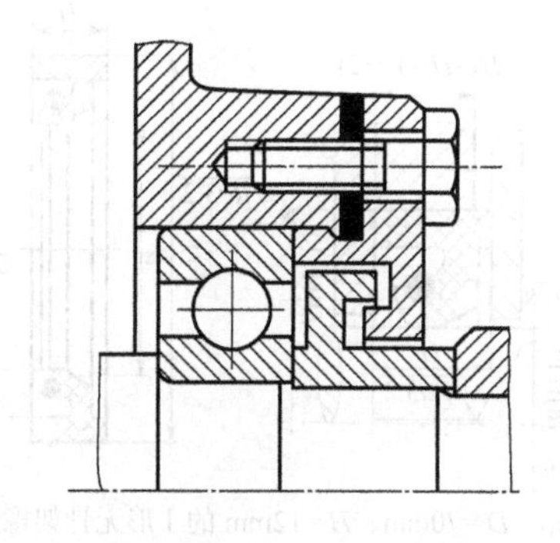

图 4-21　迷宫式密封

4.4.2 箱盖与箱座接合面的密封

在箱盖与箱座接合面上涂密封胶或水玻璃密封最为普遍。也有在箱座接合面上同时开回油沟，让渗入接合面间的油通过回油沟及回油道流回箱内油池以增加密封效果。

4.4.3 其他部位的密封

检查孔盖板、放油螺塞、油标与箱体接合面间均需加纸封油垫或橡胶封油圈。凸缘式轴承端盖与箱体间需加密封垫片，嵌入式轴承端盖与箱体间常用橡胶密封圈密封防漏。

常用密封装置及尺寸见表 4-19～表 4-25。

表 4-19 毡圈油封及沟槽 单位：mm

轴径 d	毡圈			沟槽		
	D	d_1	B	D_0	d_0	b
15	29	14	6	28	16	5
20	33	19		32	21	
25	39	24	7	38	26	6
30	45	29		44	31	
35	49	34		48	36	
40	53	39		52	41	
45	61	44	8	60	46	7
50	69	49		68	51	
55	74	53		72	56	
60	80	58		78	61	
65	84	63		82	66	
70	90	68		88	71	
75	94	73		92	77	
80	102	78	9	100	82	8
85	107	83		105	87	

B δ b 14° d_1 D d(f9) $d_0{}^{+0.1}_{0}$ $D_0{}^{+0.5}_{0}$ Ra2.5 Ra2.5

δ=10～12（钢制端盖）
δ=12～15（铸铁制端盖）

标注示例
轴径 d=40mm 的毡圈密封：
毡圈 40 JB/ZQ 4606—1997

表 4-20 J 形无骨架橡胶油封 单位：mm

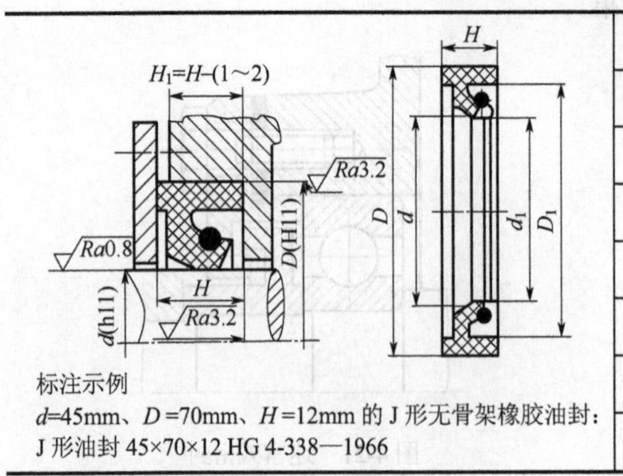

标注示例
d=45mm、D=70mm、H=12mm 的 J 形无骨架橡胶油封：
J 形油封 45×70×12 HG 4-338—1966

轴径 d	D	D_1	d_1	H
30	55	46	29	12
35	60	51	34	
40	65	56	39	
45	70	61	44	
50	75	66	49	
55	80	71	54	
60	85	76	59	

续表

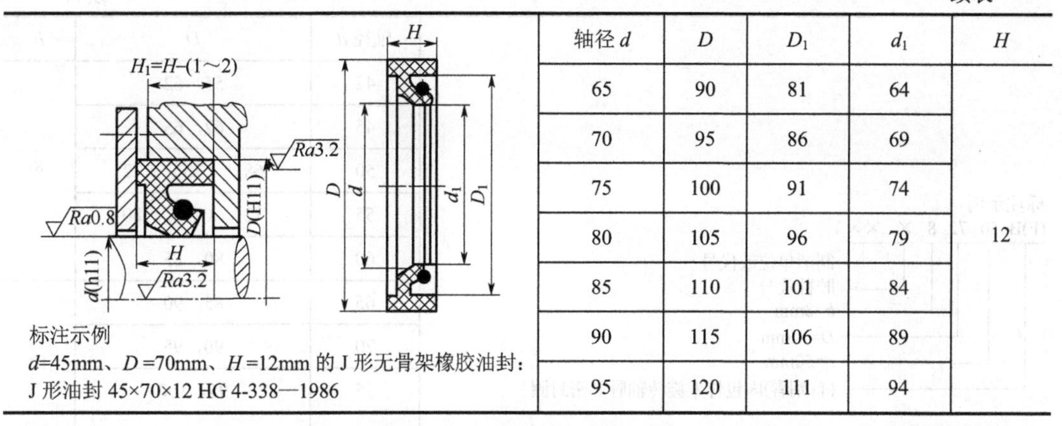

标注示例

d=45mm、D =70mm、H=12mm 的 J 形无骨架橡胶油封：

J 形油封 45×70×12 HG 4-338—1986

轴径 d	D	D_1	d_1	H
65	90	81	64	12
70	95	86	69	
75	100	91	74	
80	105	96	79	
85	110	101	84	
90	115	106	89	
95	120	111	94	

表 4-21 U 形无骨架橡胶油封 单位：mm

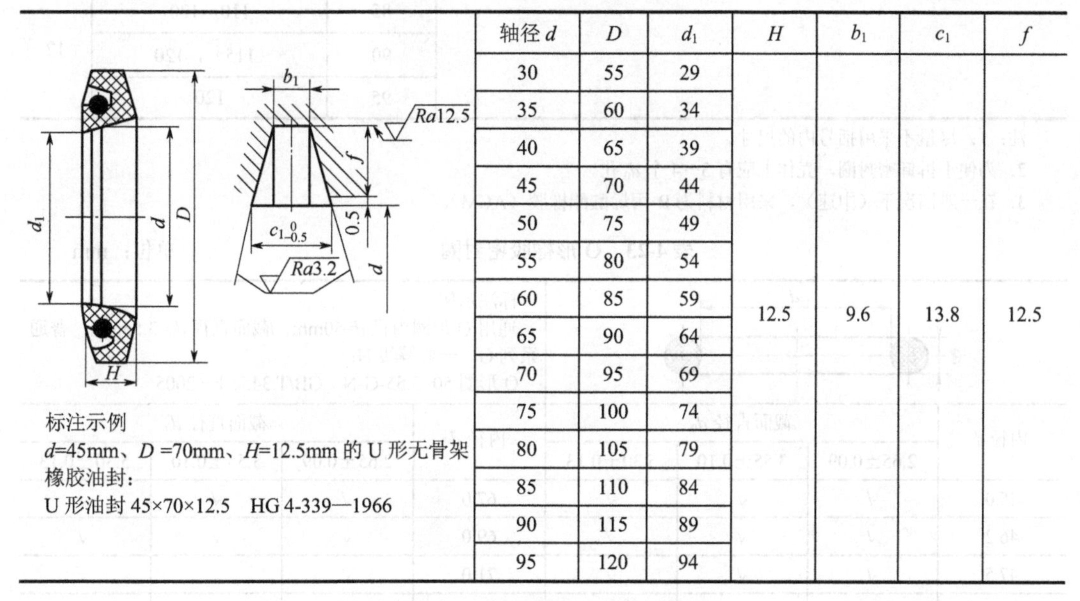

标注示例

d=45mm、D =70mm、H=12.5mm 的 U 形无骨架橡胶油封：

U 形油封 45×70×12.5 HG 4-339—1966

轴径 d	D	d_1	H	b_1	c_1	f
30	55	29	12.5	9.6	13.8	12.5
35	60	34				
40	65	39				
45	70	44				
50	75	49				
55	80	54				
60	85	59				
65	90	64				
70	95	69				
75	100	74				
80	105	79				
85	110	84				
90	115	89				
95	120	94				

表 4-22 内包骨架旋转轴唇形密封圈 单位：mm

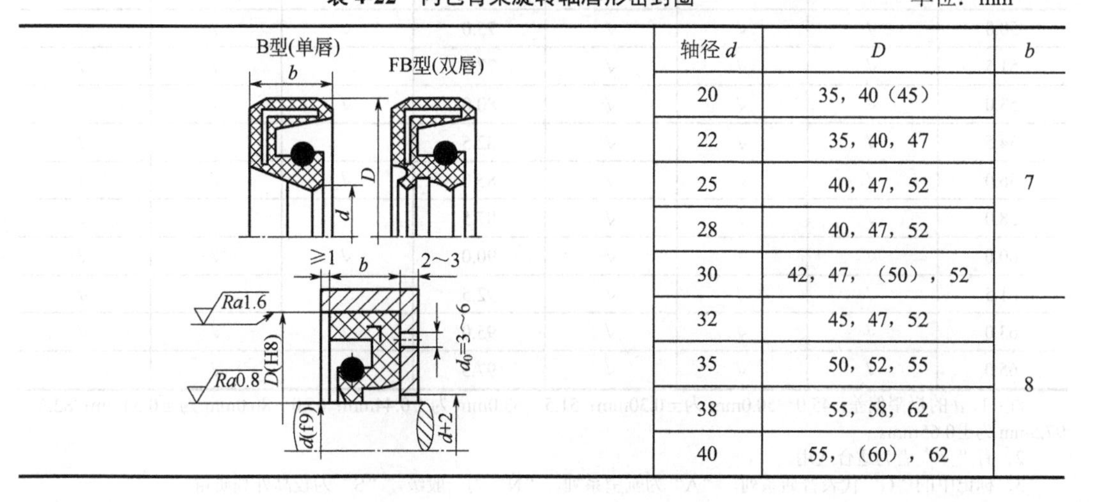

轴径 d	D	b
20	35，40（45）	7
22	35，40，47	
25	40，47，52	
28	40，47，52	
30	42，47，（50），52	
32	45，47，52	8
35	50，52，55	
38	55，58，62	
40	55，（60），62	

续表

标注示例

(F)B 50 72 8 × ××

- ×× — 制造单位或代号
- × — 胶种代号
- 8 — b=8mm
- 72 — D=72mm
- 50 — d=50mm
- (F)B — (有副唇)内包骨架旋转轴唇形密封圈

轴径 d	D	b
42	55，62	8
45	62，65	
50	68，（70），72	
55	72，（75），80	
60	80，85	
65	85，90	10
70	90，95	
75	95，100	
80	100，110	
85	110，120	12
90	（115），120	
95	120	

注：1. 尽量不采用括号内的尺寸。

2. 为便于拆卸密封圈，壳体上应有 3～4 个 d_0 孔。

3. 在一般情况下（中速），采用材料为 B-丙烯酸酯橡胶（ACM）。

表 4-23　O 形橡胶密封圈　　单位：mm

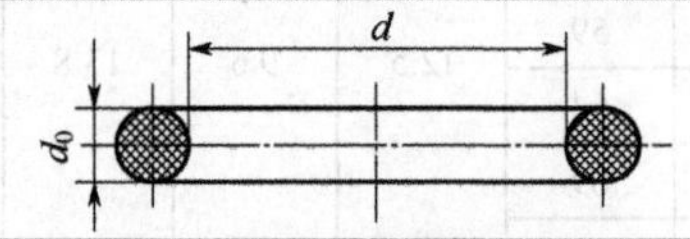

标注示例

通用 O 形圈内径 d=50mm，截面直径 d_0=3.55mm，普通系列 G，一般等级 N：

O 形圈 50×3.55-G-N　GB/T 3452.1—2005

内径 d	截面直径 d_0			内径 d	截面直径 d_0		
	2.65±0.09	3.55±0.10	5.30±0.13		2.65±0.09	3.55±0.10	5.30±0.13
45.0	√	√	√	67.0	√	√	√
46.2	√	√	√	69.0	√	√	√
47.5	√	√	√	71.0	√	√	√
48.7	√	√	√	73.0	√	√	√
50.0	√	√	√	75.0	√	√	√
51.5	√	√	√	77.5	√	√	√
53.0	√	√	√	80.0	√	√	√
54.5	√	√	√	82.5	√	√	√
56.0	√	√	√	85.0	√	√	√
58.0	√	√	√	87.5	√	√	√
60.0	√	√	√	90.0	√	√	√
61.5	√	√	√	92.5	√	√	√
63.0	√	√	√	95.0	√	√	√
65.0	√	√	√	97.5	√	√	√

注：1. d 的极限偏差：45.0～50.0mm 为±0.30mm；51.5～63.0mm 为±0.44mm；65.0～80.0mm 为±0.53mm；82.5～97.5mm 为±0.65mm。

2. 有“√”者为适合选用。

3. 标记中的“G”代表普通系列，“A”为航空系列，“N”为一般级，“S”为较高外观质量。

表 4-24 油沟式密封槽 单位：mm

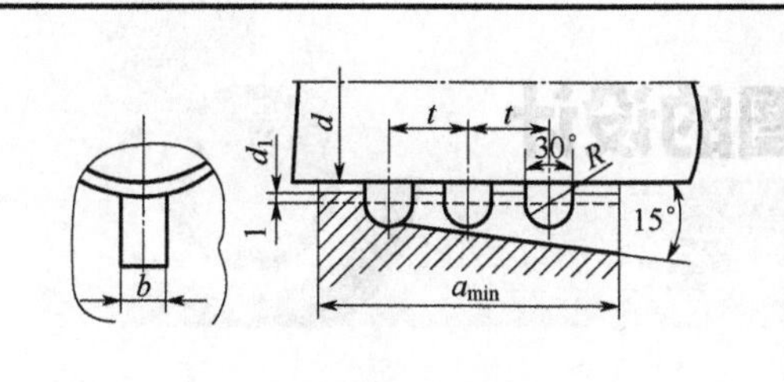

轴径 d	25～80	>80～120	>120～180	>180
R	1.5	2	2.5	3
t	4.5	6	7.5	9
b	4	5	6	7
d_1	$d_1=d+1$			
a_{min}	$a_{min}=nt+R$			

注：1. 表中 R、t、b 尺寸，在个别情况下可用于与表中不相对应的轴径上。

2. 一般油沟数 n=2～4 个，多采用 3 个。

表 4-25 迷宫密封槽 单位：mm

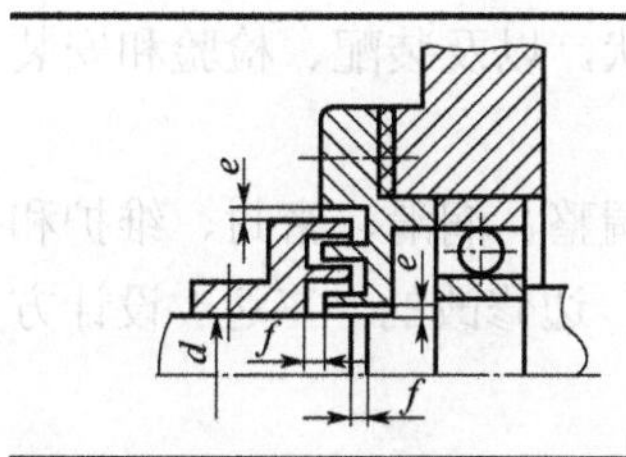

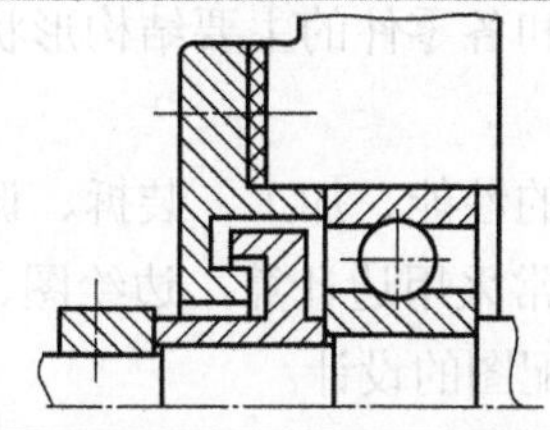

轴径 d	e	f
15～50	0.2	1
50～80	0.3	1.5
80～110	0.4	2
110～180	0.5	2.5

第 5 章 减速器装配图的设计

装配图是机械设计意图的直观反映，是机器设计、制造的重要技术依据。装配图可表达机械的工作原理、零件间的装配关系和各零件的主要结构形状，以及装配、检验和安装时所需的尺寸和技术要求。

装配图设计时需综合考虑零件材料的性能、加工、装拆、调整、润滑、密封、维护和经济性等各方面的因素以及使用要求，常采用边计算、边绘图、边修改的“三边”设计方法，先设计出装配草图，然后再完成装配图的设计。

减速器装配图的设计通过以下步骤完成。

步骤 1　设计减速器装配图的准备。

步骤 2　减速器装配草图设计。

步骤 3　减速器装配图的整理和完善。

下面以一级圆柱齿轮减速器为例进行具体介绍。

5.1 减速器装配草图设计

5.1.1 准备有关设计数据

在绘制装配图之前，应翻阅有关资料，参观或拆装实际减速器，弄懂各零部件的功用，做到对设计内容心中有数。此外，还要根据任务书上的技术数据，选择计算出有关零部件的结构和主要尺寸，具体内容如下。

① 确定齿轮传动的主要尺寸，如中心距、分度圆和齿顶圆直径；齿轮宽度、轮毂长度等。其他详细结构可暂不确定。

② 根据减速器中齿轮的圆周速度，确定滚动轴承的润滑方式。当一级圆柱齿轮减速器中浸油齿轮的圆周速度 $v \geqslant 2$m/s 时，轴承采用油润滑；当一级圆柱齿轮减速器中浸油齿轮的圆周速度 $v < 2$m/s，轴承采用脂润滑。

③ 按表 4-1 和表 5-1 逐项计算和确定箱体结构尺寸及减速器内各零件的位置尺寸。

表 5-1　减速器零件的位置尺寸　　单位：mm

代号	名称		荐用值	代号	名称	荐用值
Δ_1	齿顶圆至箱体内壁的距离		≥1.2δ，δ 为箱座壁厚	Δ_7	箱底至箱底内壁的距离	约 20
Δ_2	齿轮端面至箱体内壁的距离		≥δ（一般取≥10～15）	H	减速器中心高	≥$R_a+\Delta_6+\Delta_7$（R_a 为大齿轮齿顶圆半径）
Δ_3	轴承端面至箱体内壁的距离	轴承用脂润滑	10～12	L_1	箱体内壁至轴承座孔外端面的距离	$\delta+c_1+c_2+(5\sim10)$（δ、c_1、c_2 见表 4-1）
		轴承用油润滑	3～5			
Δ_4	旋转零件间的轴向距离		10～15	e	轴承端盖凸缘厚度	见表 4-11
Δ_5	齿顶圆至轴表面的距离		≥10	L_2	箱体内壁轴向距离	$b_1+2\Delta_2$（b_1 为小齿轮宽度）
Δ_6	大齿轮齿顶圆至箱底内壁的距离		>30～50	L_3	轴承盖至联轴器内侧端面的距离	≥30

5.1.2　视图选择与图面布置

在课程设计中，为了加强绘图真实感，培养学生在工程图样上判断结构尺寸的能力，应优先选用 1∶1 的比例尺，其次选用 1∶2 的比例尺，用 0 号或 1 号图纸绘制。

减速器装配图一般多用 3 个视图（必要时另加剖视图或局部视图）来表达。在开始绘图之前，可根据减速器内传动零件的特征尺寸（如齿轮中心距 a），参考类似结构，估计减速器的外廓尺寸，并考虑标题栏、零件明细表、零件序号、标注尺寸及技术要求和技术特性等所需空间，做好图面的合理布局。图 5-1 所示为减速器装配图的图面布置，可供设计时参考。

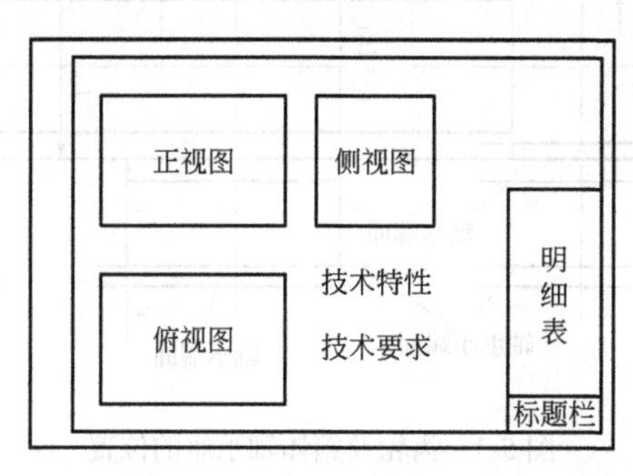

图 5-1　减速器装配图的图面布置

5.1.3　初绘减速器装配草图

本阶段设计的内容，主要是初绘减速器的俯视图和部分主视图。下面以圆柱齿轮减速器为例说明草图绘制步骤。

（1）画出主视图大体轮廓

先画主视图的齿轮中心线、齿轮轮廓及减速器箱体大齿轮一端的外廓，如图 5-2 所示。

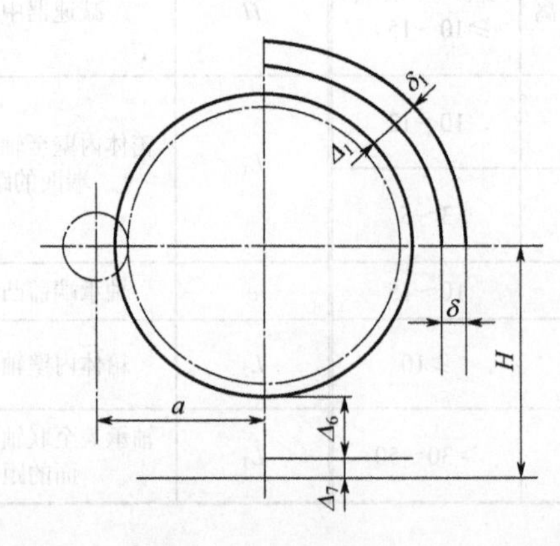

图 5-2 一级圆柱齿轮减速器主视图草图

（2）画出俯视图大体轮廓

画俯视图的齿轮中心线、齿轮轮廓及减速器箱体，如图 5-3 所示。

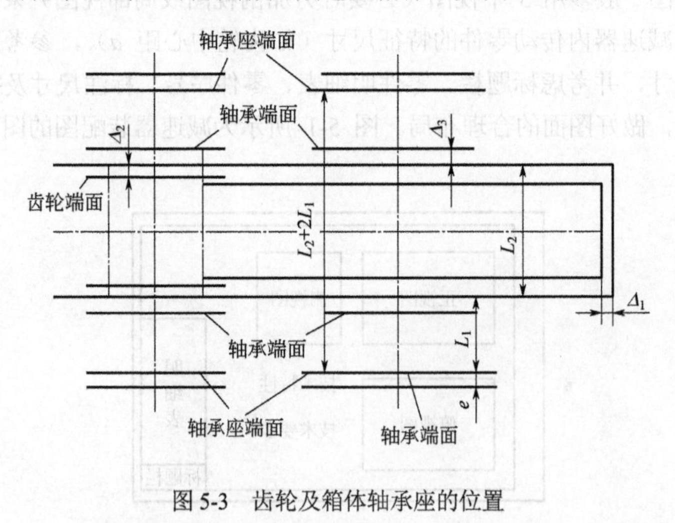

图 5-3 齿轮及箱体轴承座的位置

（3）确定齿轮位置和箱体内壁线

根据齿轮直径和齿宽绘出齿轮轮廓位置。为保证全齿宽接触，通常使小齿轮比大齿轮宽 5～10mm。

为避免因箱体铸造误差造成齿轮与箱体间的距离过小甚至齿轮与箱体相碰，应使大齿

轮齿顶圆、齿轮端面至箱体内壁之间分别留有适当距离 Δ_1 和 Δ_2，其中，$L_2=b_1+2\Delta_2$。高速级小齿轮一侧的箱体内壁线还应考虑其他条件才能确定，故暂不画出。

（4）确定箱体内壁至轴承座孔外端面距离

箱体内壁至轴承座孔外端面距离 L_1 一般取决于轴承旁连接螺栓 Md_1 所需的扳手空间尺寸 c_1 和 c_2，c_1+c_2 即为凸台宽度。轴承座孔外端面需要加工，为了减少加工面，凸台还需向外凸出至少 5mm。因此箱体内壁至轴承座孔外端面的距离 $L_1=\delta$(壁厚)$+c_1+c_2+5$mm，如图 5-3 所示。

5.1.4 轴的结构设计

轴的结构主要取决于轴上零件、轴承的布置、润滑和密封，同时要满足轴上零件定位正确、固定牢靠、装拆方便、加工容易等条件。一般轴设计成阶梯轴，如图 5-4 所示。

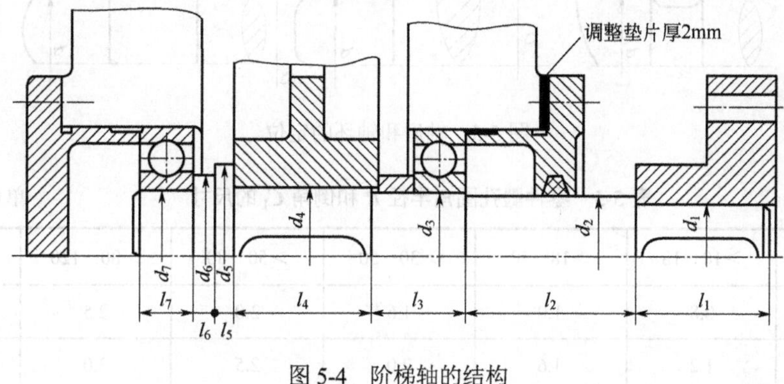

图 5-4 阶梯轴的结构

（1）轴的径向尺寸的确定

阶梯轴各段径向尺寸，应满足轴有足够的强度，便于轴上零件定位、固定、安装等要求来确定，首先按照式（3-1）初步确定轴的最小直径，并以此为基础，再根据下述要求，依次确定轴的各段径向尺寸。

安装标准件（如滚动轴承、密封元件、联轴器等）部位的轴径，应取为相应的标准件内径或轴孔直径，如图 5-4 中的 d_3、d_7 必须与滚动轴承的内径，d_1 必须与联轴器轴孔内径，d_2 必须与密封件孔径相一致。

与一般回转零件（如齿轮、带轮和凸轮等）相配合的轴段，其直径（如图 5-4 中的 d_4）应与相配合的零件毂孔直径相一致，且为标准轴径（表 5-2），尽可能取整数值。

表 5-2 标准轴径系列 单位：mm

10	11.2	12.5	13.2	14	15	16	17	18	19	20	21.2
22.4	23.6	25	26.5	28	30	31.5	33.5	35.5	37.5	40	42.5
45	47.5	50	53	56	60	63	67	71	75	80	85
90	95	100	106	112	118	125	132	140	150	160	170
180	190	200	212	224	236	250	265	280	300	315	335

轴上零件用轴肩定位的相邻轴径的直径，如图 5-4 中的 d_1 和 d_2、d_4 和 d_5 之间，根据计算确定，一般相差 5～10mm。当滚动轴承用轴肩定位时，如图 5-4 中的 d_6 和 d_7 之间，其轴肩直径在滚动轴承标准（参见附录 5）中查取。

起着零件定位作用的轴肩或轴环，为使零件紧靠定位面（图 5-5），轴肩或轴环的圆角半径 r 应小于零件毂孔圆角半径 R 或倒角 C_1，轴肩或轴环高度 h 应比 R 或 C_1 稍大，通常可取 $h=(0.07～0.1)\,d$（d 为与零件相配处的轴径），$r=(0.67～0.75)\,h$。轴环的宽度一般可取 $b=1.4h$ 或 $b=(0.1～0.15)\,d$（详见附表 2-6）。零件毂孔圆角半径和倒角尺寸见表 5-3。

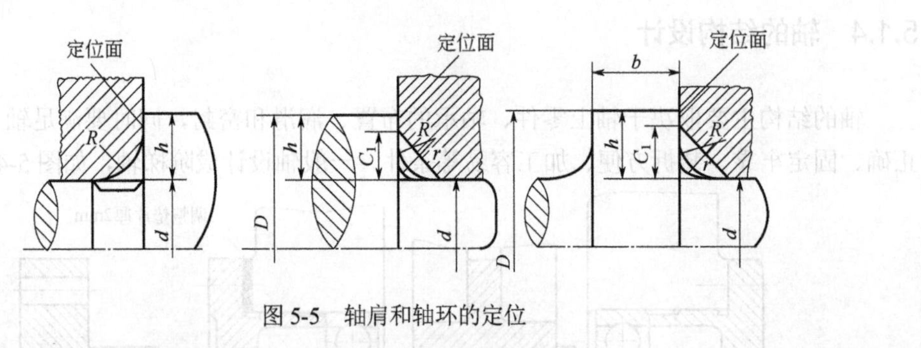

图 5-5　轴肩和轴环的定位

表 5-3　零件毂孔圆角半径 R 和倒角 C_1 的尺寸　　单位：mm

轴径 d	>10～18	>18～30	>30～50	>50～80	>80～120	>120～180
R	0.8	1.0	1.6	2.0	2.5	3.0
C_1	1.2	1.6	2.0	2.5	3.0	4.0

为轴上零件装拆方便或加工需要而设计的非定位轴肩，如图 5-4 中的 d_2 和 d_3、d_3 和 d_4 之间，相邻轴段直径之差应取 1～3mm，且尽可能取为整数。

需要磨削加工或车制螺纹的轴段，应设计相应的砂轮越程槽（表 5-4）或螺纹退刀槽。

表 5-4　砂轮越程槽　　单位：mm

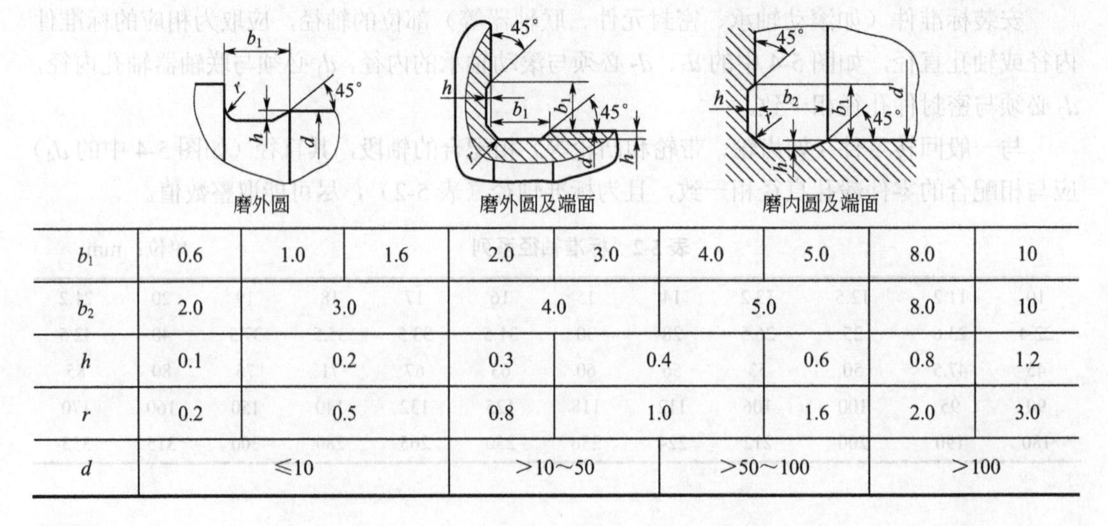

<table>
<tr><td>b_1</td><td>0.6</td><td>1.0</td><td>1.6</td><td>2.0</td><td>3.0</td><td>4.0</td><td>5.0</td><td>8.0</td><td>10</td></tr>
<tr><td>b_2</td><td>2.0</td><td colspan="2">3.0</td><td colspan="2">4.0</td><td colspan="2">5.0</td><td>8.0</td><td>10</td></tr>
<tr><td>h</td><td>0.1</td><td colspan="2">0.2</td><td>0.3</td><td colspan="2">0.4</td><td>0.6</td><td>0.8</td><td>1.2</td></tr>
<tr><td>r</td><td>0.2</td><td colspan="2">0.5</td><td>0.8</td><td colspan="2">1.0</td><td>1.6</td><td>2.0</td><td>3.0</td></tr>
<tr><td>d</td><td colspan="3">≤10</td><td colspan="2">>10～50</td><td colspan="2">>50～100</td><td colspan="2">>100</td></tr>
</table>

（2）轴的轴向尺寸的确定

在确定各轴段的轴向尺寸时，应考虑轴上零件的宽度、轴上零件的定位、轴上零件的安装和拆卸、轴承的型号和润滑方式以及其他结构需要等。总之，整个轴的轴向尺寸越小，轴的强度和刚度越高，轴的设计越合理。

当用套筒（轴套）或挡油盘等零件来固定轴上零件时，轴端面与套筒端面或轮毂端面之间应留有 2～3mm 的间隙，即轴段长度小于轮毂宽度 2～3mm（图 5-4 中 d_4 右端处），以防止加工误差使零件在轴向固定不牢靠。当轴的外伸段上安装联轴器、带轮、链轮时，为了使其在轴向固定牢靠，也需做同样处理（图 5-4 中 d_1 右端处）。另外各轴段长度应考虑倒角的尺寸。

轴的外伸长度与轴上零件和轴承盖的结构有关。如图 5-6 所示，轴上零件端面距轴承盖的距离为 A。若轴端安装弹性套柱销联轴器，A 必须满足弹性套柱销的装拆条件，如图 5-6（a）所示；若采用凸缘式轴承盖，则 L 至少要大于或等于轴承盖连接螺钉的长度，如图 5-6（b）所示；当外接零件的轮毂不影响螺钉的拆卸［图 5-6（c）］或采用嵌入式轴承盖时，箱体外旋转零件至轴承盖外端面或轴承螺钉头顶面距离 l_4 一般不小于 10～15mm。

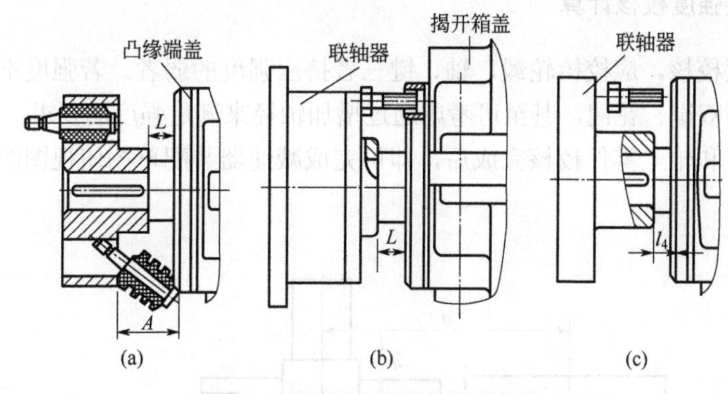

图 5-6　外伸轴段零件的安装结构

例如，根据联轴器的轴孔长度，先确定 l_1（图 5-4）；根据轴承宽度 B、Δ_2 和 Δ_3 可确定 l_3（见表 5-1、图 5-7），若是油润滑的圆锥滚子轴承，可不考虑 Δ_3；根据齿轮宽度确定 l_4；轴环宽度 l_5 按计算确定；$l_6=\Delta_2+\Delta_3-l_5$，同样，若是油润滑的圆锥滚子轴承可不考虑 Δ_3；根据轴承宽度可确定 l_7；l_2 的长度要综合考虑轴承盖尺寸及轴承盖至联轴器内侧端面的距离，$l_2=L_1+2+e+L_3-(\Delta_3+B)$。

轴上的平键长度应短于该轴段长度 5～10mm，键长要圆整为标准值。键端距零件装入侧轴端距离一般为 2～5mm，以便安装轴上零件时使其键槽容易对准键。

5.1.5　轴、滚动轴承及键连接的校核计算

（1）轴的强度校核计算

根据初绘装配草图的轴的结构，确定作用在轴上的力的作用点。一般作用在零件、轴

承处的作用点或支承点取宽度的中点，对于角接触球轴承和圆锥滚子轴承，则应查手册来确定其支承点。确定了力的作用点和轴承间的支承距离后，可绘出轴的受力计算简图，绘制弯矩图、转矩图及当量弯矩图，然后对危险剖面进行强度校核。

校核后，如果强度不够，应增加轴径，对轴的结构进行修改或改变轴的材料。如果已满足强度要求，而且算出的安全系数或计算应力与许用值相差不大，则初步设计的轴结构正确，可以不再修改。如果安全系数很大或计算应力远小于许用应力，则不要马上减小轴径，因为轴的直径不仅由轴的强度来确定，还要考虑联轴器对轴的直径要求及轴承寿命、键连接强度等要求。因此，轴径大小应在满足其他条件后，才能确定。

（2）滚动轴承寿命的校核计算

前面已经选定滚动轴承的类型，在确定轴的结构尺寸后，即可确定轴承的型号。这样，就可以进行寿命计算。轴承的寿命最好与减速器的寿命大致相等。如达不到，至少应达到减速器检修期（2~3 年）。如果寿命不够，可先考虑选用其他系列的轴承，其次考虑改选轴承的类型或轴径。如果计算寿命太大，可考虑选用较小系列轴承。

（3）键连接强度校核计算

键连接强度校核，应校核轮毂、轴、键三者挤压强度的弱者。若强度不够，可增加键的长度，或改用双键、花键，甚至可考虑通过增加轴径来满足强度的要求。

轴结构设计和轴上零件校核完成后，即可完成减速器装配草图俯视图的初绘任务，见图 5-7。

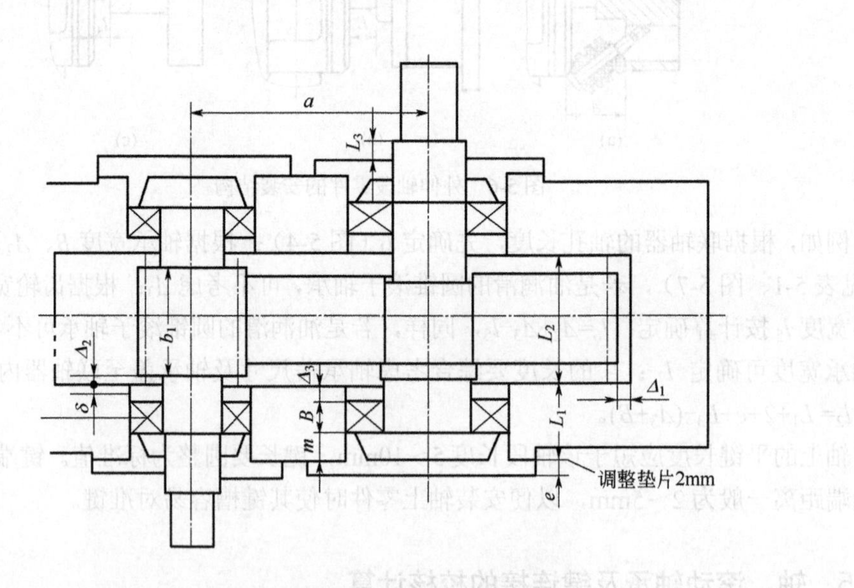

图 5-7　一级减速器装配草图俯视图

B—轴承宽度；b_1—小齿轮宽度；δ—箱座壁厚；e—轴承盖盖板厚度；

m—轴承盖凸起的高度，$m=L_1+2-(\Delta_3+B)$

5.1.6　完成减速器装配草图

（1）轴系零件的结构设计

① 画出箱体内齿轮的结构。当齿轮直径较小时（$x \leqslant 2.5m_n$，m_n 为法面模数），可将齿轮与轴设计成一体，即做成齿轮轴，其结构如图 5-8 所示。图 5-8（b）和图 5-8（c）所示的结构只能用滚齿方法加工齿轮。

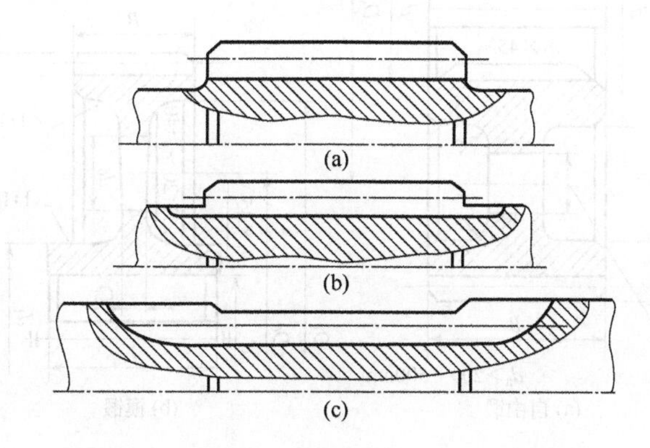

图 5-8　齿轮轴的结构

各种圆柱齿轮的结构尺寸分别见图 5-9～图 5-12。

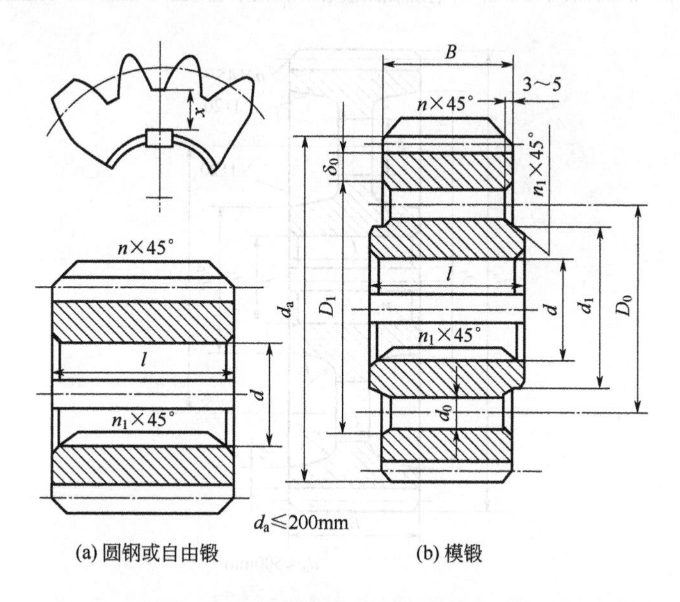

图 5-9　锻造实心式圆柱齿轮

$d_1 \approx 1.6d$；$l=(1.2 \sim 1.5)\,d \geqslant B$；$\delta_0=2.5m_n \geqslant 8 \sim 10$mm；$D_0=0.5(D_1+d_1)$；

$d_0=0.2(D_1-d_1)$，当<10mm 时，不必作孔；$n=0.5m_n$；n_1 根据轴的过渡圆角确定

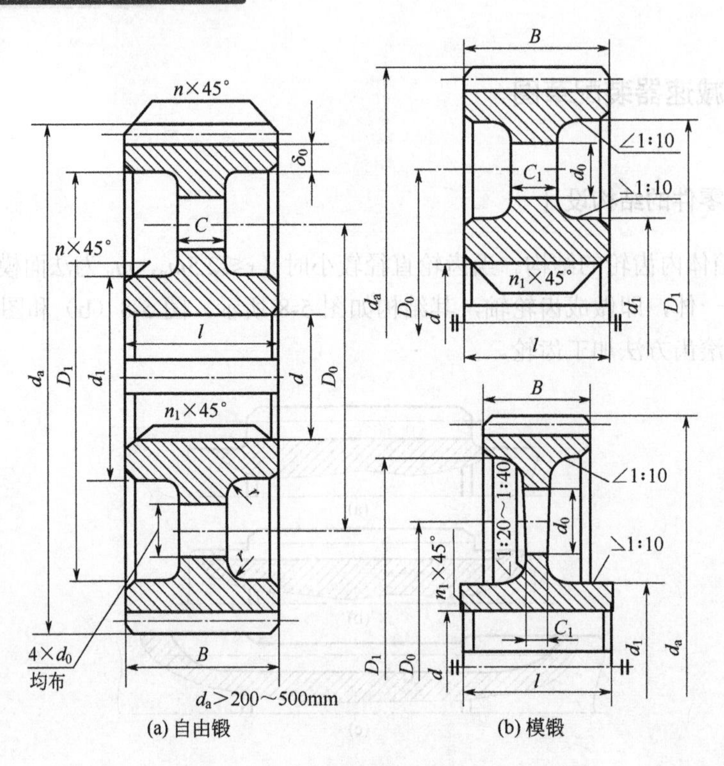

(a) 自由锻　　　　(b) 模锻

图 5-10　锻造腹板式圆柱齿轮

$d_1 \approx 1.6d$；$l=(1.2\sim1.5)d \geqslant B$；$D_0=0.5(D_1+d_1)$；$d_0=0.25(D_1-d_1) \geqslant 10$mm；$C=0.3B$；

$C_1=(0.2\sim0.3)B$；$n=0.5m_n$；$r=5$mm；n_1 根据轴的过渡圆角确定；$\delta_0=(2.5\sim4)m_n \geqslant 8\sim10$mm；$D_1=d_f-2\delta_0$

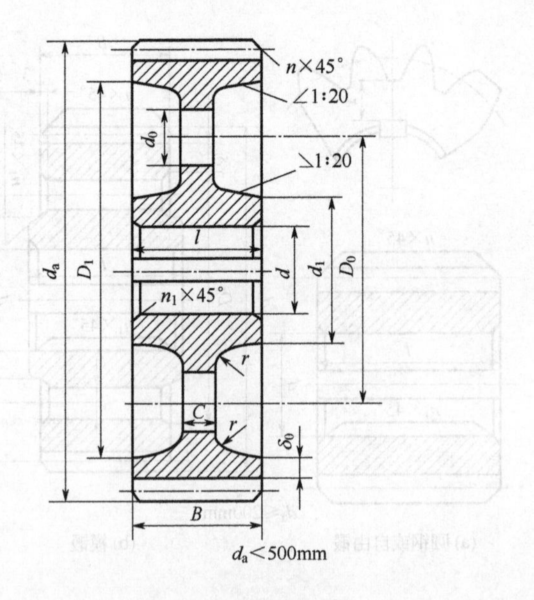

图 5-11　铸造腹板式圆柱齿轮

$d_1=1.6d$（铸钢）；$d_1=1.8d$（铸铁）；$l=(1.2\sim1.5)d \geqslant B$；$\delta_0=(2.5\sim4)m_n \geqslant 8\sim10$mm；

$D_1=d_f-2\delta_0$；$C=0.2B \geqslant 10$mm；$D_0=0.5(D_1+d_1)$；$d_0=0.25(D_1-d_1)$；$n=0.5m_n$；n_1、r 由结构确定

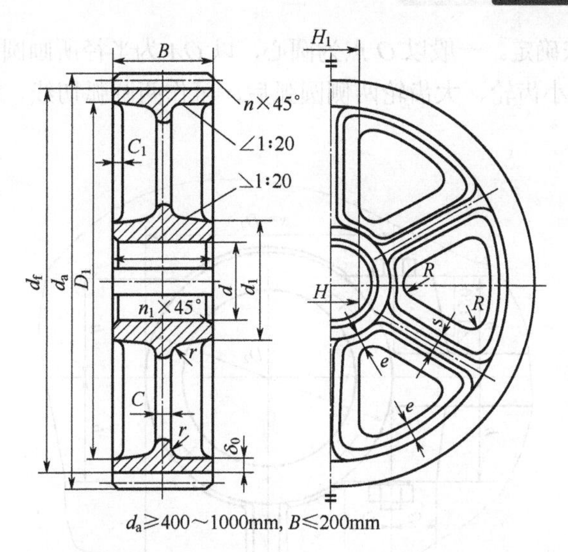

图 5-12　铸造轮辐式圆柱齿轮

d_1=1.6d（铸钢）；d_1=1.8d（铸铁）；l=(1.2～1.5)$d\geqslant B$；δ_0=(2.5～4)$m_n\geqslant$8～10mm；

$D_1=d_f-2\delta_0$；$n=0.5m_n$；$H=0.8d$；$H_1=0.8H$；$C=0.2H\geqslant$10mm；$C_1=0.8C$；

$s=0.17H\geqslant$10mm；$e=0.8\delta_0$；n_1、r、R 由结构确定

② 画出滚动轴承的结构，可以根据规定采用滚动轴承的简化画法。

③ 画出套筒或轴端挡圈的结构。

④ 画出封油盘或挡油盘的结构，封油盘和挡油盘的具体结构尺寸见图 4-16 和图 4-17。

⑤ 画出轴承盖。根据表 4-11、表 4-12 所示的轴承盖的结构尺寸，画出轴承透盖或闷盖。按工作情况选用凸缘式或嵌入式轴承盖。

⑥ 画出密封件。根据密封处的轴表面的圆周速度、润滑剂种类、密封要求、工作温度、环境条件等来选择密封件。当 v<4～5m/s 时，较清洁的地方采用毡圈密封；当 v<10m/s 且环境有灰时，可采用 J 型无骨架橡胶油封；速度高时，用非接触式密封。密封件的具体结构及尺寸见表 4-19～表 4-23。

（2）减速器箱体的结构设计

① 确定轴承旁连接螺栓凸台的结构尺寸。为了增大剖分式箱体轴承座的刚度，轴承旁连接螺栓距离应尽量小，但是不能与轴承盖连接螺钉相干涉，一般取 $s\approx D_2$，D_2 为轴承盖外径，见图 5-13。用嵌入式轴承盖时，D_2 为轴承座凸缘的外径。两轴承座孔之间装不下两个螺栓时，可在两个轴承座孔间距的中间装一个螺栓。

② 确定箱盖顶部外表面轮廓。对铸造箱体，箱盖顶部一般为圆弧形。大齿轮一侧，可以轴心为圆心、以 $R=\dfrac{d_{a2}}{2}+\varDelta_1+\delta_1$ 为半径画出圆弧，作为箱盖顶部的部分轮廓。在一般情况下，大齿轮轴承座孔凸台均在此圆弧以内。而在小齿轮一侧，箱盖的外廓圆弧半径尺寸

应根据图 5-14 所示来确定。一般以 O 点为圆心，以 OA 为半径所画圆弧即为小齿轮一侧箱盖的外廓圆弧。画出小齿轮、大齿轮两侧圆弧后，可作两圆弧切线。这样，箱盖顶部轮廓就完全确定了。

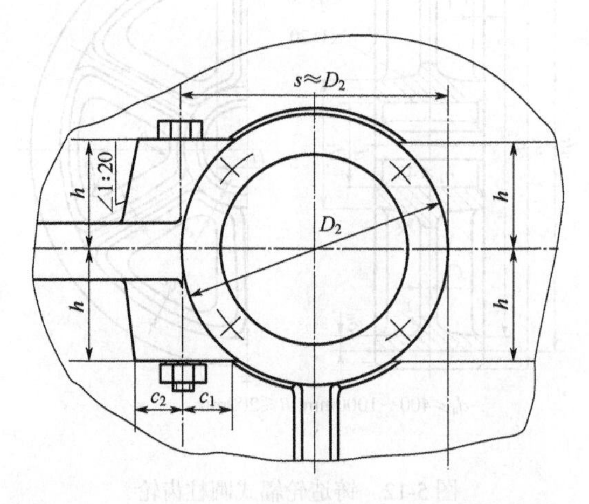

图 5-13　轴承旁连接螺栓凸台的设计

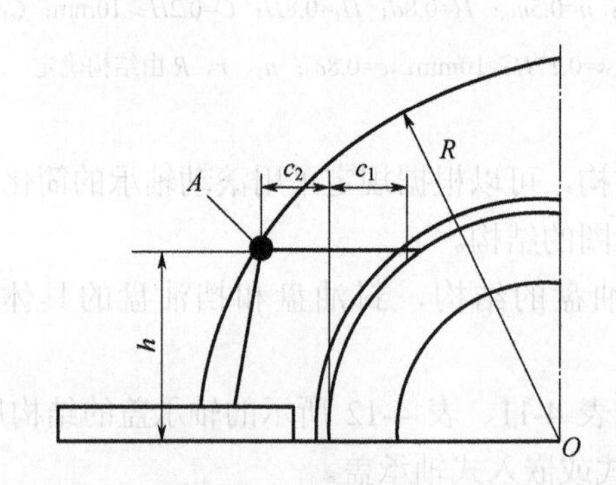

图 5-14　小齿轮一侧箱盖的外廓圆弧半径尺寸的确定

③ 箱盖、箱座凸缘及连接螺栓的布置。为防止润滑油外漏，凸缘应有足够的宽度。另外，还应考虑安装连接螺栓时，要保证有足够的扳手活动空间。布置凸缘连接螺栓时，应尽量均匀对称。为保证箱盖与箱座接合的紧密性，螺栓间距不要过大，对中小型减速器为 150～200mm；布置螺栓时，与别的零件间也要留有足够的扳手活动空间。

④ 箱体结构设计还应考虑的几个问题。箱体除有足够的强度外，还需要足够的刚度，后者比前者更为重要。若刚度不够，会使轴和轴承在外力作用下产生偏斜，引起传动零件啮合精度下降，使减速器不能正常工作。因此，在设计箱体时，除有足够的壁厚外，还需在轴承座孔凸台上下做出刚性加强肋。箱体的加强肋有外肋（图 4-1）和内肋（图 5-15）两种结构形式。内肋的刚度大，箱体外表光滑美观，但阻碍润滑油的流动，工艺性也比较复杂，所以一般采用外肋结构。当轴承座伸到箱体内部时，常采用内肋。肋板的形状和尺寸如图 5-16 所示。箱体底座凸缘的宽度 B 应超过箱体内壁[图 5-17（a）]，以利于支承受力，一般取 $B=c_1+c_2+2\delta$，而图 5-17（b）是不好的结构。

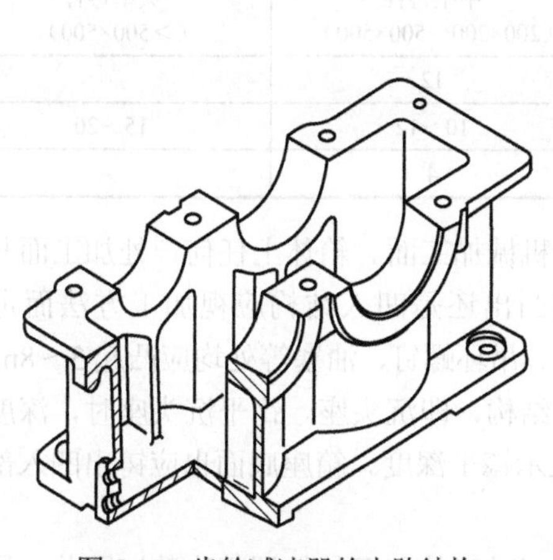

图 5-15　齿轮减速器的内肋结构

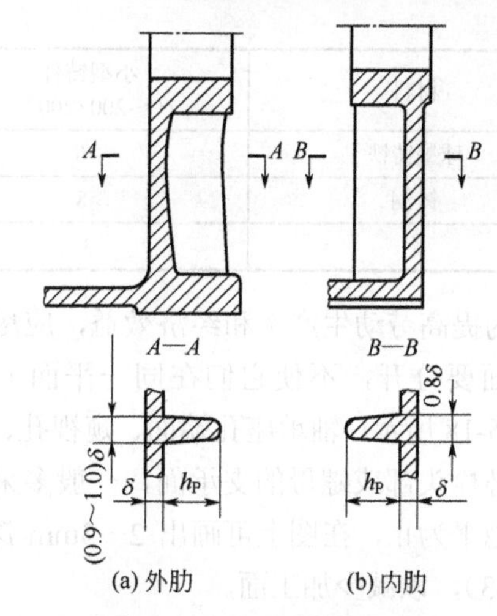

图 5-16　肋板的形状和尺寸

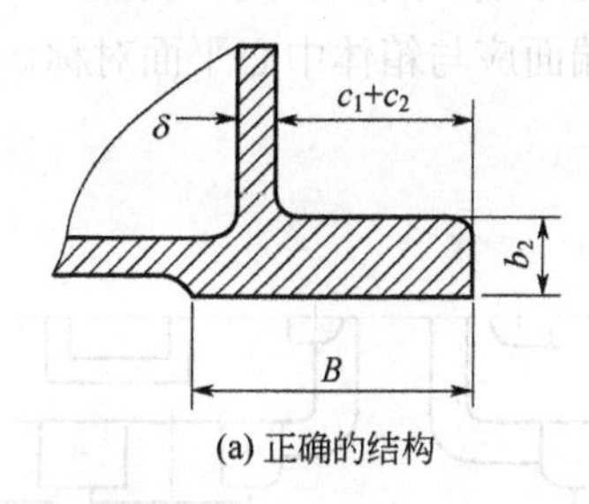

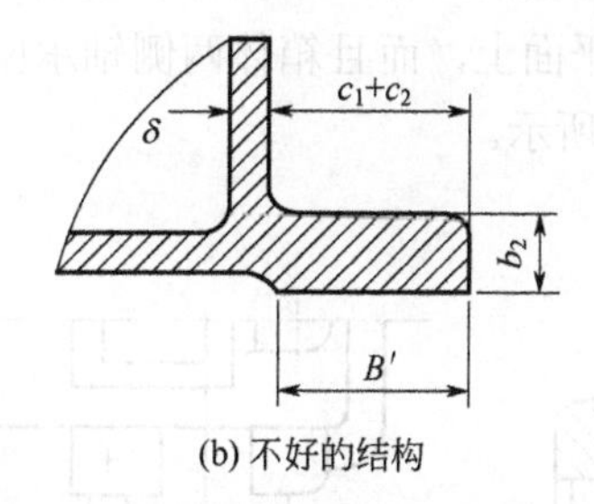

图 5-17　箱体底座凸缘的宽度

设计铸造箱体时，力求外形简单、壁厚均匀、过渡平缓，铸件过渡部分的尺寸见表 5-5。在采用砂模铸造时，箱体铸造圆角半径一般可取 $r \geqslant 5\text{mm}$。为保证铸件出模，还应注意铸件应有 1∶10～1∶20 的拔模斜度。铸件最小壁厚见表 5-6。

表 5-5　铸件过渡部分的尺寸　　单位：mm

	铸件壁厚 h	x	y	R
	10～15	3	15	5
	15～20	4	20	5
	20～25	5	25	5

表 5-6　铸件最小壁厚　　单位：mm

材料	小型铸件 （≤200×200）	中型铸件 （200×200～500×500）	大型铸件 （>500×500）
灰口铸铁	3～5	8～10	12～15
可锻铸铁	2.5～4	6～8	—

续表

材料	小型铸件（≤200×200）	中型铸件（200×200～500×500）	大型铸件（＞500×500）
球墨铸铁	>6	12	—
铸钢	>8	10～12	15～20
铝	3	4	—

为提高劳动生产率和经济效益，应尽量减少机械加工面。箱体上任何一处加工面与非加工面要分开，不使它们在同一平面上。采用凸出还是凹入结构应视加工方法而定，如图 5-18 所示。轴承座孔端面、窥视孔、通气器、吊环螺钉、油塞等处均应凸起 3～8mm。支承螺栓头部或螺母的支承面，一般多采用凹入结构，即沉头座。锪平沉头座时，深度不限，锪平为止，在图上可画出 2～3mm 深，以表示锪平深度。箱座底面也应铸出凹入部分（图 4-3），以减少加工面。

为保证加工精度，缩短工时，应尽量减少加工时工件和刀具的调整次数。因此，同一轴线上的轴承座孔的直径、精度和表面粗糙度应尽量一致，以便一次镗成。各轴承座的外端面应在同一平面上，而且箱体两侧轴承座孔端面应与箱体中心平面对称，便于加工和检验，如图 5-19 所示。

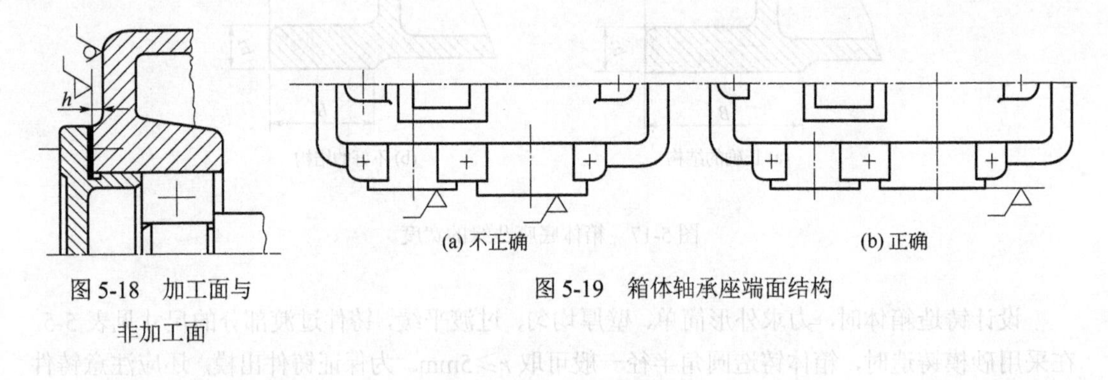

(a) 不正确　　(b) 正确

图 5-18　加工面与非加工面

图 5-19　箱体轴承座端面结构

（3）完善装配草图

完成各个视图，各视图零件的投影关系要正确。在装配工作图上，有些结构如螺栓、螺母、滚动轴承、定位销等可以按机械制图国家标准的简化画法绘制。

为表示清楚各零件的装配关系，必须有足够的局部剖视图。

应按先箱体、后附件，先主体、后局部，先轮廓、后细节的顺序设计，并应注意视图的选择、表达及视图的关系。

完成后的一级圆柱齿轮减速器（轴承为脂润滑）装配草图如图 5-20 所示。

（4）减速器装配草图的检查

一般先从箱内零件开始检查，然后扩展到箱外附件；先从齿轮、轴、轴承及箱体等主要零件开始检查，然后对其余零件进行检查。在检查中，应把三个视图对照起来，以便发现问题。检查主要内容如下。

① 总体布置方面　总体布置是否与传动装置方案简图一致；轴伸端的方位是否符合要求；轴伸端结构尺寸是否符合设计要求；箱外零件是否符合传动方案的要求。

② 计算方面　传动件、轴、轴承及箱体等主要零件是否满足强度、刚度等要求；计算结果（如齿轮中心距、传动件和轴的尺寸、轴承型号和跨距等）是否与草图一致。

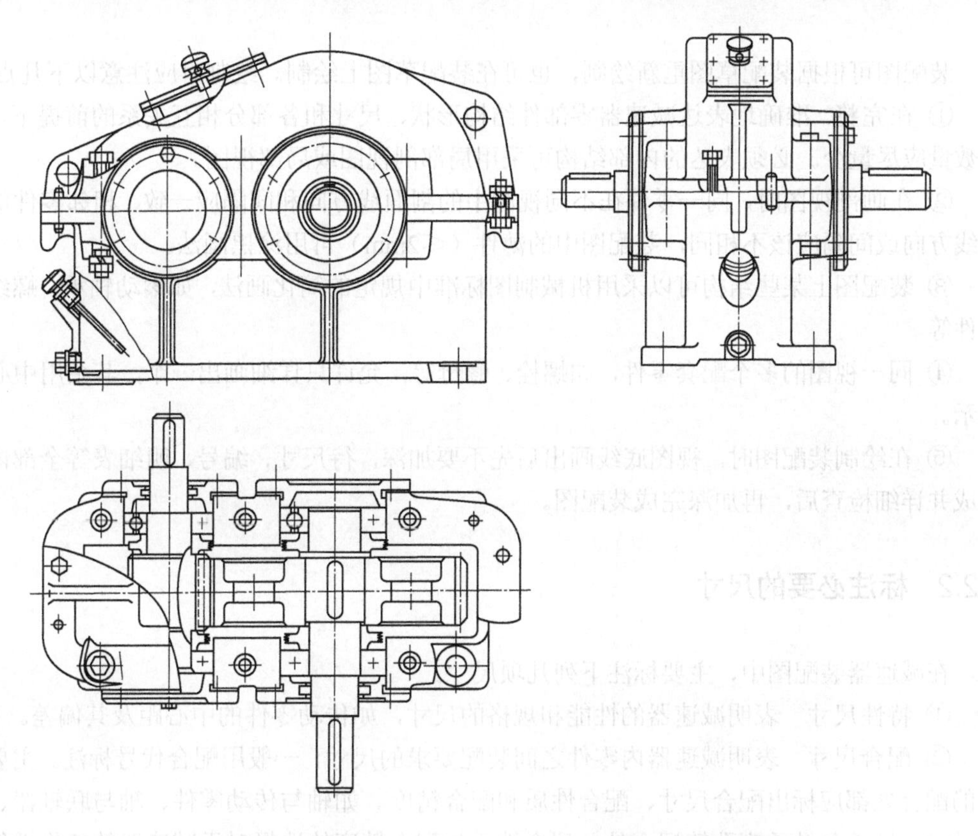

图 5-20　一级圆柱齿轮减速器（轴承为脂润滑）装配草图

③ 轴组件结构方面　传动件、轴、轴承和轴上其他零件的结构是否合理，定位、固定、调整、装拆、润滑和密封是否合理。

④ 箱体和附件结构方面　箱体的结构和加工工艺性是否合理；附件的布置是否恰当，结构是否正确。

⑤ 绘图规范方面　视图选择是否恰当，投影是否正确，是否符合机械制图国家标准的规定。

5.2 减速器装配图的整理和完善

一张完整的装配图应包括下列基本内容：表达机器（或部件）的装配关系、工作原理和零件主要结构的一组视图；尺寸和配合代号；技术要求；技术特性；零件编号、明细表及标题栏等。经过前面的设计，减速器内外主要零件结构基本上已经确定，但还需要完成装配图的其他内容。

5.2.1 绘制装配图

装配图可根据装配草图重新绘制，也可在装配草图上绘制。绘制时应注意以下几点。

① 在完整、准确地表达减速器零部件结构形状、尺寸和各部分相互关系的前提下，视图数量应尽量少。必须表达的内部结构可采用局部剖视图或局部视图。

② 在画剖视图时，同一零件在不同视图中的剖面线方向和间隔应一致，相邻零件的剖面线方向或间隔应该不相同，装配图中的薄件（≤2mm）可用涂黑画法。

③ 装配图上某些结构可以采用机械制图标准中规定的简化画法，如滚动轴承、螺纹连接件等。

④ 同一视图的多个配套零件，如螺栓、螺母等，允许只详细画出一个，其余用中心线表示。

⑤ 在绘制装配图时，视图底线画出后先不要加深，待尺寸、编号、明细表等全部内容完成并详细检查后，再加深完成装配图。

5.2.2 标注必要的尺寸

在减速器装配图中，主要标注下列几项尺寸。

① 特性尺寸　表明减速器的性能和规格的尺寸，如传动零件的中心距及其偏差。

② 配合尺寸　表明减速器内零件之间装配要求的尺寸，一般用配合代号标注。主要零件的配合处都应标出配合尺寸、配合性质和配合精度。如轴与传动零件、轴与联轴器、轴与轴承、轴承与轴承座孔等配合处。配合性质与配合精度的选择对于减速器的工作性能、加工工艺及制造成本影响很大，应根据有关资料认真选定。表 5-7 给出了减速器主要零件的荐用配合，供设计时参考。

表 5-7　减速器主要零件的荐用配合

配合零件	荐用配合	装拆方法
大中型减速器的低速级齿轮（蜗轮）与轴的配合，轮缘与轮芯的配合	H7/r6，H7/s6	用压力机或温差法（中等压力的配合，小过盈配合）
一般齿轮、蜗轮、带轮、联轴器与轴的配合	H7/r6	用压力机（中等压力的配合）
要求对中性良好及很少装拆的齿轮、蜗轮、联轴器与轴的配合	H7/n6	用压力机（较紧的过渡配合）
小锥齿轮及较常装拆的齿轮、联轴器与轴的配合	H7/s6，H7/k6	手锤打入（过渡配合）
滚动轴承内圈与轴的配合（内圈旋转）	j6（轻负荷）， k6、m6（中等负荷）	用压力机（实际为过盈配合）
滚动轴承外圈与箱体孔的配合（外圈不转）	H7，H6（精度要求高时）	木锤或徒手装拆
轴承套杯与箱体孔的配合	H7/h6	木锤或徒手装拆

③ 外形尺寸 减速器总长、总宽、总高，供包装运输及安装时参考。

④ 安装尺寸 表述减速器与基础、其他机械设备、电动机等的连接关系时，需要标注安装尺寸。安装尺寸主要有箱体底面尺寸（长和宽）、地脚螺栓孔的定位尺寸（某一地脚螺栓孔到某轴外伸端中心的距离）、地脚螺栓孔的直径和地脚螺栓孔之间的距离、输入轴和输出轴外伸端直径及配合长度、减速器中心高等。

5.2.3 写明减速器的技术特性

减速器的技术特性可用表格的形式给出，一般放在明细表附近，内容包括输入功率和转速、传动效率、总传动比和各级传动比、传动特性（各级传动件的主要几何参数和精度等级）。表5-8为一级圆柱齿轮减速器技术特性表的格式。

表5-8 一级圆柱齿轮减速器技术特性表

<table>
<tr><td rowspan="3">输入功率
P/kW</td><td rowspan="3">输入转速
n/(r/min)</td><td rowspan="3">效率 η</td><td rowspan="3">传动比 i</td><td colspan="6">传动特性</td></tr>
<tr><td rowspan="2">m_n</td><td rowspan="2">z_1</td><td rowspan="2">z_2</td><td rowspan="2">β</td><td colspan="2">精度等级</td></tr>
<tr><td>小齿轮</td><td></td></tr>
<tr><td></td><td></td><td></td><td></td><td></td><td></td><td></td><td></td><td>大齿轮</td><td></td></tr>
</table>

5.2.4 编写技术要求

一些在视图上无法表达的有关装配、调整、检验、润滑和维护等方面的内容，需要在技术要求中加以文字说明，以保证减速器的工作性能。主要内容如下。

（1）对零件的要求

装配前所有零件要用煤油或汽油清洗干净，在配合面涂上润滑油；箱体内壁涂防侵蚀的涂料；箱体内应清理干净，不允许有任何杂物存在。

（2）传动侧隙量和接触斑点

啮合侧隙用铅丝检验不小于0.16mm，铅丝不得大于最小侧隙的4倍。用涂色法检验斑点，齿高接触斑点不小于40%，齿长接触斑点不小于50%。必要时可用研磨或刮后研磨，以改善接触情况。

（3）对安装调整的要求

安装齿轮时，必须保证需要的传动侧隙；安装滚动轴承时，要保证适当的轴向游隙。对固定间隙的向心球轴承，一般留轴向间隙 0.25～0.4mm；对可调间隙轴承的轴向间隙可参考相关手册，并注明轴向间隙值。

（4）减速器的密封要求

在箱体剖分面、各接触面及密封处均不允许出现漏油和渗油现象。剖分面上允许涂密封胶或水玻璃，但不允许塞入任何垫片或填料。因此，在拧紧连接螺栓前，应用 0.05mm 的塞尺检查其密封性。

（5）润滑剂的牌号和用量

选择润滑剂时，应考虑传动类型、载荷性质及运转速度。一般对重载、高速、频繁启动、反复运转等情况，由于形成油膜条件差、温升高，所以应选择黏度高、油性和挤压性好的润滑剂。对轻载、间歇工作的传动件，可取黏度较低的润滑剂。

润滑剂对减速器的传动性能有很大影响，起到减少摩擦、降低磨损和散热冷却的作用，同时也有助于减振、防锈及冲洗杂质。因此，对传动零件及轴承所用的润滑剂牌号、用量、补充及更换时间等都要标明。

（6）减速器的试验要求

减速器装配完毕后，在出厂前一般要进行空载试验和整机性能试验，根据工作和产品规范，可选择抽样和全部产品试验。空载试验要求在额定转速下正反转各 1～2h。负载试验时要求在额定转速和额定功率下，油池温升不超过 35℃，轴承温升不超过 40℃。

在空载及负荷试验的全部过程中，要求运转平稳、噪声在要求分贝内、连接固定处不松动，要求密封处不渗油和不漏油。

（7）对包装、运输和外观的要求

轴的外伸端及各附件应涂油包装。运输用的减速器包装箱应牢固可靠，装卸时不可倒置，安装搬运时不得使用箱盖上的吊耳、吊环。

减速器应根据要求，在箱体表面涂上相应的颜色。

5.2.5 对全部零件进行编号

零件编号时可不区分标准件和非标准件而统一编号，也可分别编号。零件编号要完整，不能重复，相同零件只能有一个零件编号。编号指引线尽可能分布均匀且不要彼此相交，尽量不与剖面线平行，如图 5-21 所示。独立组件（如滚动轴承、通气器等）可作为一个零件编号。对装配关系清楚的零件组（螺栓、螺母和垫圈）可用公共指引线，如图 5-22 所示。编号应按顺时针或逆时针方向顺次排列，编号的数字高度应比图中所注尺寸数字的高度高一号。

图 5-21 指引线　　图 5-22 公共指引线

5.2.6 编制零件明细表及标题栏

明细表、标题栏应按国标规定格式绘于图纸右下角指定位置，其尺寸规格必须符合国

家标准、行业标准或企业规范。

明细表是减速器所有零部件的目录清单，减速器的所有零部件均应列入明细表中，不能遗漏。明细表由下向上按序号完整地给出零部件的名称、材料、标准及数量等。

标题栏用来说明图的名称、图号、比例、数量等，内容需逐项填写，图号应根据设计内容用汉语拼音及数字编写。

机械设计基础课程设计所用的明细表和装配图标题栏如图 5-23、图 5-24 所示。

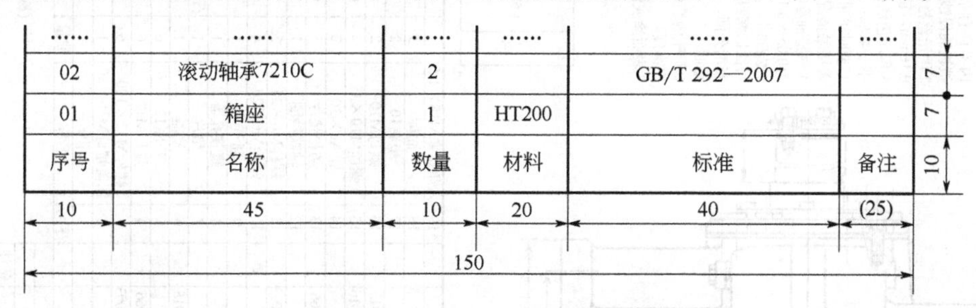

……	……	……	……	……	……
02	滚动轴承7210C	2		GB/T 292—2007	
01	箱座	1	HT200		
序号	名称	数量	材料	标准	备注

图 5-23　明细表格式（本课程用）

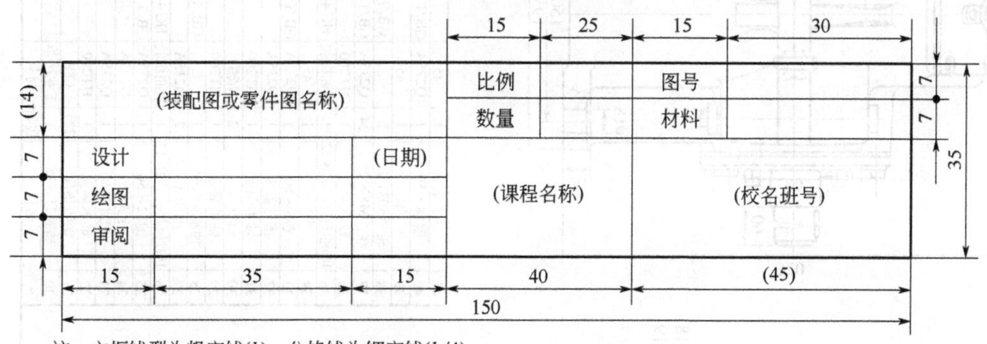

注：主框线型为粗实线(b)；分格线为细实线($b/4$)。

图 5-24　装配图标题栏格式（本课程用）

5.2.7　检查装配图

装配图完成后，应按下列项目认真检查。

① 视图的数量是否足够，投影关系是否正确，是否能够清楚地表达减速器的结构和装配关系。

② 各零件的结构是否合理，加工、装拆、调整是否可能，维修、润滑是否方便。

③ 尺寸标注是否足够、正确，配合和精度的选择是否适当，重要零件的位置及尺寸是否符合设计计算要求，是否与零件图一致，相关零件的尺寸是否协调。

④ 零件编号是否齐全，标题栏和明细表是否符合要求，有无重复或遗漏。

⑤ 技术要求和技术特性是否完善、正确。

⑥ 图样及数字和文字是否符合机械制图国家标准规定。

图 5-25 所示为完成的一级圆柱齿轮减速器装配图，供设计时参考。

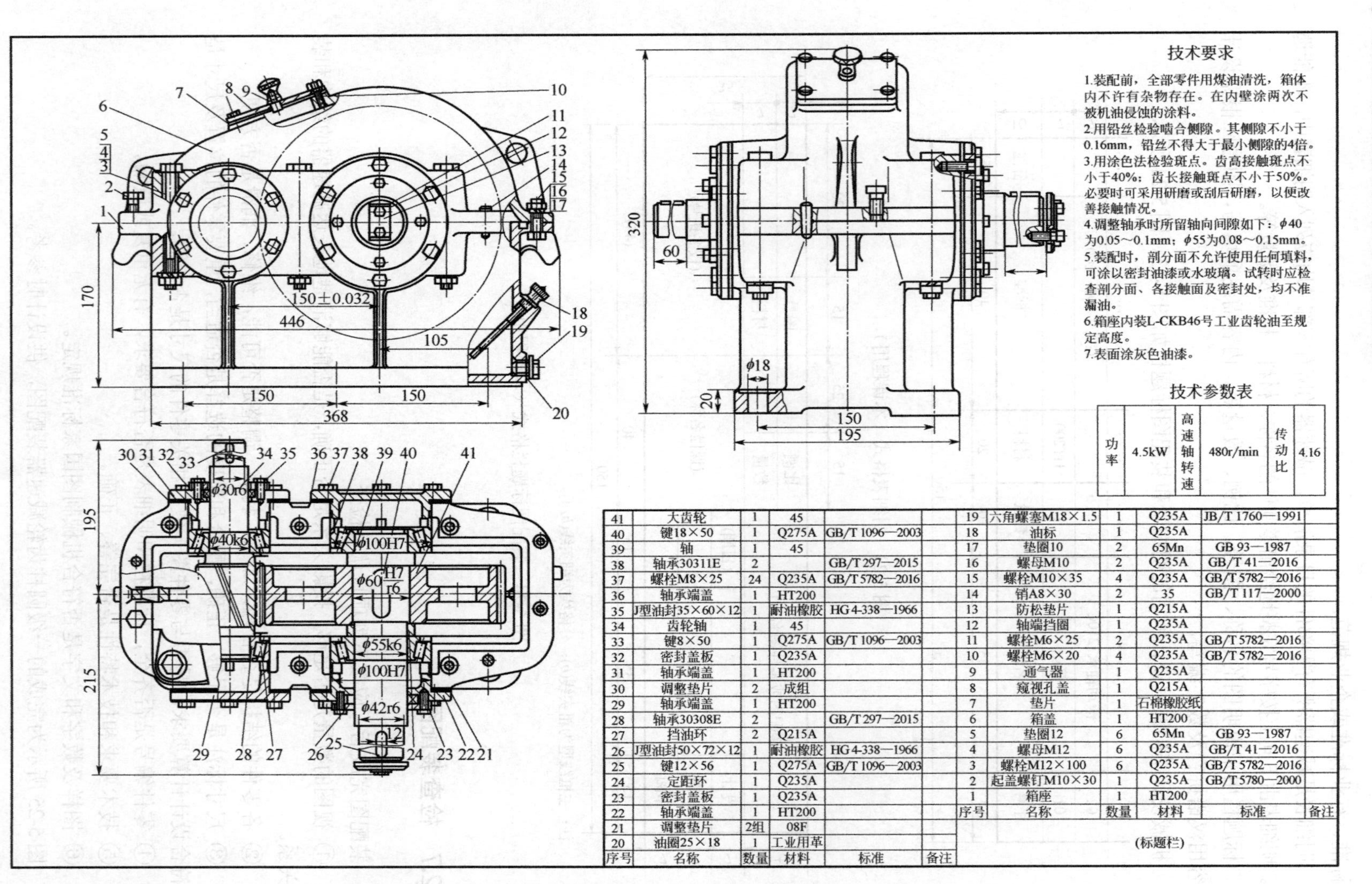

技术参数表

功率	4.5kW	高速轴转速	480r/min	传动比	4.16

序号	名称	数量	材料	标准	备注
41	大齿轮	1	45		
40	键18×50	1	Q275A	GB/T 1096—2003	
39	轴	1	45		
38	轴承30311E	2		GB/T 297—2015	
37	螺栓M8×25	24	Q235A	GB/T 5782—2016	
36	轴承端盖	1	HT200		
35	J型油封35×60×12	1	耐油橡胶	HG 4-338—1966	
34	齿轮轴	1	45		
33	键8×50	1	Q275A	GB/T 1096—2003	
32	密封盖板	1	Q235A		
31	轴承端盖	1	HT200		
30	调整垫片	2	成组		
29	轴承端盖	1	HT200		
28	轴承30308E	2		GB/T 297—2015	
27	挡油环	2	Q215A		
26	J型油封50×72×12	1	耐油橡胶	HG 4-338—1966	
25	键12×56	1	Q275A	GB/T 1096—2003	
24	定距环	1	Q235A		
23	密封盖板	1	Q235A		
22	轴承端盖	1	HT200		
21	调整垫片	2组	08F		
20	油圈25×18	1	工业用革		

序号	名称	数量	材料	标准	备注
19	六角螺塞M18×1.5	1	Q235A	JB/T 1760—1991	
18	油标	1	Q235A		
17	垫圈10	2	65Mn	GB 93—1987	
16	螺母M10	2	Q235A	GB/T 41—2016	
15	螺栓M10×35	4	Q235A	GB/T 5782—2016	
14	销A8×30	2	35	GB/T 117—2000	
13	防松垫片	1	Q215A		
12	轴端挡圈	1	Q235A		
11	螺栓M6×25	2	Q235A	GB/T 5782—2016	
10	螺栓M6×20	4	Q235A	GB/T 5782—2016	
9	通气器	1	Q235A		
8	窥视孔盖	1	Q215A		
7	垫片	1	石棉橡胶纸		
6	箱盖	1	HT200		
5	垫圈12	6	65Mn	GB 93—1987	
4	螺母M12	6	Q235A	GB/T 41—2016	
3	螺栓M12×100	6	Q235A	GB/T 5782—2016	
2	起盖螺钉M10×30	1	Q235A	GB/T 5780—2000	
1	箱座	1	HT200		

图 5-25　一级圆柱齿轮减速器装配图

第6章 零件工作图的设计

零件工作图（简称为零件图）是制造、检验零件和制定工艺规程的基本技术文件，既要根据装配图表明设计要求，又要结合制造的加工工艺性表明加工要求。零件图应包括制造和检验零件所需的全部内容，即零件的图形、尺寸及公差、几何公差、表面粗糙度、材料、热处理及其他技术要求、标题栏等。

在机械设计基础课程设计中，零件图的绘制一般以轴类和齿轮类零件为主。

6.1 零件工作图的设计要点

6.1.1 视图及比例的选择

每个零件都必须单独绘制在一张标准图幅中，合理地选用一组视图（包括基本视图、剖面图、局部剖视图和其他规定画法），将零件的结构形状和尺寸完整、准确而清晰地表达出来。应尽量选用 1∶1 的绘图比例，以增强零件的真实感。必要时，可适当放大或缩小，放大或缩小的比例也必须符合标准规定。对于零件的细部结构（如退刀槽、过渡圆角和保留中心孔等），如有必要，可以采用局部放大图。

图面的布置应根据视图的轮廓大小，考虑标注尺寸、书写技术要求及绘制标题栏等占据的位置做全局安排。

零件基本结构与主要尺寸，均应根据装配工作图来绘制，即与装配图一致。如果必须改动，则应对装配图做相应的修改。

6.1.2 尺寸的标注

在零件工作图上标注的尺寸和公差，是加工和检验零件的依据，必须完整、准确、合理。其标注的方法应该符合标注规定及加工工序要求，还应便于检验。

标注尺寸时应注意选择正确的尺寸基准，尺寸标注应清晰、不封闭、不重复。应以一个主要视图的尺寸标注为主，同时辅以其他视图的标注。有配合要求的尺寸应标注极限偏差，且标注各尺寸的极限偏差时要与装配图相一致。配合处的尺寸及精度要求较高部位的几何尺寸，均应根据装配图中已经确定的配合性质与精度等级，查有关公差表，标出尺寸极限偏差。

6.1.3　零件表面粗糙度的标注

零件表面粗糙度不仅直接影响零件表面的耐磨性、耐腐蚀性、零件的疲劳强度及其配合性质等，还影响零件自身的加工工艺和制造成本。因此，确定零件表面粗糙度时，应根据零件表面的工作要求、精度等级和加工方法等综合考虑，在不影响零件正常工作的前提下尽量选用数值较大者，以便于加工。粗糙度参数值的选择，通常采用类比法。

零件的所有表面均应注明其粗糙度值，以便于制定加工工艺。如有较多的表面具有相同的粗糙度值，可在图样标题栏上方统一标注，这样可避免在图样中出现多处重复标注，使图面更为简洁。

6.1.4　几何公差的标注

零件工作图上应标注必要的形状、方向和位置公差，其也是评定零件加工质量的重要指标之一。对不同零件，所标注的几何公差项目及等级也不相同，应正确选择其等级及具体数值。

6.1.5　齿轮类零件的啮合参数表填写

对齿轮、蜗轮类零件，由于参数及误差检验项目较多，应在图样右上角列出啮合参数表，标注主要参数、精度等级及误差检验项目等。

6.1.6　技术要求的编写

对于在制造零件时必须保证的技术要求，用图形或符号不便于表示时，可用文字做简单说明，通常包括如下内容：

① 对材料的力学性能和化学成分的要求；

② 对铸件及毛坯的要求，如不允许有飞边、去毛刺、时效处理等；

③ 对零件的热处理方法及热处理后的表面硬度、淬火深度及渗碳深度等要求；

④ 对加工的要求，如箱体上的定位销孔，一般要求上下箱体配钻和配铰；

⑤ 对未注圆角、倒角的说明；

⑥ 其他特殊要求，如对大型或高速齿轮的平衡试验要求等。

总之，技术要求的内容很广，课程设计中可酌情编写几项。

6.1.7 零件图标题栏的填写

零件的名称、材料、数量、图号、绘图比例等，必须准确无误地在标题栏中填写清楚。

6.2 轴类零件工作图设计与绘制

6.2.1 视图选择

轴类零件的结构特点是各组成部分为同轴线的圆柱体或圆锥体，一般只需要一个主视图，即将轴线水平布置，同时在键槽、圆孔等处增加必要的剖面图。对零件的细部结构，如中心孔、退刀槽、砂轮越程槽等处，必要时应绘制局部放大图。

6.2.2 尺寸标注

轴类零件主要标注直径尺寸、长度尺寸、键槽和细部结构尺寸等。

标注直径尺寸时，各段直径都要逐一标注，若是配合直径，还需标出尺寸偏差。各段之间的过渡圆角或倒角等细部结构的尺寸也应标出（或在技术要求中加以说明）。

轴的长度尺寸标注，首先要选择基准面，尽可能使尺寸标注符合轴的加工工艺和测量要求，不允许出现封闭尺寸链。图 6-1 所示的轴长度尺寸标注以齿轮定位轴肩（Ⅱ）为主要标注基准，以轴承定位轴肩（Ⅲ）及两端面（Ⅰ、Ⅳ）为辅助基准，其标注方法与轴在车床上的加工顺序相符合。密封段的长度误差不影响装配及使用，故作为封闭环不标尺寸，使加工误差累积在该轴段上，避免了封闭的尺寸链。

普通减速器中，轴的长度尺寸一般不标注尺寸偏差，对有配合要求的直径，应按装配图中选定的配合类型和公差精度等级，查公差表（附表 8-1～附表 8-4）标注尺寸偏差。

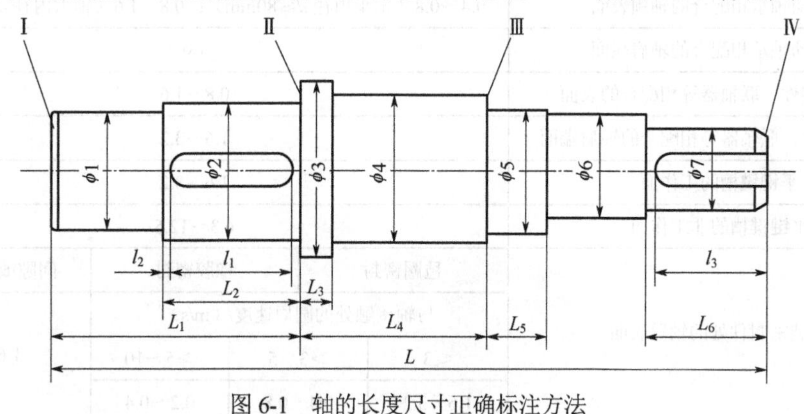

图 6-1 轴的长度尺寸正确标注方法

6.2.3 几何公差标注

轴的重要表面应标注几何公差，以保证轴的加工精度和装配质量。普通减速器中，轴类零件推荐标注的几何公差项目可按表 6-1 选取，标注方法如图 6-2 所示。

表 6-1 轴类零件推荐标注的几何公差项目

<table>
<tr><th>类别</th><th>标注项目</th><th>符号</th><th>精度等级</th><th>对工作性能的影响</th><th>备注</th></tr>
<tr><td rowspan="3">形状公差</td><td>与传动零件相配合圆柱表面的圆度</td><td>○</td><td>7～8</td><td rowspan="3">影响传动零件与轴配合的松紧、对中性及几何回转精度</td><td rowspan="3">公差值见附表 8-6</td></tr>
<tr><td>与传动零件相配合圆柱表面的圆柱度</td><td rowspan="2">⌭</td><td>7～8</td></tr>
<tr><td>与滚动轴承相配合轴颈的圆柱度</td><td>5～6</td></tr>
<tr><td>方向公差</td><td>滚动轴承定位轴肩端面的垂直度</td><td>⊥</td><td>6～8</td><td>影响轴承定位及受载均匀性</td><td rowspan="6">公差值见附表 8-5</td></tr>
<tr><td rowspan="2">位置公差</td><td>平键键槽侧面对轴中心线的对称度</td><td>⌯</td><td>7～9</td><td>影响键受载均匀性及装拆的难易</td></tr>
<tr><td>与传动零件相配合圆柱表面的同轴度</td><td>◎</td><td>7～8</td><td rowspan="4">影响传动零件、滚动轴承的安装及回转同心度，齿轮轮齿载荷分布均匀性</td></tr>
<tr><td rowspan="3">跳动公差</td><td>与传动零件相配合圆柱表面的径向圆跳动</td><td rowspan="3">↗</td><td>6～8</td></tr>
<tr><td>与滚动轴承相配合轴颈的径向圆跳动</td><td>5～6</td></tr>
<tr><td>齿轮、联轴器、带轮、滚动轴承等零件定位轴肩的端面圆跳动</td><td>6～8</td></tr>
</table>

6.2.4 表面粗糙度标注

零件所有表面（包括非加工的毛坯表面）均应注明表面粗糙度。轴的各部分精度要求不同，则加工方法也不同，故其表面粗糙度也不应该相同。轴工作表面粗糙度可按表 6-2 选取，标注方法如图 6-2 所示。

表 6-2 轴工作表面粗糙度 *Ra* 荐用值

<table>
<tr><th>加工表面</th><th colspan="4">表面粗糙度 Ra 的推荐值/μm</th></tr>
<tr><td>与滚动轴承相配合的轴颈表面</td><td colspan="4">0.4～0.8（轴承内径 d≤80mm）；0.8～1.6（轴承内径 d＞80mm）</td></tr>
<tr><td>与滚动轴承相配合的轴肩端面</td><td colspan="4">1.6</td></tr>
<tr><td>与传动零件、联轴器等相配合的表面</td><td colspan="4">0.8～1.6</td></tr>
<tr><td>与传动零件、联轴器等相配合的轴肩端面</td><td colspan="4">1.6～3.2</td></tr>
<tr><td>平键键槽的工作面</td><td colspan="4">1.6～3.2</td></tr>
<tr><td>平键键槽的非工作面</td><td colspan="4">6.3～12.5</td></tr>
<tr><td rowspan="4">安装密封件处的轴段表面</td><td>毡圈密封</td><td colspan="2">橡胶密封</td><td>间隙或迷宫密封</td></tr>
<tr><td colspan="3">与轴接触处的圆周速度/（m/s）</td><td rowspan="3">1.6～3.2</td></tr>
<tr><td>≤3</td><td>＞3～5</td><td>＞5～10</td></tr>
<tr><td>1.6～3.2</td><td>0.4～0.8</td><td>0.2～0.4</td></tr>
</table>

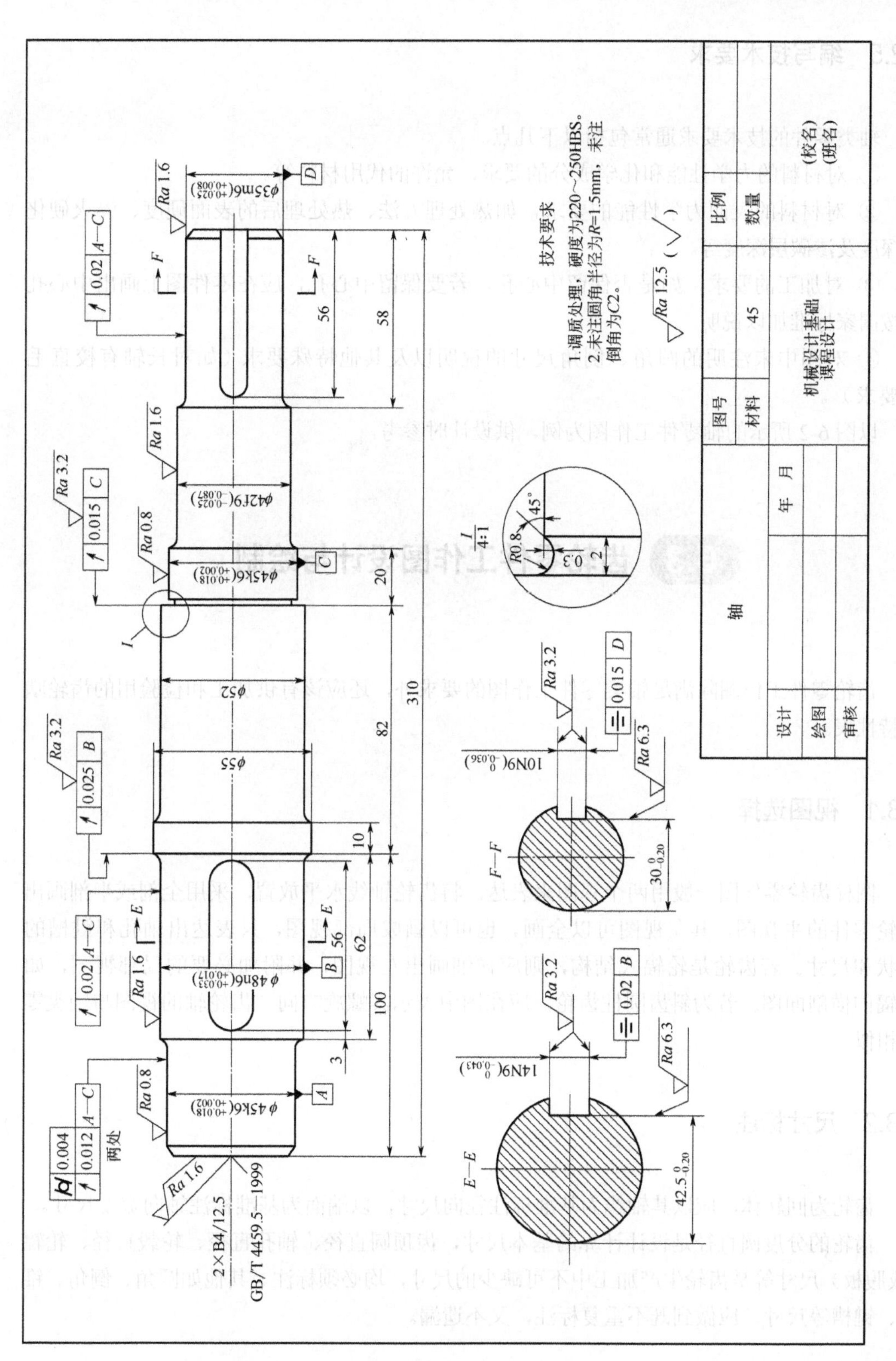

技术要求
1.调质处理，硬度为220~250HBS。
2.未注圆角半径为R=1.5mm，未注倒角为C2。
Ra 12.5
轴
图号
材料
45
比例
数量
设计
绘图
审核
年 月
机械设计基础课程设计
(校名)
(班名)
F—F
E—E
2×B4/12.5
GB/T 4459.5—1999
两处
310
82
58
56
20
100
62
10
3

图 6-2 轴零件工作图

6.2.5 编写技术要求

轴类零件的技术要求通常包括以下几点。

① 对材料的力学性能和化学成分的要求，允许的代用材料等。

② 对材料的表面力学性能的要求，如热处理方法、热处理后的表面硬度、淬火硬化层深度及渗碳层深度等。

③ 对加工的要求，如是否保留中心孔，若要保留中心孔，应在零件图上画出中心孔或按国家标准加以说明。

④ 对图中未注明的圆角、倒角尺寸的说明以及其他特殊要求（如对长轴有校直毛坯要求）。

以图 6-2 所示的轴零件工作图为例，供设计时参考。

6.3 齿轮零件工作图设计与绘制

齿轮零件工作图除满足轴类零件工作图的要求外，还应该有供加工和检验用的齿轮啮合特性表。

6.3.1 视图选择

圆柱齿轮零件图一般用两个视图来表达。将齿轮轴线水平放置，采用全剖或半剖画出齿轮零件的主视图，其左视图可以全画，也可以画成局部视图，只表达出轴孔和键槽的形状和尺寸。若齿轮是轮辐式结构，则应详细画出左视图，并附加必要的局部视图，如轮辐的横剖面图。若为斜齿圆柱齿轮，应在图中表示其螺旋方向。齿轮轴的视图与轴类零件相似。

6.3.2 尺寸标注

齿轮为回转体，应以其轴线为基准标注径向尺寸，以端面为基准标注轴向宽度尺寸。

齿轮的分度圆直径是设计计算的基本尺寸，齿顶圆直径、轴孔直径、轮毂直径、轮辐（或腹板）尺寸等是齿轮生产加工中不可缺少的尺寸，均必须标注。其他如圆角、倒角、锥度、键槽等尺寸，应做到既不重复标注，又不遗漏。

6.3.3 尺寸公差及几何公差的标注

齿轮的尺寸公差和几何公差的项目与相应数值的确定均与传动的工作条件有关。通常按齿轮的精度等级确定其公差值。

在齿轮零件工作图上需要标注以下尺寸公差。

① 齿轮的轴孔是加工、测量和装配的重要基准，尺寸精度要求很高，应根据装配图上选定的配合类型和公差精度等级，查公差表（附表 8-1～附表 8-4）标注尺寸偏差。

② 当齿顶圆作为测量基准时，齿顶圆直径公差按齿坯公差选取（参见附表 9-7)；当齿顶圆不作测量基准时，齿顶圆直径公差按 IT11 给定，但不小于 $0.1m_n$。

③ 键槽宽度 b 的极限偏差和尺寸（$D-t_1$）的极限偏差，查附录 4（连接）中的附表 4-18、附表 4-19。

齿轮零件工作图上需要标注的几何公差推荐项目见表 6-3。

表 6-3 齿轮齿坯几何公差推荐标注项目

类别	标注项目	符号	精度等级	对工作性能的影响	备注
形状公差	轴孔的圆度	○	7～8	影响传动零件与轴配合的松紧及对中性	公差值见附表 8-6
	轴孔的圆柱度	⌭			
位置公差	轮毂键槽侧面对孔中心线的对称度	⌯	7～9	影响键受载均匀性及装拆的难易	
跳动公差	齿顶圆对孔中心线的径向圆跳动	↗	按齿轮精度等级及尺寸确定	在齿形加工后引起运动误差、齿向误差，影响传动精度、轮齿载荷分布均匀性	公差值见附表 8-5
	齿轮基准端面对孔中心线的轴向圆跳动				

6.3.4 表面粗糙度标注

齿轮类零件各加工表面粗糙度可按表 6-4 选取，标注方法如图 6-3 所示。

表 6-4 齿轮类零件各加工表面粗糙度 *Ra* 推荐值 单位：μm

加工表面		齿轮精度等级			
		6 级	7 级	8 级	9 级
轮齿工作面（齿面）	*Ra* 推荐值	0.4～0.8	0.8～1.6	1.6～3.2	3.2～6.3
	齿面加工方法	磨齿或珩齿	剃齿	精滚齿或精插齿	一般滚齿或插齿

续表

<table>
<tr><th colspan="2" rowspan="2">加工表面</th><th colspan="4">齿轮精度等级</th></tr>
<tr><th>6 级</th><th>7 级</th><th>8 级</th><th>9 级</th></tr>
<tr><td rowspan="2">齿顶圆柱面</td><td>作基准</td><td>1.6</td><td>1.6～3.2</td><td>1.6～3.2</td><td>3.2～6.3</td></tr>
<tr><td>不作基准</td><td colspan="4">6.3～12.5</td></tr>
<tr><td colspan="2">齿轮基准孔
齿轮轴的轴颈</td><td>0.8～1.6</td><td>0.8～1.6</td><td>1.6～3.2</td><td>3.2～6.3</td></tr>
<tr><td colspan="2">齿轮基准端面</td><td>0.8～1.6</td><td>1.6～3.2</td><td>1.6～3.2</td><td>3.2～6.3</td></tr>
<tr><td colspan="2">平键键槽的工作面</td><td colspan="4">1.6～3.2</td></tr>
<tr><td colspan="2">平键键槽的非工作面</td><td colspan="4">6.3～12.5</td></tr>
<tr><td colspan="2">其他加工表面</td><td colspan="4">6.3～12.5</td></tr>
</table>

6.3.5 啮合特性表的填写

在齿轮零件工作图的右上角应列出啮合特性表（图 6-3），其内容包括：齿轮基本参数（Z、m_n、α_n、β 等）、精度等级、相应检验项目及其偏差［可参见附录 9（渐开线圆柱齿轮传动精度）中的相关表格］。

6.3.6 技术要求的编写

齿轮类零件的技术要求通常包括以下几点。

① 对锻件、铸件或其他类型坯件的要求。

② 对齿轮材料的力学性能、化学成分的要求。

③ 对齿轮材料的表面力学性能（如热处理方法、齿面硬度等）的要求。

④ 对图中未注明的圆角、倒角尺寸及表面粗糙度值的说明或其他必要说明（如对大型或高速齿轮的平衡检验要求等）。

以图 6-3 所示的斜齿圆柱齿轮零件工作图为例，供设计时参考。

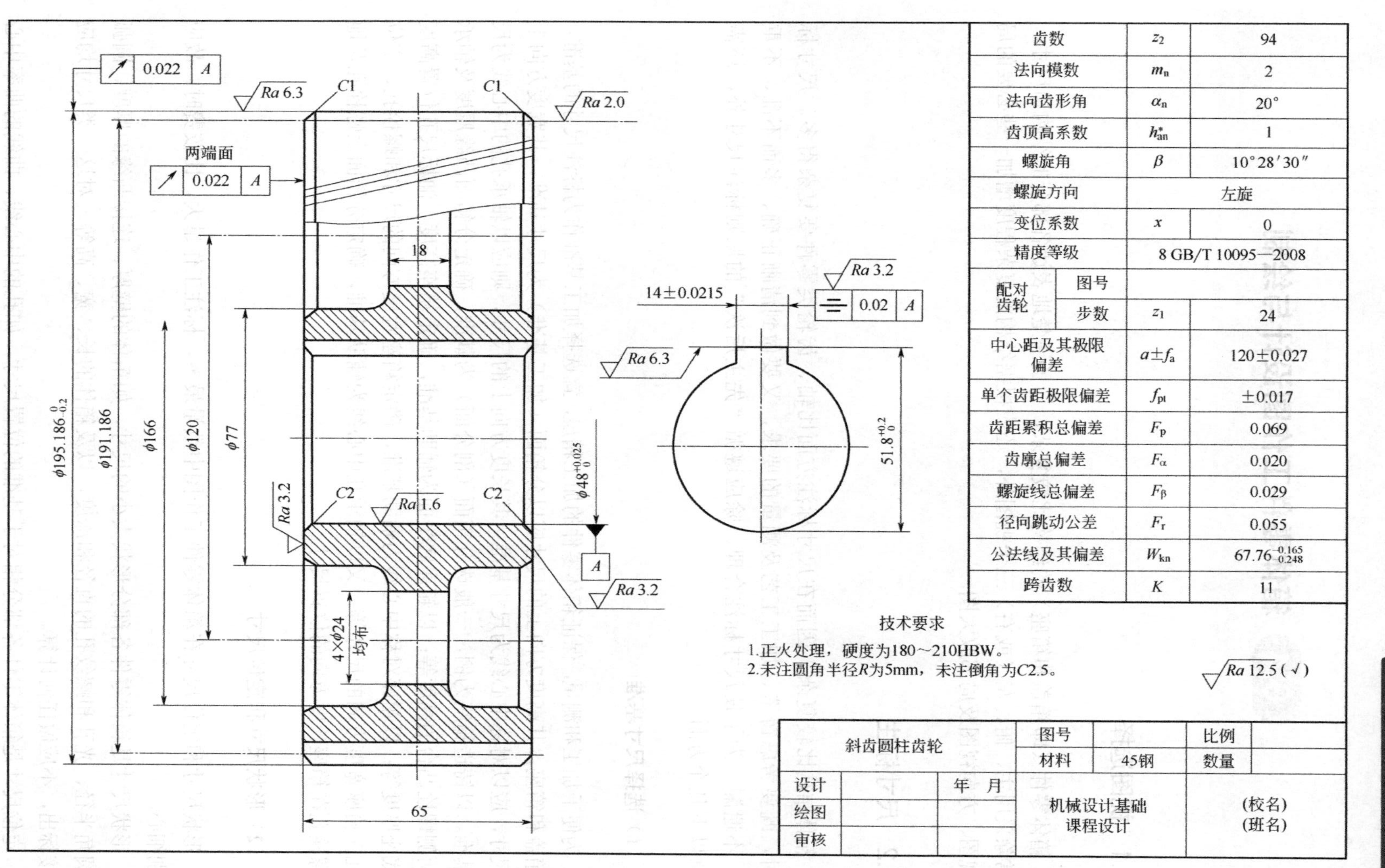

齿数	z_2	94
法向模数	m_n	2
法向齿形角	α_n	20°
齿顶高系数	h^*_{an}	1
螺旋角	β	10°28′30″
螺旋方向	左旋	
变位系数	x	0
精度等级	8 GB/T 10095—2008	
配对齿轮　图号		
配对齿轮　步数	z_1	24
中心距及其极限偏差	$a \pm f_a$	120±0.027
单个齿距极限偏差	f_{pt}	±0.017
齿距累积总偏差	F_p	0.069
齿廓总偏差	F_α	0.020
螺旋线总偏差	F_β	0.029
径向跳动公差	F_r	0.055
公法线及其偏差	W_{kn}	$67.76^{-0.165}_{-0.248}$
跨齿数	K	11

斜齿圆柱齿轮			图号		比例	
			材料	45钢	数量	
设计		年　月	机械设计基础 课程设计		(校名) (班名)	
绘图						
审核						

图 6-3　斜齿圆柱齿轮零件工作图

6.4 箱体零件工作图设计与绘制

6.4.1 视图选择

箱体零件（即箱盖和箱座）的结构比较复杂，为了清楚地表达各部分的结构和尺寸，通常除采用主、俯、左（或右）三个视图外，还应根据结构的复杂程度增加一些必要的局部视图、方向视图及局部放大图。

6.4.2 尺寸标注

箱体结构比较复杂，因而在尺寸标注方面比轴、齿轮类零件要复杂得多。尺寸标注时，既要考虑铸造、加工工艺及测量的要求，又要做到清晰正确、多而不乱、不重复、不遗漏。为了使尺寸标注合理，除应遵循“先主后次”的原则标注尺寸外，还需注意以下几个方面。

（1）选择尺寸基准

为便于加工和测量，保证箱体零件的加工精度，宜选择加工基准作为标注尺寸的基准。对箱盖和箱座，其高度方向上的尺寸应以分箱面（加工基准）为尺寸基准；其宽度方向上的尺寸，应以对称中心线为尺寸基准；其长度方向上的尺寸，则应以轴承孔的中心线为尺寸基准。以铸造箱座为例，一般选分箱面（剖分面）为基准，确定分箱面凸缘厚度及轴承孔两侧螺栓凸台的高度等；以箱座底平面为辅助基准，确定箱座高度、油标尺孔位置高度和底座厚度等；以箱座对称中心线为辅助基准，确定箱座宽度方向的尺寸和螺栓孔、定位销孔在箱座宽度方向的尺寸等；又以轴承孔中心线为辅助基准，确定分箱面上螺栓孔及地脚螺栓孔在箱座长度方向的位置尺寸。

（2）形状尺寸和定位尺寸

形状尺寸和定位尺寸在箱体零件工作图中数量最多，标注工作量大，比较费时，故应特别细心。

形状尺寸是箱体零件各部分形状大小的尺寸，如箱体的壁厚、连接凸缘的厚度、圆弧和圆角半径、光孔和螺纹孔的直径和深度，以及箱体的长、宽、高等。对这一类尺寸均应直接标出，不应做任何计算。

定位尺寸是箱体零件各部分相对于基准的位置尺寸，如孔的中心线、曲线的曲率中心

及其他有关部位的平面相对于基准的距离等。对这类尺寸，应从基准（或辅助基准）直接标出。上述尺寸应避免出现封闭尺寸链。

（3）性能尺寸

性能尺寸是影响减速器工作性能的重要尺寸。对减速器箱体来说，就是相邻轴承孔的中心距离。对此类尺寸，应直接标出其中心距的大小及极限偏差值。

（4）配合尺寸

配合尺寸是保证机器正常工作的重要尺寸，应根据装配图上的配合类型和精度等级，直接标出其配合的极限偏差值。

（5）安装附件部分的尺寸

箱体零件多为铸件，标注尺寸时应便于木模的制作。因木模是由一些基本几何体拼合而成，在基本形体的定位尺寸标出后，其形状尺寸应以自身的基准标注，如减速器箱盖上的窥视孔、油标尺孔、放油孔等。

（6）倒角、圆角、拔模斜度

箱体零件的所有倒角、圆角、拔模斜度均应标出，但考虑图面清晰或不便标注的情况，可在技术要求中加以说明。

6.4.3 几何公差的标注

箱体零件工作图上需要标注的几何公差推荐项目见表6-5。

表6-5　箱体零件的几何公差推荐标注项目

类别	标注项目	符号	精度等级	对工作性能的影响	备注
形状公差	轴承座孔的圆度	○	6～7	影响箱体与轴承配合性能及对中性	公差值见附表8-6
	轴承座孔的圆柱度	⌭			
	分箱面（剖分面）的平面度	▱	7～8	影响箱体剖分面的密封性	
方向公差	轴承座孔轴线间的平行度	//	6～7	影响传动平稳性及轮齿载荷分布均匀性	公差值见附表8-6
	轴承座孔端面对其孔轴线的垂直度	⊥	7～8	影响轴承固定及轴向受载的均匀性	
位置公差	两轴承座孔轴线的同轴度	◎	6～8	影响轴系安装及轮齿载荷分布均匀性	

6.4.4 表面粗糙度的标注

箱体零件加工表面粗糙度的推荐值如表 6-6 所示。

表 6-6 箱体零件加工表面粗糙度 *Ra* 推荐值

加工表面		表面粗糙度 *Ra* 推荐值/μm
箱体剖分面		1.6～3.2（刮研或磨削）
轴承座孔		1.6～3.2
轴承座孔外端面		3.2～6.3
锥销孔		0.8～1.6
箱体底面		6.3～12.5
螺栓孔沉头		12.5
机加工油沟及窥视孔上表面		12.5
放油塞孔座面		6.3～12.5
其他表面	配合面	3.2～6.3
	非配合面	6.3～12.5

6.4.5 技术要求编写

箱体零件的技术要求主要包括以下几方面。

① 铸件清砂后进行时效处理。

② 箱盖与箱座的定位锥销孔应配作。

③ 箱盖与箱座合箱并打入定位销后方可加工轴承孔。

④ 注明铸造拔模斜度、圆锥度、未注圆角半径及倒角等尺寸。

⑤ 箱盖与箱座合箱后，其凸缘边缘应平齐，其错位量不能超过允许值。

⑥ 箱体内表面需用煤油清洗干净，并涂以防腐漆。

以图 6-4、图 6-5 所示的一级圆柱齿轮减速器箱座和箱盖工作图为例，供设计时参考。

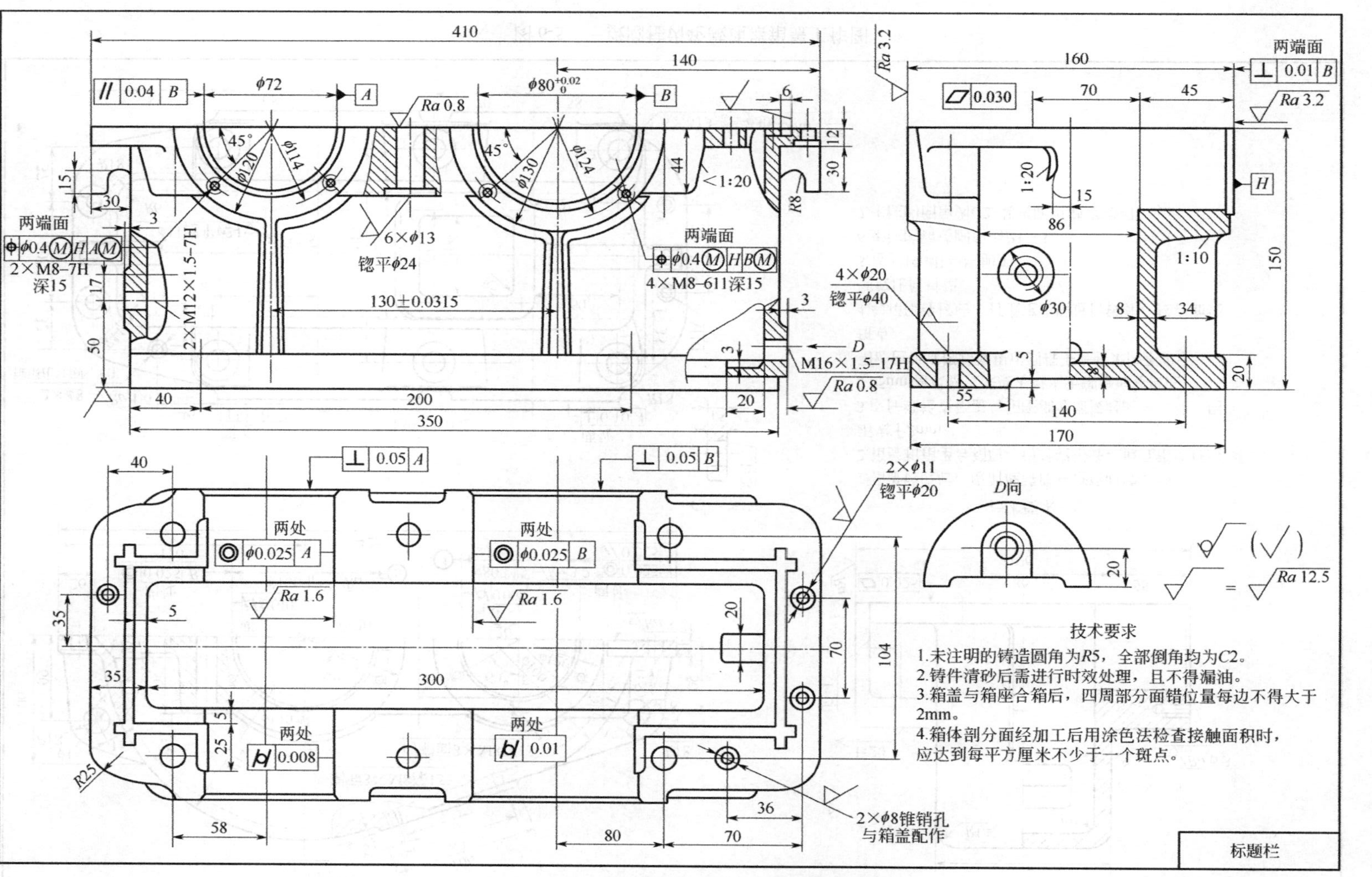

图 6-4　一级圆柱齿轮减速器箱座工作图

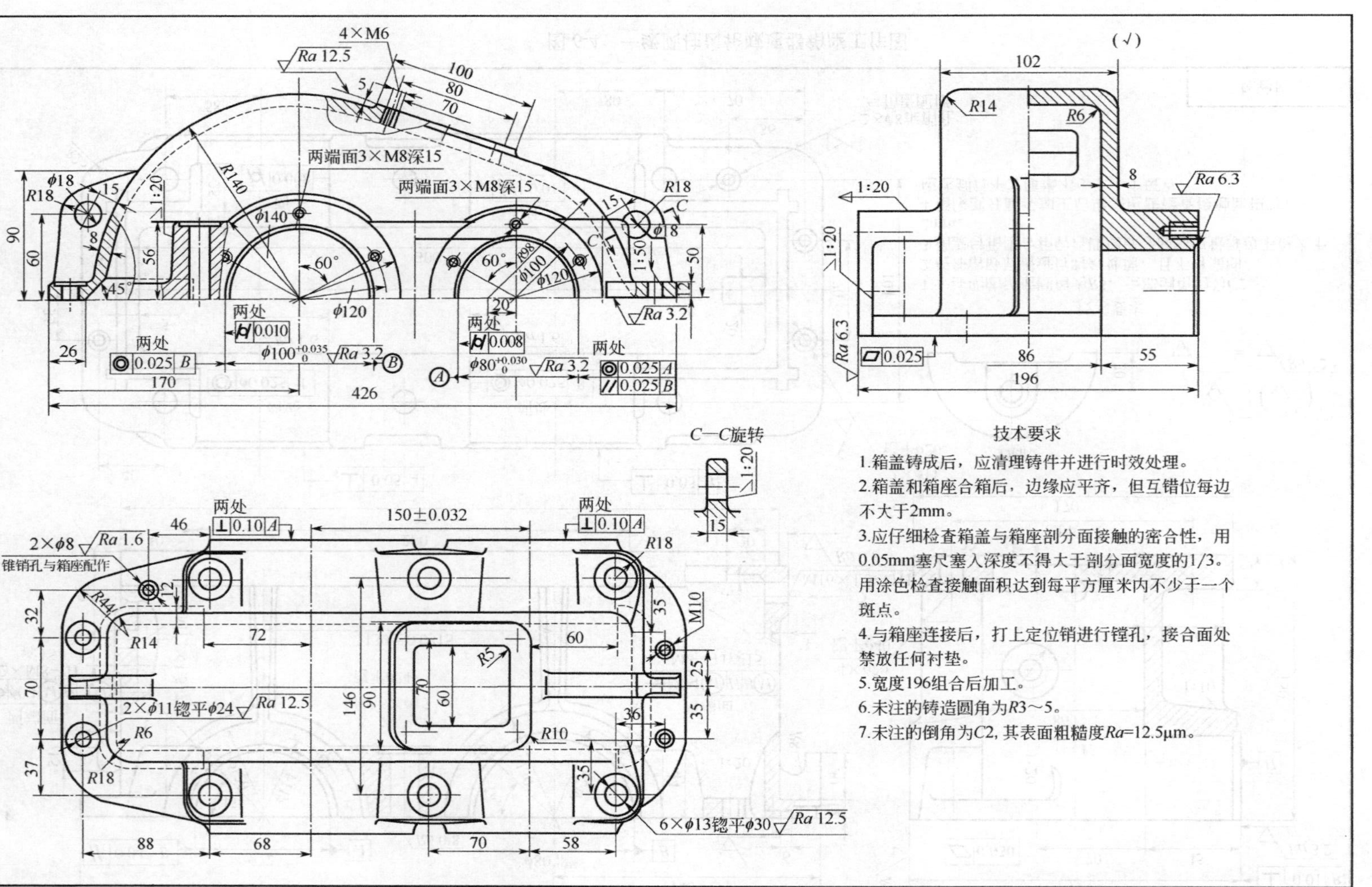

图 6-5 一级圆柱齿轮减速器箱盖工作图

第7章 编写设计计算说明书及准备答辩

设计说明书是设计工作的一个重要组成部分。因为设计说明书是课程设计全过程的整理和总结，是减速器整机、零件的结构和图纸设计的理论依据，同时也是审核设计是否正确、合理的重要技术文件之一。

7.1 设计说明书的主要内容

根据设计任务和对象不同，设计说明书的内容应略有区别。对于减速器产品设计，其主要内容应包括以下几点。

① 目录　全部说明书的标题及页码。

② 设计任务书　一般为教师下达的设计任务书。

③ 传动方案的分析与拟定　其内容为简要说明存在可满足设计任务的多个方案，并对这些方案进行分析比较，最后确定的传动方案一般应附相应的传动方案简图。

④ 电动机选择计算　根据分析、计算、比较，从多个可选机型中选定电动机，并列出电动机的技术参数和安装尺寸等。

⑤ 传动参数计算　主要内容为传动比的分配依据和具体的传动比分配、运动及动力参数的计算公式与计算过程，并将最终计算结果列在表中。

⑥ 传动零件设计计算　主要内容是带传动和齿轮传动等的设计计算，包括设计依据、设计计算过程、校核计算和结论，最后将设计结果列在相应的表中以便查阅。设计时要求每对齿轮都应进行接触强度和弯曲强度计算。

⑦ 轴与键的强度计算　其内容包括：每根轴的初算直径，课程设计要求至少应对一根轴（一般为低速轴）进行全面的校核计算；分析轴上所受的全部外力，画出受力图、弯矩图和扭矩图等；根据应力分布和轴段结构与尺寸，找出可能出现的多个危险截面，进行危险截面校核计算，列出全部的校核计算过程和结论；还应对该轴上的键进行强度校核，列出校核计算过程和结论。

⑧ 滚动轴承的选择与寿命计算　其内容包括滚动轴承的选择依据、型号和寿命计算。课程设计要求至少应对一对轴承（一般为低速轴上的轴承）进行寿命计算，列出全部的计算过程和结论。

⑨ 联轴器的选择计算　其内容包括联轴器的选择依据、校核计算和型号。

⑩ 其他　说明书还可以包括一些其他技术说明和要求，如在装配、拆卸、维护时的注意事项，安装、调试方法，润滑方法和润滑剂的选择等。

⑪ 设计小结　简要说明设计的体会、分析设计的优缺点及改进意见等。

⑫ 参考文献　在说明书的最后列出全部的参考文献，包括文献编号、作者、书名、出版单位、出版时间等。

7.2 设计说明书的书写格式和注意事项

7.2.1 设计说明书的书写格式

设计说明书的书写格式应统一，封面上应包括如图 7-1 所示的全部内容，也可采用统一的课程设计说明书封面。

说明书内容部分书写一般分为两栏，即“计算及说明”和“结果”，可参考图 7-2 所示。在“计算及说明”部分，需写出计算过程；而在“结果”部分（在每页右侧留出约 25mm 宽的长框内），需写出“计算及说明”部分中重要零件参数、校核结果和公式及经验数据来源。

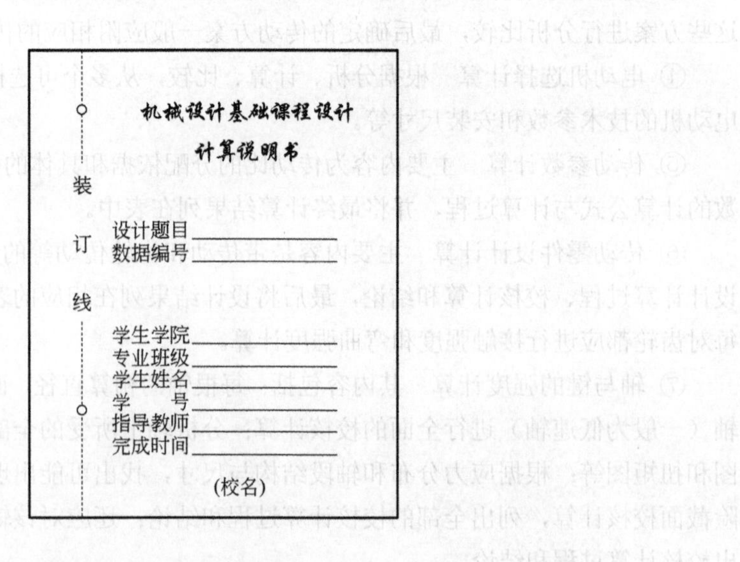

图 7-1　说明书封面参考格式示例

计算及说明	结果
中心距$a=\frac{m(z_1+z_2)}{2}=\frac{2(29+101)}{2}$mm=130mm	a=130mm b_1=40mm b_2=35mm i=3.48
齿宽b_1=40mm；b_2=35mm	
传动比i=3.48	
…………………… …………………… ……………………	
(2)齿轮的材料和硬度 …………………… ……………………	
(3)许用应力 …………………… ……………………	公式引自 [×]$\sigma_H<[\sigma_H]$
(4)小齿轮转矩T_1 …………………… ……………………	
(5)载荷系数K …………………… ……………………	
(6)齿面接触疲劳强度计算 接触应力σ_H=… =… =…$<[\sigma_H]$	
(7)齿根弯曲疲劳强度计算 弯曲应力σ_F=… =… =…$\ll[\sigma_F]$	公式引自 [×]$\sigma_F\ll[\sigma_F]$
校核结果：轮齿弯曲强度裕度较大，但因模数不宜再取小，故齿轮的参数和尺寸维持原始结果不变。	
…………………… ……………………	
六、轴的计算 …………………… …………………… ……………………	轴的计算公式和有关数据皆引自[×]××～××页
2.中间轴的计算	
轴的跨度、齿轮在轴上的位置及轴的受力如图x中(a)图所示。	
……………………	

(a)　(b) xAy平面M_z　(c) xAz平面M_y　(d) 合成弯矩M　(e) 转矩T　(f)

图x

图 7-2　设计说明正文书写格式示例

7.2.2 书写设计说明书的注意事项

（1）结论明确

对计算结果应给出明确的结论，不能采用模糊的说法。当结论不易理解时，应对结论进行简要的解释并说明原因。

（2）图文并茂

为便于理解，应采用附图加以说明，如传动方案简图、轴的结构简图、受力图、弯矩图等。图中的符号应与计算中的符号一致。

（3）条理清楚

应对说明书的内容进行合理规划，一般按设计过程顺序排列。每一个设计计算内容应自成一体，形成单元；还应给出大小标题，使其突出、便于查阅。

（4）正、顺、整

计算正确完整、文字简洁通顺、书写整齐规范。对计算内容，只需写出计算公式并代入有关数据，直接得出最后结果（计算过程不必写出）。说明书中还应包括与文字叙述和计算有关的必要简图，如传动方案简图，轴的受力分析，弯、扭矩图及结构图，箱外传动件的结构草图等。

（5）注明来源

说明书中所引用的重要计算公式和数据应注明出处（注出参考资料的统一编号、页次、公式号和图表号等）；对所得的计算结果，应有“适用”“安全”“强度足够”“寿命满足要求”等结论。

（6）规格统一

说明书的封面和内容用纸应大小统一，如用16开纸或A4纸并采用蓝墨水或黑墨水钢笔、签字笔书写或由计算机打印，装订成册。

7.3 课程设计总结

图纸和设计计算说明书完成后，要对设计工作做出总结。通过总结进一步发现设计计算和图纸中存在的问题，进一步搞清楚尚未弄懂的、不甚了解的或未曾考虑到的问题，得

到更大的收获。

机械设计基础课程设计总结要以设计任务书为主要依据，检验自己设计的结果是否满足设计任务书的要求，客观分析自己设计内容的优缺点，可以从以下几方面进行：

① 分析总体设计方案是否合理；

② 分析零部件结构设计是否合理，计算是否正确；

③ 检查装配工作图设计是否存在错误，表达是否完整、规范、清楚；

④ 检查零件工作图设计是否存在错误，表达是否完整、规范、清楚；

⑤ 说明书计算是否存在错误，所做的分析有无依据；

⑥ 对自己设计的结果所具有的特点和不足进行分析和评价。

在总结中要思考如下3方面问题：

① 是否巩固并拓宽了机械设计基础课程的知识？

② 是否掌握机械设计的一般规律和基本方法，培养了初步的机械设计能力？

③ 在课程设计过程中哪些技能得到了强化和提高？哪些还训练不足？

7.4 答辩内容和准备

7.4.1 答辩内容

答辩是机械设计基础课程设计最后的一个重要环节，是对课程设计进行系统全面的总结，每个学生单独进行。其目的是对设计工作进行分析、自我检查和评价，进一步掌握机械设计一般方法和步骤，巩固分析和解决工程实际问题的能力，达到课程设计的教学目标。

答辩一般分为学生自述设计情况与教师根据设计情况提问等两部分内容。

学生自述应以设计说明书为主要依据，正确评估自己所做设计是否满足设计任务书中的要求，客观地分析自己所做设计的优点、缺点和存在的问题。具体内容如下。

① 陈述总体设计方案选择的合理性。

② 零部件设计计算的校核、试验情况等。

③ 对标准件选择情况的分析。

④ 对装配图、零件图结构等方面的特点进行分析，判断是否存在问题，对存在的问题应如何处理。

⑤ 对计算部分进行分析，着重分析计算依据、计算公式和数据的可靠性及计算结果情况等。

提问部分主要是教师提问，设计者回答。答辩中所提问题，一般以设计方法、步骤及设计计算说明书和图样所涉及的内容为限。

答辩完成后将图纸按规定叠好（图 7-3），与装订好的设计说明书一并放入同一档案袋内，交给指导教师。

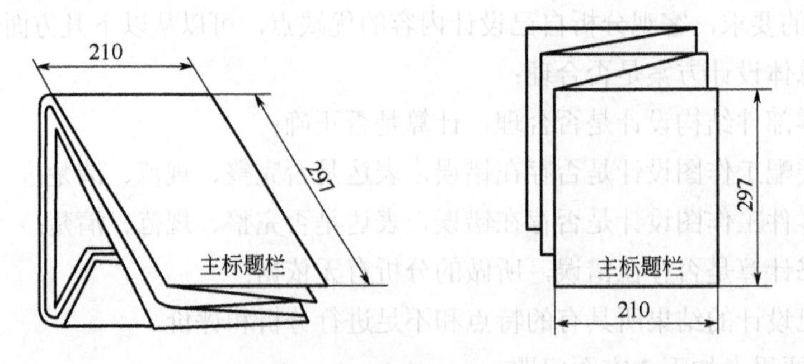

图 7-3　图纸的折叠方法

7.4.2　答辩准备

设计者在准备答辩时首先对自己的课程设计进行详细的检查，检查装配图中常见的错误并更正。其次是考虑教师可能提出哪些问题，结合课程设计综合思考题进行详细分析。

在此按照设计顺序列出一些思考题，以提醒和启发设计者在设计过程中应注意的问题和设计思路，也可供准备答辩之用。

（1）在传动方案分析、拟定及传动参数计算时思考的问题

① 你采用的传动装置方案有何优缺点？

② 为什么通常在传动装置中采用多级传动而不用一级传动？

③ 为什么常把 V 带传动置于高速级？

④ 各种传动机构的传动比范围大概是多少？为什么有这种限制？

⑤ 直齿圆柱齿轮和斜齿圆柱齿轮传动各有何优缺点？你在设计时是如何考虑的？

⑥ 如何计算总传动比？其与各级分传动比有何关系？

⑦ 电动机如何选择？请说明你所选电动机的标准系列代号及其结构类型。

⑧ 在传动参数计算中，各轴的计算转矩为什么要按输入值计算？

⑨ 电动机同步转速选取过高和过低各有何利弊？电动机的额定功率如何确定？过大或过小各带来什么问题？

⑩ 电动机选定后，为什么要计算它的输出轴直径、伸出端长度及中心高？

⑪ 传动比计算产生误差为什么不易避免？从总体上应如何控制？

（2）在进行传动零件的设计计算时思考的问题

① V 带传动与其他带传动相比有何优点？ V 带传动可能出现的失效形式是什么？设计时你采用了哪些措施来避免？小带轮直径的大小受什么条件限制？对传动有何影响？

② 带传动设计中，哪些参数要取标准值？带传动设计中，为什么常把松边放在上边？

如果需要张紧，则有哪些张紧方法？

③ 你所设计的带轮在轴端是如何定位和固定的？

④ 齿轮的可能失效形式是什么？你设计的齿轮在轴上是如何固定的？

⑤ 大、小齿轮的齿数和宽度是如何确定的？

⑥ 齿轮的软、硬齿面是如何划分的？其性质有何不同？你所设计的齿轮硬度差是多少？为什么要有硬度差？

⑦ 在弯曲强度计算时，为什么需对两个齿轮的强度都做计算？

⑧ 你在设计齿轮传动选择载荷系数 K 时考虑了哪些因素？你是如何取值的？

⑨ 轮齿在满足弯曲强度的条件下，其模数、齿数是如何确定的？是否需要标准化、系列化？

⑩ 计算齿轮传动的几何尺寸时，为什么分度圆直径、螺旋角、中心距等必须计算很准确？

⑪ 你设计的齿轮及其毛坯采用什么方法制造？为什么？

⑫ 在哪些情况下，齿轮结构可分别选用实心式、辐板式、轮辐式？

⑬ 选择小齿轮的齿数应考虑哪些因素？齿数的多少各有何利弊？

⑭ 你设计的齿轮精度是如何选取的？

⑮ 齿轮传动为什么要有侧隙？

⑯ 计算一对齿轮接触应力和弯曲应力时，应按哪个齿轮所受转矩进行计算，为什么？

⑰ 什么场合选用斜齿圆柱齿轮传动比较合理？斜齿圆柱齿轮以哪个截面内的模数为标准模数？

⑱ 一对外啮合斜齿圆柱齿轮传动，螺旋线方向是相同还是相反？螺旋角度的大小对传动有何影响？在设计斜齿圆柱齿轮时是如何考虑轴向力的？

（3）在进行轴的设计计算时思考的问题

① 轴上与其他零件配合部分有几处？轴上各段直径如何确定？为什么要尽可能取标准直径？轴的各段长度是怎样确定的？外伸轴段长度如何确定？

② 你设计的减速器输入轴、输出轴是如何布置的？它们分别外接什么部件？

③ 轴上零件的轴向与周向定位方法是什么？

④ 为什么要设计成阶梯轴？在轴的端部和轴肩处为什么要有倒角？

⑤ 你设计的轴上零件的装拆及调整方法是什么？轴的截面尺寸变化及圆角大小对轴有何影响？

⑥ 改用原来选用的轴的材料是否可行？为什么？你是如何选择轴的材料及热处理方法的？

⑦ 轴上的退刀槽、砂轮越程槽和圆角的作用是什么？指出你设计的轴上哪些部位采用了上述结构？

⑧ 低速轴或高速轴上零件的装拆顺序是什么？

⑨ 轴的技术要求有哪些？你设计的轴的技术要求是否完整？

（4）在进行滚动轴承、键和联轴器选择及校核时思考的问题

① 滚动轴承可能出现什么失效形式？如何选择滚动轴承？你选用滚动轴承代号的含义是什么？

② 滚动轴承内圈与轴颈的配合采用何种基准制？其外圈与座孔的配合采用何种基准制？为什么？

③ 深沟球轴承有无内部间隙，能否调整？哪些轴承有内部间隙？

④ 角接触球轴承或圆锥滚子轴承为什么要成对使用？

⑤ 对斜齿轮、锥齿轮及蜗杆传动时轴承的选择要考虑哪些因素？

⑥ 采用嵌入式轴承盖结构时，如何调整轴承间隙及轴向位置？

⑦ 如何选择、确定键的类型和尺寸？

⑧ 键连接应进行哪些强度核算？若强度不够，如何解决？

⑨ 轴上键的轴向位置与长度应如何确定？

⑩ 轴与轮毂上的键槽可采用什么加工方法？

⑪ 如何选择联轴器？你选择的联轴器是什么型号？

（5）在绘制装配图、零件工作图时思考的问题

① 零件工作图的内容有哪些？有什么作用？

② 装配图的作用是什么？在你绘制的装配图上选择了几个视图、几个剖视图？装配图上应标注哪几类尺寸？

③ 如何选择轴上零件、轴承盖、联轴器及键等配合？

④ 轴承旁连接螺栓位置应如何确定？轴承旁箱体凸台尺寸、高度及外形如何确定？

⑤ 装配图上减速器性能参数、技术条件的主要内容和含义是什么？

⑥ 根据你的设计，谈谈采用边计算、边绘图和边修改的“三边”设计方法的体会。

⑦ 零件工作图上有哪些技术要求？

⑧ 同一轴上的圆角尺寸为何要尽量统一？阶梯轴采用圆角过渡有什么意义？

⑨ 说明齿轮类零件工作图中啮合特性表中的内容。

⑩ 输出轴各表面粗糙度如何选择？为什么？

⑪ 根据你绘制的零件工作图，说明其几何公差有哪些？为什么要用这些几何公差？

（6）在设计减速器箱体的结构及附件时思考的问题

① 减速器箱体选用什么材料？为什么？

② 对铸造箱体，为什么要有铸造圆角及最小壁厚的限制？

③ 你设计的减速器箱体采用剖分式吗？为什么？

④ 减速器轴承座上下处的加强肋有何作用？

⑤ 指出箱体有哪些部位需要加工。

⑥ 减速器上与螺栓和螺母接触的支承面为什么要设计出凸台或沉头座？

⑦ 确定减速器的中心高要考虑哪些因素？

⑧ 吊钩有哪几种形式？布置时应注意什么问题？

⑨ 是否允许用箱盖上的吊环螺钉或吊耳来起吊整台减速器？为什么？

⑩ 指出减速器上的窥视孔在何处？有何用处？

⑪ 减速器上通气器有何用处？应安置在何处为宜？

⑫ 如何确定放油塞的位置？它一般采用什么类型的螺纹？

⑬ 为避免或减少油面波动的干扰，油标应布置在哪个部位？

⑭ 起盖螺钉的作用是什么？其结构有何特点？

（7）在减速器润滑、密封选择及其他方面思考的问题

① 你设计的减速器有哪些地方要考虑密封？采用的是什么形式的密封？当轴承采用油润滑时，如何从结构上考虑供油充分？

② 你设计的齿轮和轴承采用了哪种润滑方式？依据是什么？

③ 在减速器中，为什么有的滚动轴承座孔内侧用挡油盘，有的不用？

④ 一级齿轮传动若用浸油润滑，大齿轮齿顶圆到油池底距离至少应为多少？为什么？

⑤ 轴承盖的主要作用是什么？常用形式有哪几种？各有何优缺点？你设计的属于哪一种？

⑥ 封油盘的宽度为何要伸出箱体内壁 2～3mm?

⑦ 如何测定减速器箱体内的油量？

⑧ 设计说明书应包括哪些内容？

⑨ 设计中为什么要严格执行国家标准、行业标准和企业规范？

⑩ 为什么要限制箱内油池的温升及轴承的温升？通常的规范是什么？

⑪ 当散热不良时，在结构上应采取哪些措施？

⑫ 你设计的减速器总质量约为多少？

第 8 章 基于 SolidWorks 的一级圆柱齿轮减速器三维设计范例

8.1 减速器零件的三维建模

8.1.1 低速轴直齿轮的建模

（1）设计库里齿轮调用

SolidWorks 软件中有标准设计库，里面有轴承、螺栓、螺母、键及动力传动等标准零件，只需将零件库插件载入，即可直接调用所需零件。

启动 SolidWorks2014，选择菜单栏中【文件】/【新建】命令，弹出【新建 SOLIDWORKS 文件】对话框（图 8-1），单击【装配体】按钮，然后单击【确定】按钮。在弹出的【开始装配体】属性管理器中（图 8-2）单击【确定】按钮。

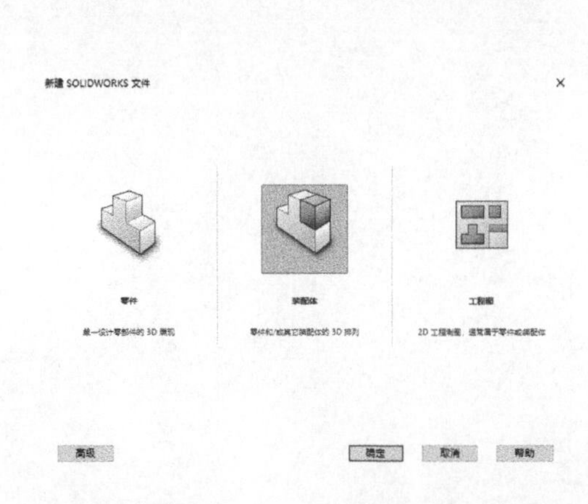

图 8-1 【新建 SOLIDWORKS 文件】对话框

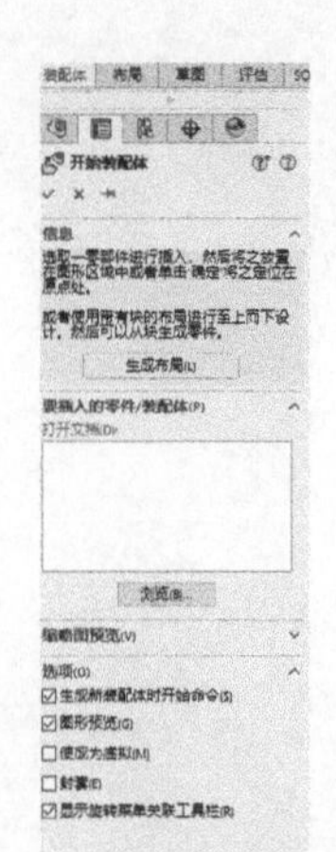

图 8-2 【开始装配体】属性管理器

在视图区右侧的任务窗格中单击【设计库】图标，再单击【工具库（Toolbox）】图标，下面会显示【Toolbox 未插入】，单击【现在插入】按钮即可。拖动下拉工具条浏览到“国标（GB）”文件夹，然后双击，在弹出的窗口中找到“动力传动”文件夹并双击，最后在弹出的窗口中双击“齿轮”文件夹，将会弹出如图 8-3 所示的各种标准齿轮。拖动【正齿轮】图标不放，将其拖动到视图区后放开鼠标左键，弹出【配置零部件】属性管理器，如图 8-4 所示。将“模数”设为“3”，“齿数”设为“87”，“压力角”设为“20”，“面宽”（即齿宽）设为“60”，“毂样式”设为“类型 A”，“标称轴直径”设为“50”，“键槽”设为“矩形（1）”，“显示齿”设为“87”。设置好齿轮参数后，单击【确定】按钮，再单击【插入零部件】对话框中的【取消】按钮，完成齿轮的添加。

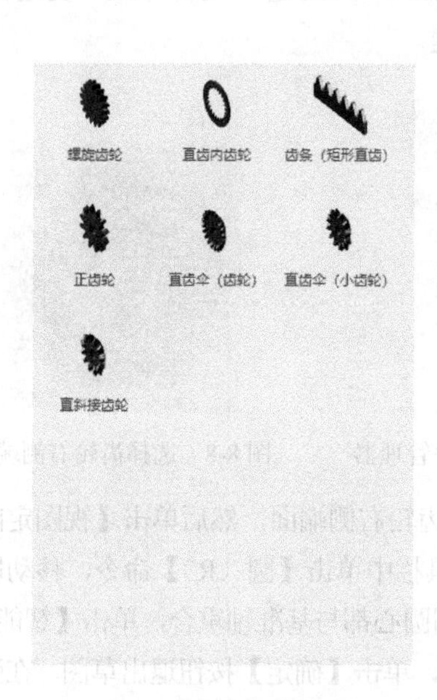

图 8-3　各种标准齿轮

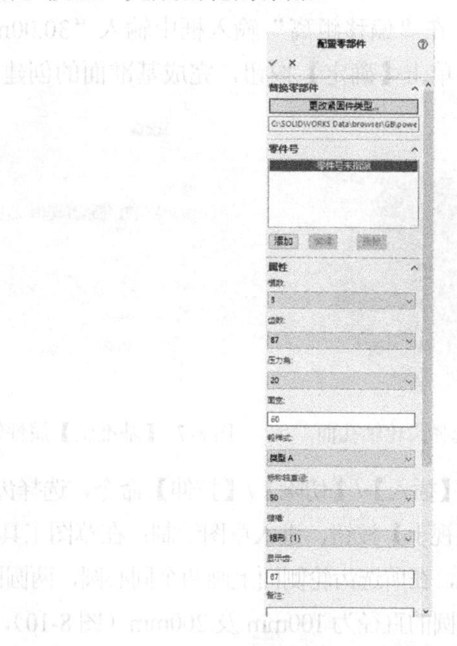

图 8-4　【配置零部件】属性管理器

现在装配体中齿轮是一些面而非完整的实体，有些特征操作不能实现，只能进行动画的模拟，不能实现实体接触模拟，故需将其转换为实体零件。选择【文件】/【保存所有】命令，弹出【保存文件】对话框，在【文件名】中输入“低速轴直齿轮”，在【保存类型】中选择“Part”，选择“所有零部件”单选项，如图 8-5 所示，单击【保存】按钮，将装配体中的齿轮另存为零件，系统会弹出“默认模板无效”的警告，单击【确定】按钮。将装配体关闭，选择不保存，退出装配体界面。

图 8-5　【保存文件】对话框

（2）齿轮的结构设计

① 打开保存好的齿轮零件，系统弹出【特征识别】对话框，单击【否】按钮。选择【插入】/【参考几何体】/【基准轴】命令，弹出【基准轴】属性管理器，在视图区域中选择齿轮轴孔面（图 8-6），所选面出现在【选择】栏下“参考实体”右侧的显示框中，如图 8-7 所示，单击【确定】按钮，完成基准轴的创建。选择【视图】/【基准轴】命令，将创建的基准轴显示出来。

选择【插入】/【参考几何体】/【基准面】命令，弹出【基准面】属性管理器，在视图区域选择齿轮的右侧端面（图 8-8），所选端面出现在【第一参考】下面“参考实体”右侧的显示框中，在“偏移距离”输入框中输入“30.00mm”，勾选“反转等距”复选框，如图 8-9 所示，单击【确定】按钮，完成基准面的创建。

图 8-6 选择齿轮轴孔面

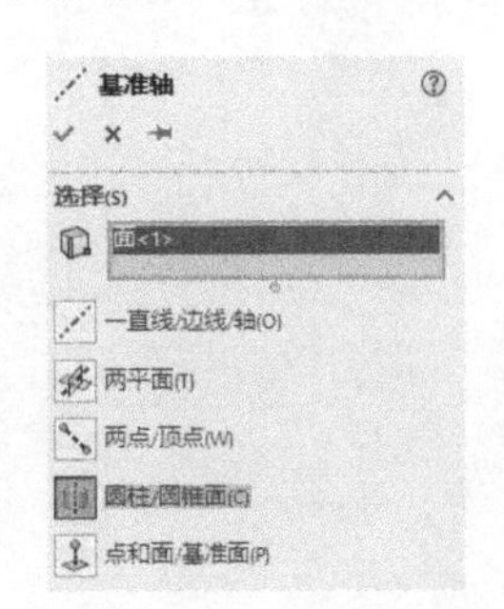

图 8-7 【基准轴】属性管理器

图 8-8 选择齿轮右侧端面

② 选择【插入】/【切除】/【拉伸】命令，选择齿轮右侧端面，然后单击【视图定向】按钮，单击【正视于】按钮，进入草图绘制；在草图工具栏中单击【圆（R）】命令，移动鼠标指针到视图区域，在所选齿轮侧面上画两个同心圆，两圆圆心都与基准轴重合，单击【智能尺寸】命令，修改两圆的直径为 100mm 及 200mm（图 8-10），单击【确定】按钮退出草图。在弹出的【切除-拉伸】属性管理器中【方向 1】下面“终止条件”选择框中选择“给定深度”，在“深度”输入框中输入“15.00mm”，如图 8-11 所示，单击【确定】按钮，完成拉伸切除。

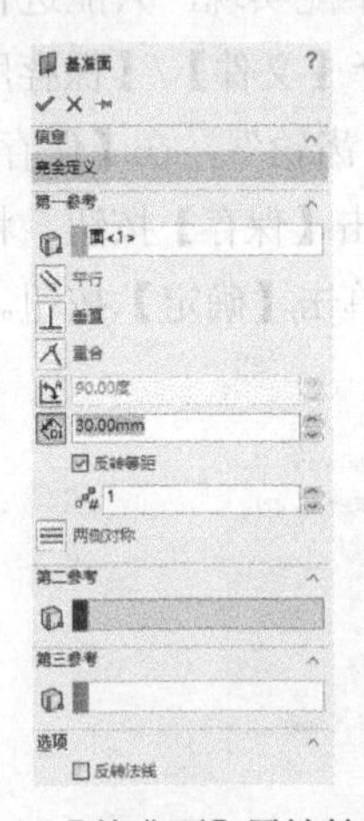

图 8-9 【基准面】属性管理器

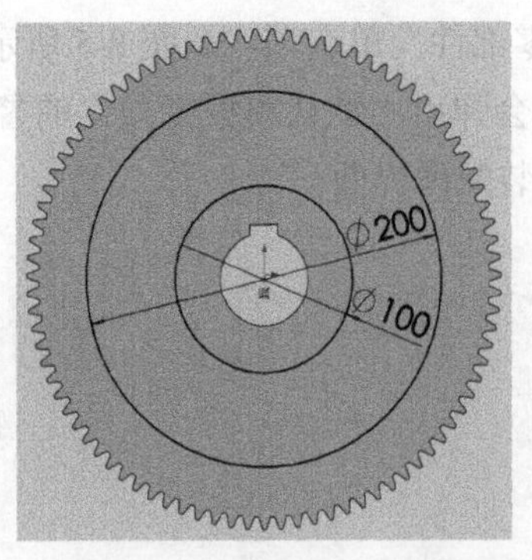

图 8-10 齿轮腹板切除的草图

图 8-11 【切除-拉伸】属性管理器

③ 选择【插入】/【阵列/镜向】/【镜向】命令，弹出【镜向】属性管理器，在视图区域选择创建的基准面，所选面出现在【镜向面/基准面】下面的显示框中；在视图区域选择拉伸切除特征，所选特征出现在【要镜向的特征】下面的显示框中，如图 8-12 所示，单击【确定】按钮，完成齿轮另一侧腹板的拉伸切除。

④ 选择【插入】/【特征】/【圆角】命令，弹出【圆角】属性管理器（图 8-13），在【圆角类型】选项组中单击“恒定大小”按钮，在视图区域选择齿轮侧面的 5 条边线（图 8-14），所选边线出现在【圆角项目】下面的显示框中，在【圆角参数】下面的“半径”输入框中输入“2.00mm”，如图 8-13 所示，单击【确定】按钮。重复执行圆角命令，对齿轮另一侧面的 5 条边线做相同的圆角处理。

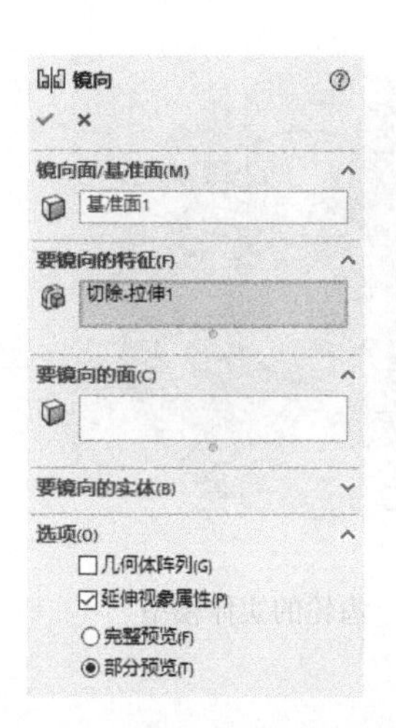

图 8-12 【镜向】属性管理器

图 8-13 【圆角】属性管理器

图 8-14 选择圆角的边线

⑤ 选择齿轮右侧腹板平面，然后单击【视图定向】按钮，单击【正视于】按钮，进入草图绘制；选择草图工具栏的【圆（R）】【直线（L）】命令，绘制如图 8-15 所示草图，然后选择【插入】/【切除】/【拉伸】命令，在弹出的【切除-拉伸】属性管理器中【方向 1】下面“终止条件”选择框中选择“完全贯穿”，如图 8-16 所示，单击【确定】按钮，完成拉伸切除。

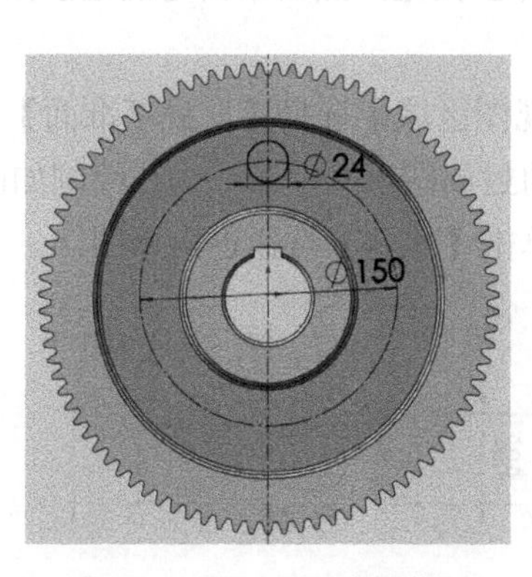

图 8-15 腹板孔切除的草图

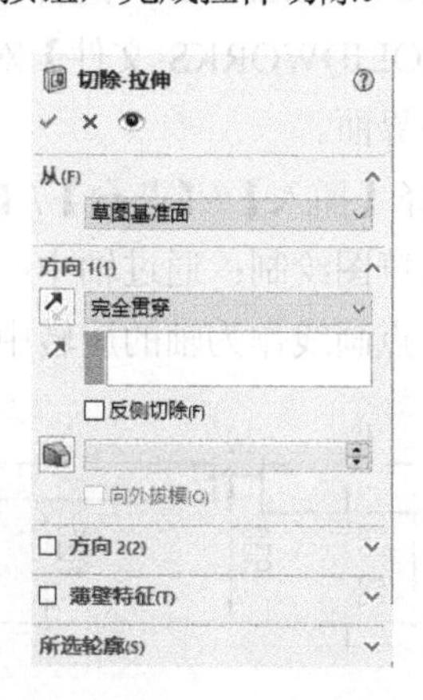

图 8-16 【切除-拉伸】属性管理器

⑥ 选择【插入】/【阵列/镜向】/【圆周阵列】命令，弹出【圆周阵列】属性管理器，如图 8-17 所示，先在视图区域选择齿轮的基准轴，所选基准轴出现在【参数】下面的“基准轴”显示框中，勾选“等间距”复选框，在“总角度”输入框中输入 360°，在“实例数”输入框中输入“4”；再在视图区域选择要阵列的特征，所选特征出现在【要阵列的特征】下面的显示框中，单击【确定】按钮，完成齿轮腹板上孔的拉伸切除。

最后完成的齿轮的实体模型如图 8-18 所示。

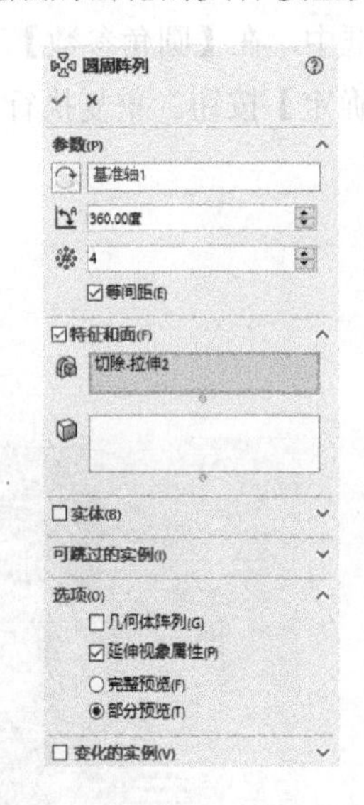

图 8-17 【圆周阵列】属性管理器

图 8-18 齿轮的实体模型

8.1.2 轴及齿轮轴的建模

（1）低速轴的建模

启动 SolidWorks2014，选择菜单栏中【文件】/【新建】命令，弹出【新建 SOLIDWORKS 文件】对话框，单击【零件】按钮，然后单击【确定】按钮，进入创建零件界面。

① 选择【插入】/【凸台】/【旋转】命令，在视图区域中选择【前视基准面】作绘图平面，进入草图绘制；通过轴中心线的轴上半截面的封闭图形及一条点画线绘制如图 8-19 所示草图，点画线作为轴的旋转中心线，绘制完成单击【确定】按钮退出草图。

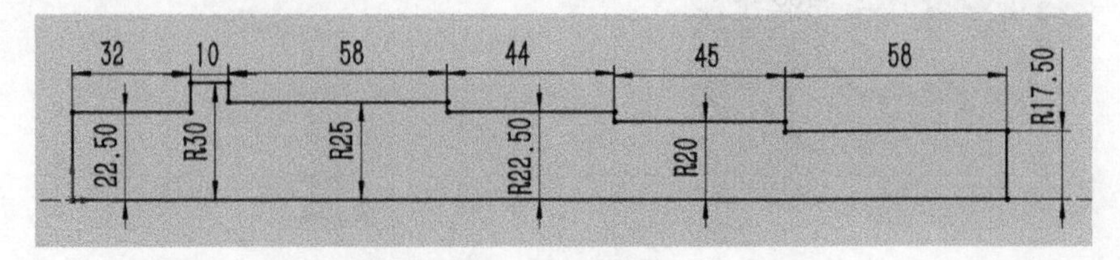

图 8-19 轴的结构草图

系统弹出【旋转】属性管理器，先在视图区域选择轴的中心线，所选中心线出现在【旋转轴】下面的显示框中，在【方向 1】下面“旋转类型”选择“给定深度”，在“角度”输入框中输入 360°，如图 8-20 所示，单击【确定】按钮，完成轴的旋转实体创建。

② 选择【插入】/【参考几何体】/【基准面】命令，弹出【基准面】属性管理器，先在特征设计树中选择【上视基准面】，所选面出现在【第一参考】下面的显示框中，在“偏移距离”输入框中输入“25.00mm”，如图 8-21 所示，单击【确定】按钮，完成基准面的创建。

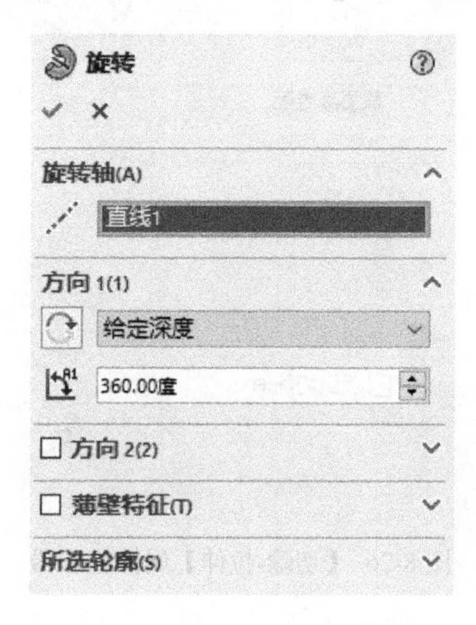

图 8-20 【旋转】属性管理器

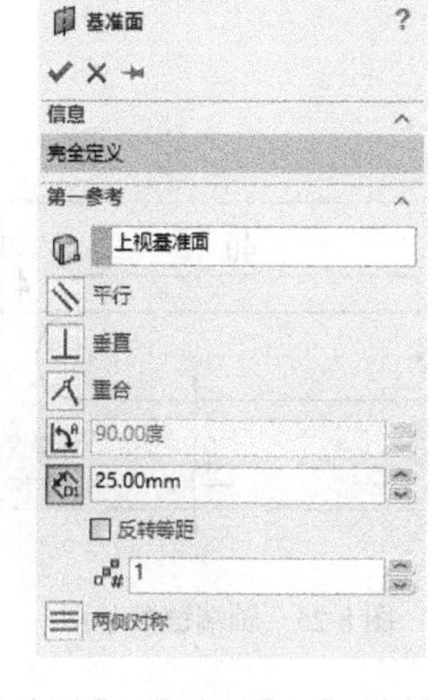

图 8-21 【基准面】属性管理器

然后单击【视图定向】按钮，单击【正视于】按钮，进入草图绘制；（在刚创建的基准面上）绘制如图 8-22 所示键槽草图，单击【退出草图】按钮退出草图。选择【插入】/【切除】/【拉伸】命令，在弹出的【切除-拉伸】属性管理器中，在【方向 1】下面“终止条件”选择框中选择“给定深度”，在“深度”右边的输入框中输入“5.00mm”，见图 8-23，单击【确定】按钮，完成轴中间轴段键槽的切除。

③ 选择【插入】/【参考几何体】/【基准面】命令，弹出【基准面】属性管理器，在特征设计树中选择【上视基准面】作为第一参考面，在“偏移距离”中输入“17.50mm”，如图 8-24 所示，单击【确定】按钮，完成基准面的创建。

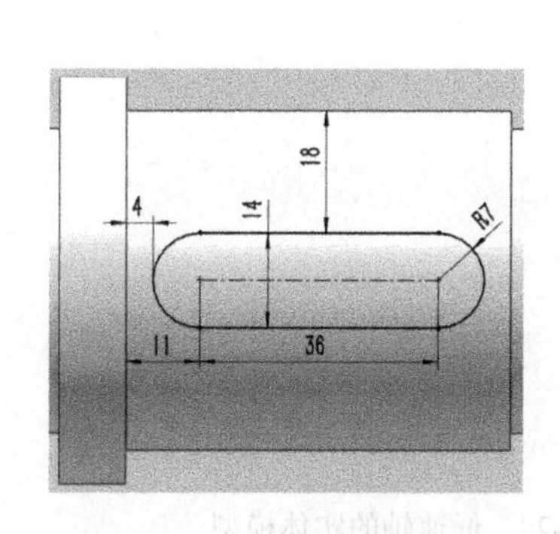

图 8-22 轴中间段键槽草图

图 8-23 【切除-拉伸】属性管理器

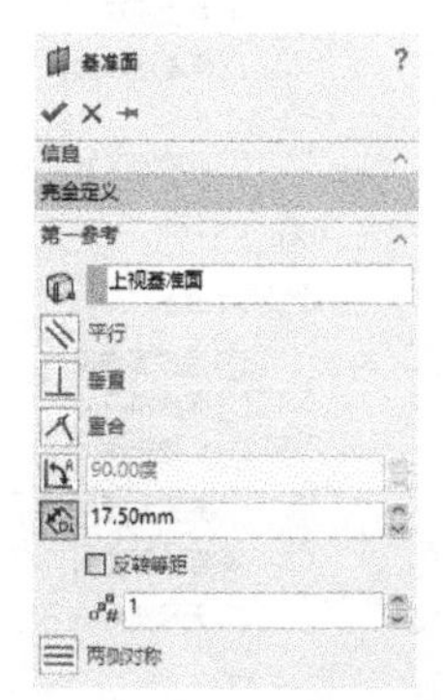

图 8-24 【基准面】属性管理器

然后单击【视图定向】按钮，单击【正视于】按钮，进入草图绘制；绘制如图 8-25 所示键槽草图，单击【退出草图】按钮，退出草图。选择【插入】/【切除】/【拉伸】命令，在弹出的【切除-拉伸】属性管理器中，在【方向 1】下面“终止条件”选择框中选择“给定深度”，在“深度”右边输入框中输入“4mm”，见图 8-26，单击【确定】按钮，完成轴端键槽的切除。

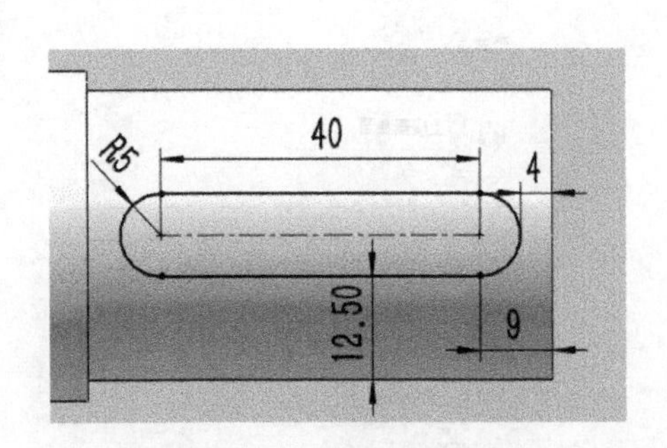

图 8-25 轴端键槽草图

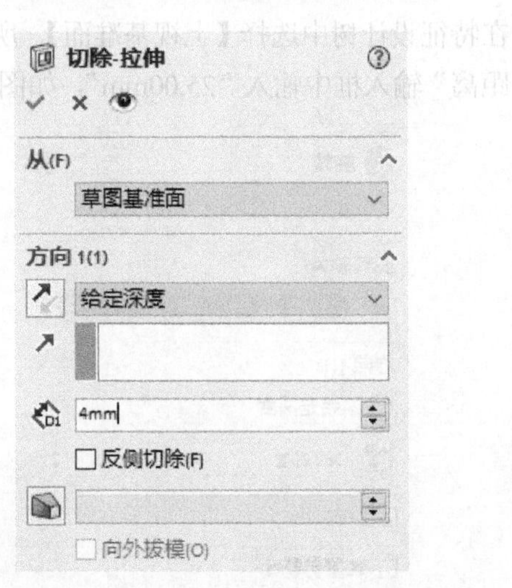

图 8-26 【切除-拉伸】属性管理器

选择【插入】/【特征】/【倒角】命令，弹出【倒角】属性管理器，先在视图区域选择轴两端的边线，所选边线出现在【倒角参数】下面的显示框中，选择“角度距离”单选项，在“距离”输入框中输入“2.00mm”，在“角度”输入框中输入 45°，见图 8-27，单击【确定】按钮，完成轴的两端倒角。

低速轴的实体模型如图 8-28 所示。

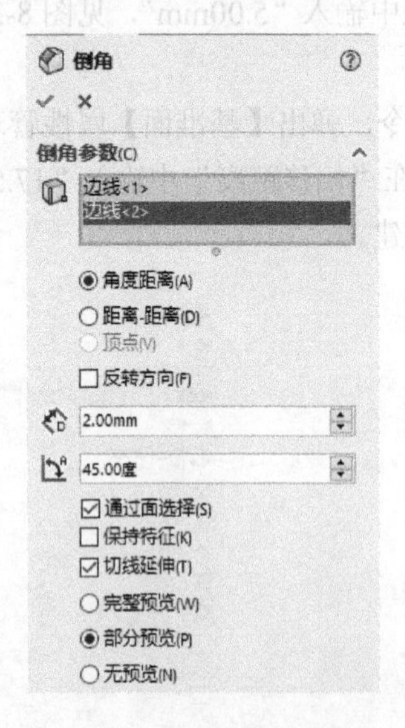

图 8-27 【倒角】属性管理器

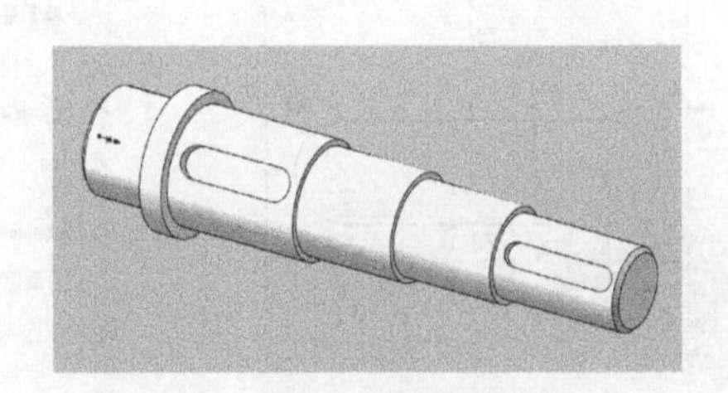
图 8-28 低速轴的实体模型

（2）齿轮轴的建模

由于高速轴上小齿轮直径较小，不适宜与轴分开制造，因此做成齿轮轴。齿轮轴的建模分成两部分，先调用设计库的零件生成小齿轮实体模型，再在此小齿轮实体基础上创建轴。

① 启动SolidWorks2014，选择【文件】/【新建】/【装配体】命令，然后单击【开始装配体】属性管理中的【确定】按钮。在视图区右侧的任务窗格中，单击【设计库】图标，再单击【工具库】图标，下面会显示【Toolbox未插入】，单击【现在插入】按钮即可。拖动下拉工具条浏览到"GB"文件夹，然后双击，在弹出的窗口中浏览到"动力传动"文件夹并双击，最后在弹出的窗口中双击"齿轮"文件夹，将会弹出各种标准齿轮。单击【正齿轮】图标不放，将其拖动到视图区后放开鼠标左键，弹出【配置零部件】属性管理器，如图8-29所示。将"模数"设为"3"，"齿数"设为"25"，"压力角"设为20°，"面宽"（即齿宽）设为"65"，"毂样式"设为"类型A"，"标称轴直径"设为（齿轮轴孔）"45"，"键槽"设为"无"，"显示齿"设为"25"。齿轮参数设置好后单击【确定】按钮，再单击【插入零部件】对话框中的【取消】按钮，完成齿轮的添加。

选择【文件】/【保存所有】命令，弹出【保存文件】对话框，在【文件名】中输入"高速轴直齿轮"，在【保存类型】中选择"Part"，选择"所有零部件"单选项，单击【保存】按钮，将装配体中的齿轮另存为零件，系统会弹出"默认模板无效"的警告，单击【确定】按钮。将装配体关闭，选择不保存，退出装配体界面。

② 打开保存好的高速轴直齿轮零件，系统弹出【特征识别】对话框，单击【否】按钮。选择【插入】/【参考几何体】/【基准轴】命令，弹出【基准轴】属性管理器，如图8-30所示，在视图区域中选择小齿轮的轴孔面，如图8-31所示，所选面出现在【选择】下面"基准面"右侧的显示框中，单击【确定】按钮，完成基准轴的创建。选择【视图】/【基准轴】命令，将创建的基准轴显示出来。

选择【插入】/【参考几何体】/【基准面】命令，弹出【基准面】属性管理器，如图8-32所示，在视图区域选择小齿轮的左端面（图8-33），所选端面出现在【第一参考】下面的显示框中，在"偏移距离"右边输入框中输入"32.50mm"，勾选"反转等距"复选框，单击【确定】按钮，完成基准面的创建。

③ 创建轴的实体。

a. 选择【插入】/【凸台】/【拉伸】命令，选择创建的基准面，然后单击【视图定向】按钮，单击【正视于】按钮，进入草图绘制；在草图工具栏中单击【圆（R）】命令，移动鼠标指针到视图区域，选择基准轴作圆心画圆，单击【智能尺寸】命令，修改圆的直径为45mm，单击【退出草图】按钮退出草图。弹出【凸台-拉伸】属性管理器，在【方向1】下面的"终止条件"选择框中选择"两侧对称"，在"深度"右边输入框中输入"65.00mm"，如图8-34所示，拉伸结果的预览如图8-35所示，单击【确定】按钮，完成拉伸。

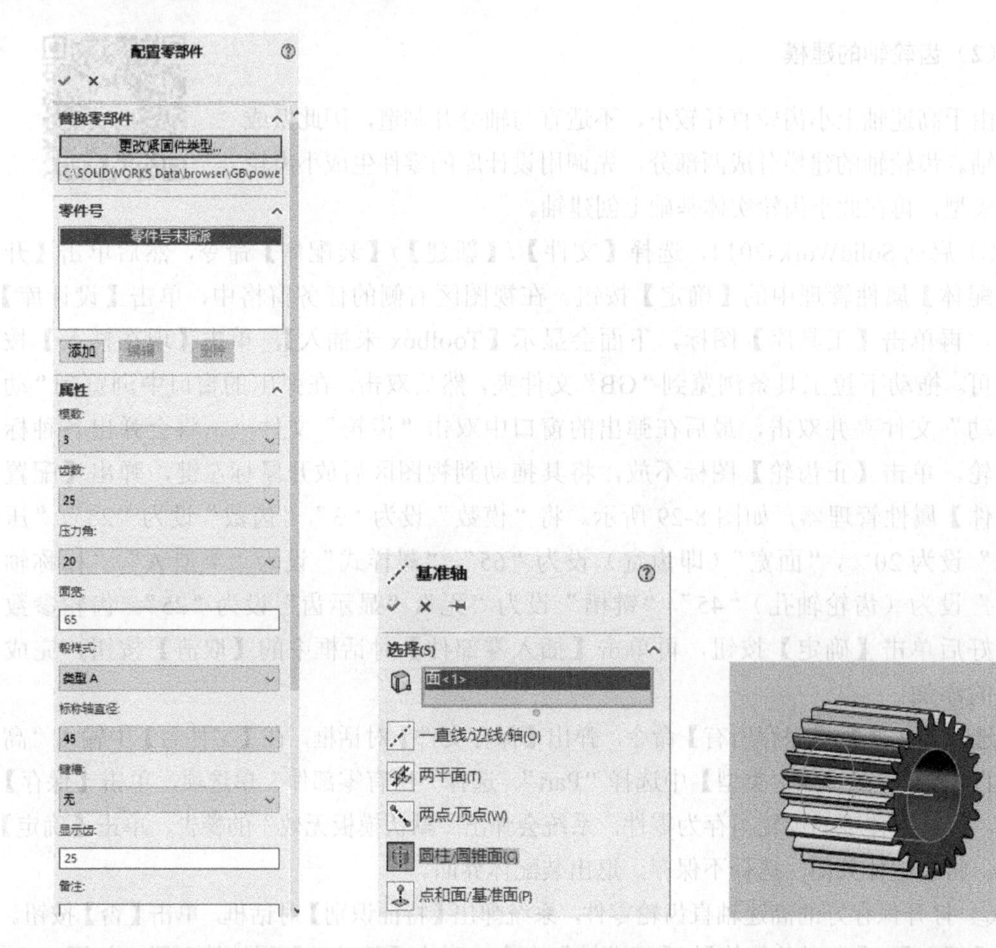

图 8-29　小齿轮的配置

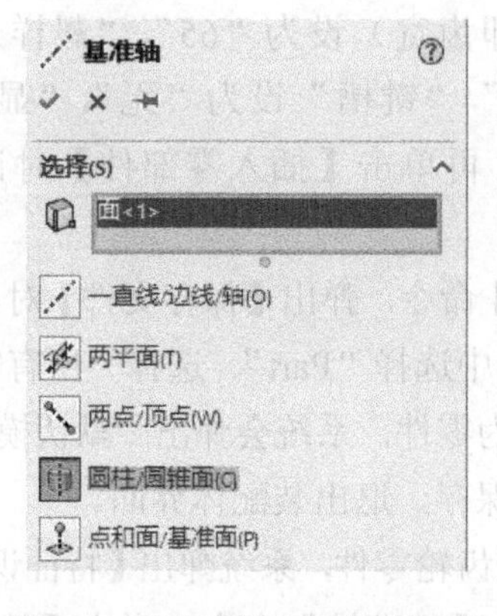

图 8-30　【基准轴】属性管理器

图 8-31　小齿轮的轴孔面

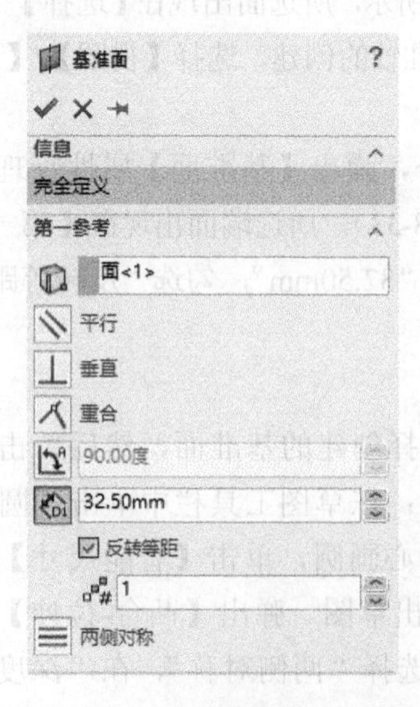

图 8-32　【基准面】属性管理器

图 8-33　小齿轮的左端面

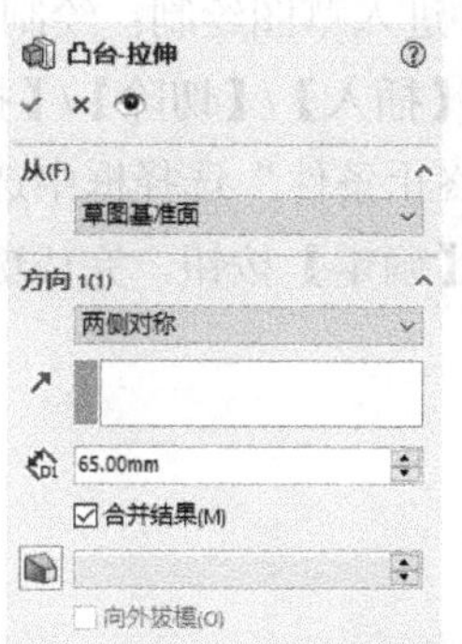

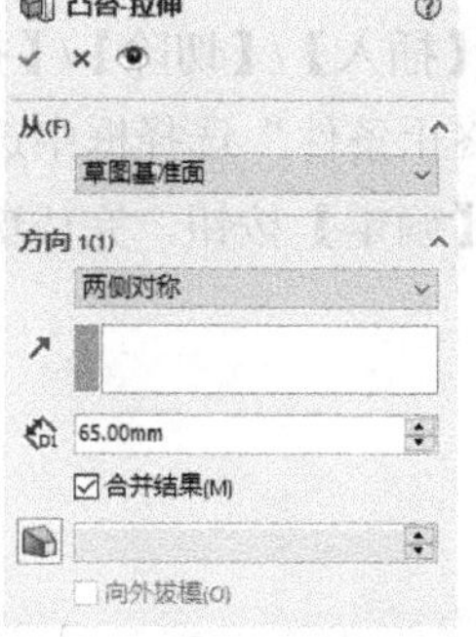

图 8-34 【凸台-拉伸】属性管理器

图 8-35　拉伸结果的预览

b．选择【插入】/【凸台】/【拉伸】命令，选择齿轮的左端面，然后单击【视图定向】按钮，单击【正视于】按钮，进入草图绘制；在草图工具栏中单击【圆（R)】命令，移动鼠标指针到视图区域，选择基准轴作圆心画圆，单击【智能尺寸】命令，修改圆的直径为 45mm，单击【退出草图】按钮退出草图。弹出【凸台-拉伸】属性管理器，在【方向 1】下面的“终止条件”选择框中选择“给定深度”，在“深度”右边的输入框中输入“8.00mm”，单击【确定】按钮，完成拉伸，结果如图 8-36 所示。

c．在这段拉伸生成的轴段端面，采用相同的方法拉伸生成一段直径为 35mm、长度为 33mm 的轴段，结果如图 8-37 所示。

图 8-36　轴段拉伸的结果 1

图 8-37　轴段拉伸的结果 2

d．选择【插入】/【阵列/镜向】/【镜向】命令，弹出【镜向】属性管理器，在视图区域中选择已经创建的基准面作为镜向面，所选的基准面出现在【镜向面/基准面】下面的显示框中；再在视图区域选择两个拉伸的特征，所选特征出现在【要镜向的特征】下面的显示框中，如图 8-38 所示，单击【确定】按钮，完成镜向，结果如图 8-39 所示。

e．在镜向出来的轴段端面再顺序拉伸生成ϕ30mm、长 59mm 的轴段及ϕ25mm、长 48mm 的轴段，结果如图 8-40 所示。

f．选择【插入】/【参考几何体】/【基准面】命令，弹出【基准面】管理器，在特征设计树中选择【上视基准面】作为第一参考面，在“偏移距离”中输入“属性 12.50mm”，单击【确定】按钮，完成基准面的创建。

然后单击【视图定向】按钮，单击【正视于】按钮，进入草图绘制；绘制如图 8-41 所示轴端键槽草图，单击【退出草图】按钮退出草图。选择【插入】/【切除】/【拉伸】命令，弹出【切除-拉伸】属性管理器，在【方向 1】下面的“终止条件”选择框中选择“给定深度”，在“深度”右边的输入框中输入“4.00mm”，单击【确定】按钮，完成键槽的切除。

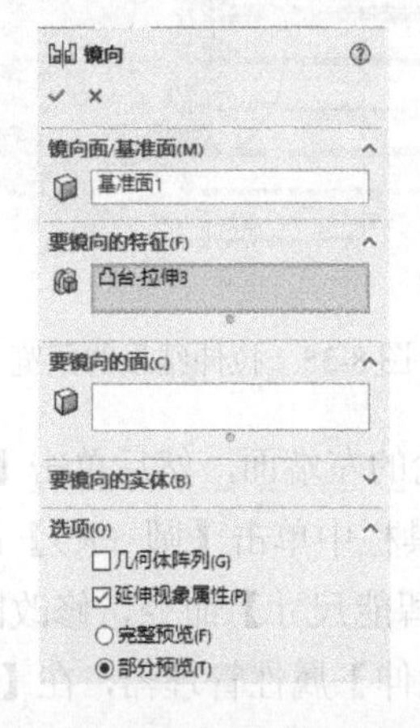

图 8-38 【镜向】属性管理器

图 8-39 镜向的结果

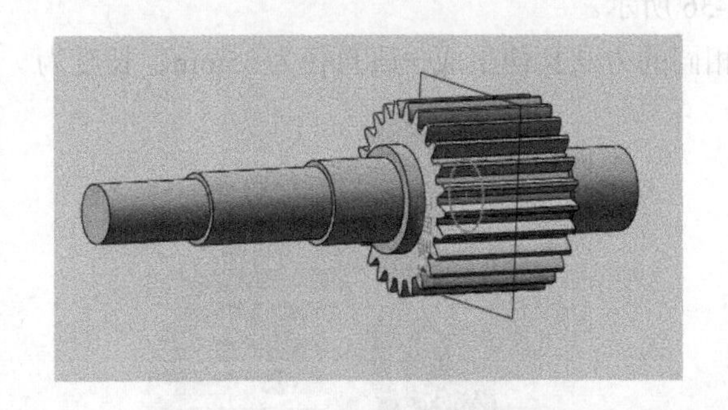

图 8-40 轴段拉伸的结果

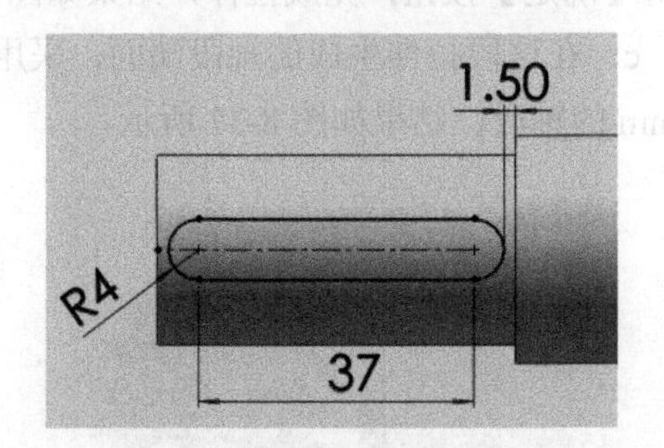

图 8-41 轴端键槽的草图

g. 选择【插入】/【特征】/【倒角】命令，弹出【倒角】属性管理器，先在视图区域选择轴两端的边线，所选边线出现在【倒角参数】下面的显示框中，单击“角度距离”单选项，在“距离”输入框中输入“2.00mm”，“角度”输入框中输入 45°，单击【确定】按钮，完成轴的两端倒角。

高速轴（齿轮轴）的实体模型见图 8-42。

图 8-42 高速轴（齿轮轴）的实体模型

8.1.3 轴承盖、挡油盘和套筒的建模

启动 SolidWorks2014，选择菜单栏中【文件】/【新建】命令，弹出【新建 SOLIDWORKS 文件】对话框，单击【零件】按钮，然后单击【确定】按钮，进入创建零件界面。

（1）低速轴轴承闷盖建模

① 选择【插入】/【凸台】/【旋转】命令，在视图区域中选择【前视基准面】作为绘图平面，进入草图绘制；通过轴承盖中心线的轴承盖上半截面的封闭图形及一条点画线绘制如图 8-43 所示草图，点画线作为旋转中心线，绘制完成后单击【确定】按钮退出草图。

弹出【旋转】属性管理器（图 8-44），先在视图区域选择中心线，所选中心线出现在【旋转轴】下面的显示框中，在【方向 1】下面“旋转类型”选择框中选择“给定深度”，在“角度”输入框中输入 360°，单击【确定】按钮，完成轴承盖的旋转实体创建。

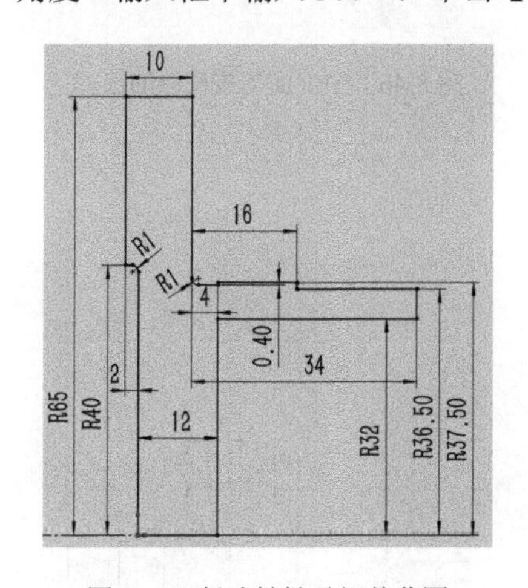

图 8-43 低速轴轴承闷盖草图

图 8-44 【旋转】属性管理器

② 选择【插入】/【特征】/【拔模】命令，弹出【拔模】属性管理器，如图 8-45 所示，在【拔模类型】选项组中选择“中性面”单选项，在“拔模角度”输入框中输入 5°；在视图区域中选择轴承盖的端面，所选面出现在【中性面】下面的显示框中，再在视图区域中选择轴承盖的内圆柱孔面（图 8-46），所选面出现在【拔模面】下面的显示框中，单击【确定】按钮，完成轴承盖的拔模。

③ 选择【插入】/【参考几何体】/【基准面】命令，弹出【基准面】属性管理器，如图 8-47 所示，在特征设计树中选择【上视基准面】（图 8-48），所选的面出现在【第一参考】下面的显示框中，单击【距离】按钮，在其右面的输入框中输入“36.50mm”，单击【确定】按钮，完成基准面的创建。

然后单击【视图定向】按钮，单击【正视于】按钮，进入草图绘制；绘制如图 8-49 所示的切槽草图，再单击【确定】按钮，退出草图。选择【插入】/【切除】/【拉伸】命令，在弹出的【切除-拉伸】属性管理器中，在【方向 1】下面“终止条件”选择框中选择“成形到下一面”，见图 8-50，单击【确定】按钮，完成切口的切除。

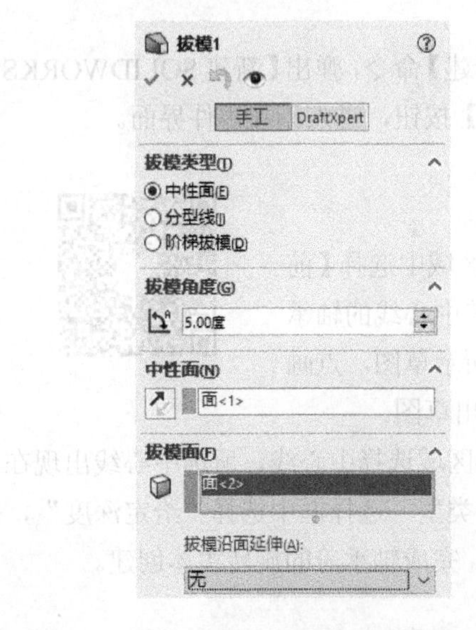

图 8-45 【拔模】属性管理器

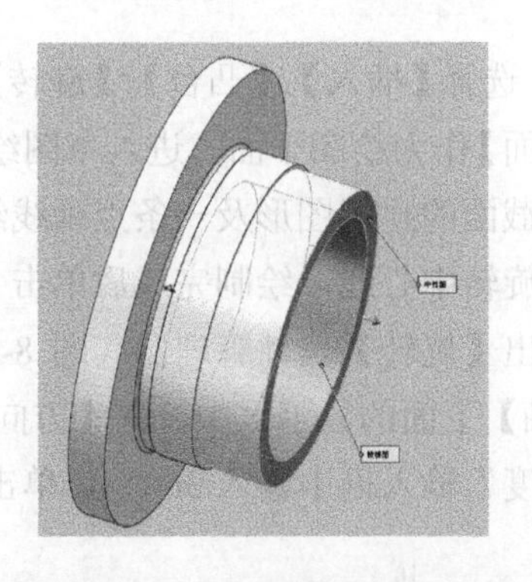

图 8-46 中性面与拔模面的选择

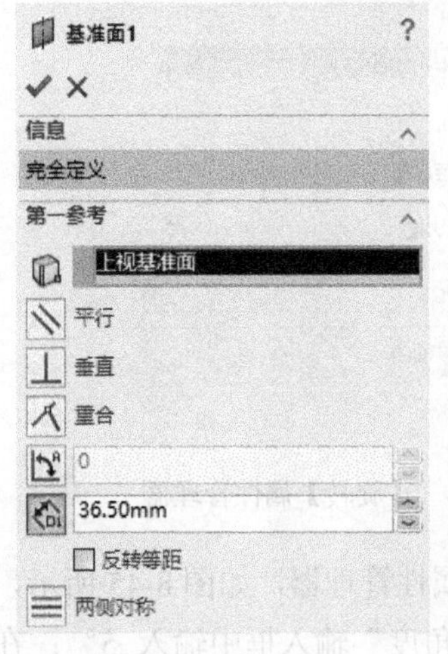

图 8-47 【基准面】属性管理器

图 8-48 基准面创建的预览

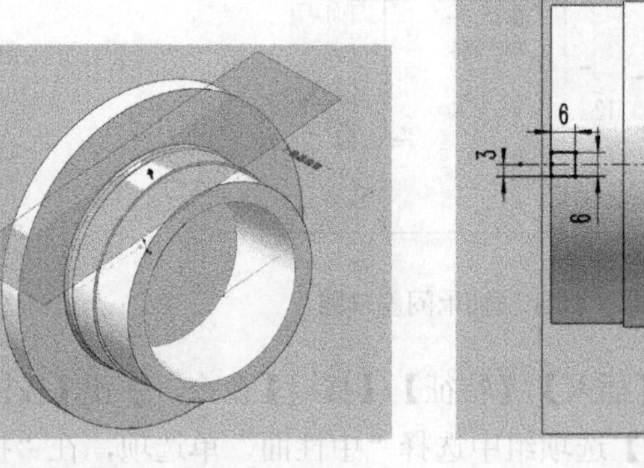

图 8-49 轴承盖切槽的草图

④ 选择【插入】/【阵列/镜向】/【圆周阵列】命令，弹出【圆周阵列】属性管理器，如图 8-51 所示，先在视图区域选择轴承盖右侧端面边线（图 8-52），所选边线出现在【参数】下面“阵列轴”显示框中，在“总角度”中输入 360°，在“实例数”中输入“4”；再在视图区域（或特征设计树）中选择切除-拉伸特征，所选特征出现在【要阵列的特征】下面的显示框中，单击【确定】按钮，完成切口的阵列。

⑤ 选择轴承盖的左侧端面，然后单击【视图定向】按钮，单击【正视于】按钮，进入草图绘制；绘制如图 8-53 所示草图，绘制完成后，单击【确定】按钮，退出草图。然后选择【插入】/

【切除】/【拉伸】命令，在弹出的【切除-拉伸】属性管理器中，【方向 1】下面“终止条件”选择框中选择“成形到下一面”，如图 8-54 所示，单击【确定】按钮，完成一个螺钉孔的切除。

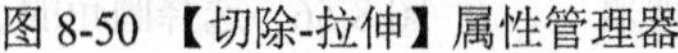
图 8-50 【切除-拉伸】属性管理器

图 8-51 【（圆周）阵列】属性管理器

再采用选择【插入】/【阵列/镜向】/【圆周阵列】命令的方法阵列出轴承盖凸缘上其他 3 个螺钉孔（步骤类似第④步）。

⑥ 选择【插入】/【特征】/【圆角】命令，弹出【圆角】属性管理器，如图 8-55 所示，在视图区域中选择如图 8-56 所示圆角的边线，所选边线出现在【圆角项目】下面的显示框中，在【圆角参数】下面的“半径”中输入“2.00mm”，再单击【确定】按钮，完成内圆角。

⑦ 选择【插入】/【特征】/【倒角】命令，弹出【倒角】属性管理器，如图 8-57 所示，在视图区域中选择如图 8-58 所示倒角的边线，所选边线出现在【倒角参数】下面“边线”的显示框中，选择“角度距离”单选项，在“距离”中输入“2.00mm”，在“角度”中输入 45°，单击【确定】按钮完成倒角处理。至此完成了轴承盖的实体模型创建。

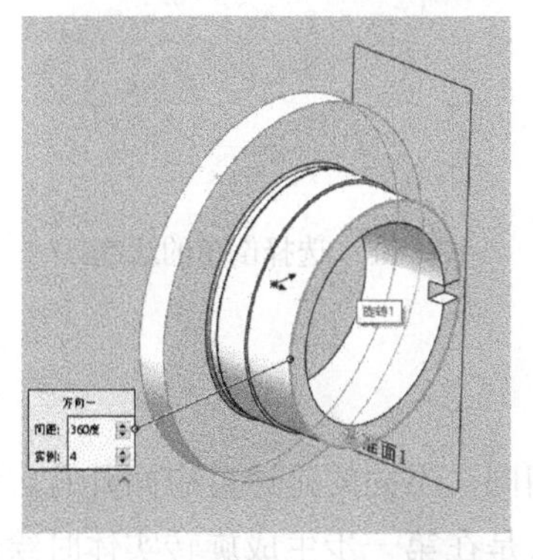

图 8-52 轴承盖右侧端面边线

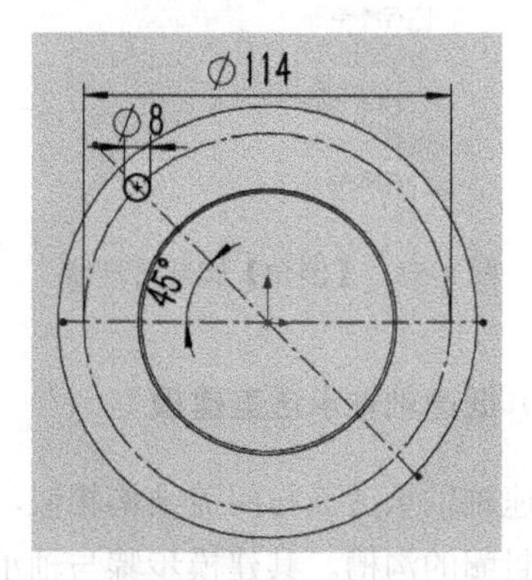

图 8-53 螺钉孔的草图

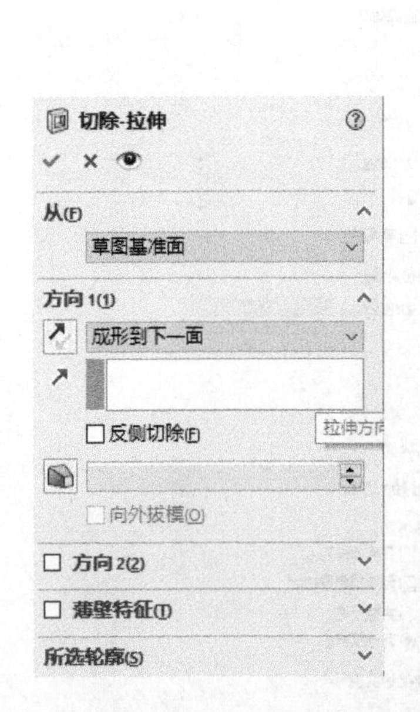

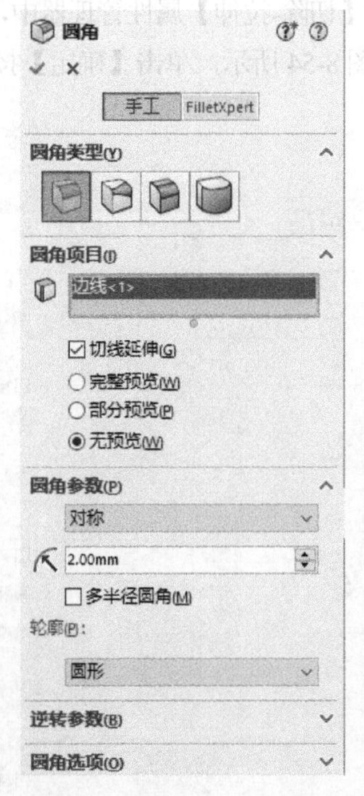

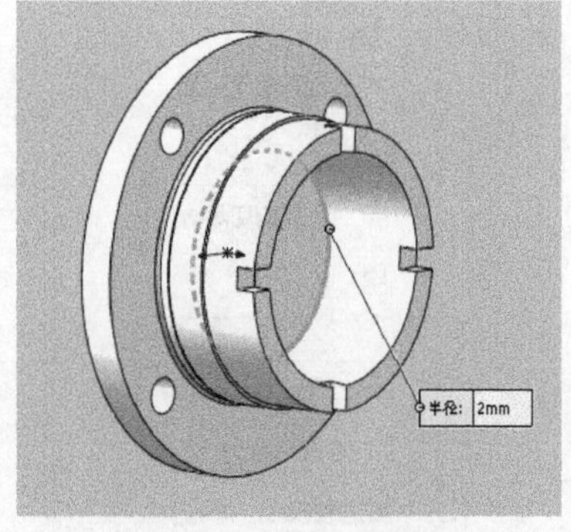

图 8-54 【切除-拉伸】属性管理器　图 8-55 【圆角】属性管理器　图 8-56 选择圆角的边线

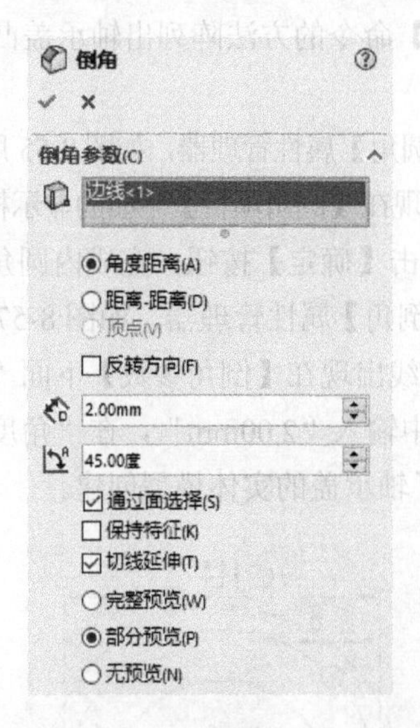

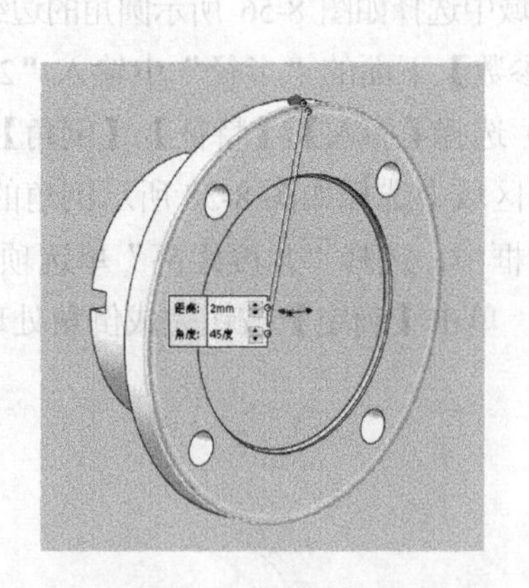

图 8-57 【倒角】属性管理器　　　　图 8-58 选择倒角的边线

（2）低速轴轴承透盖建模

低速轴轴承透盖与闷盖结构相似，大部分尺寸相同，不同的是透盖中间开孔，还开有放置密封圈的沟槽。其建模步骤与轴承闷盖相同，只是在第一步生成旋转实体时绘制的草图不同，低速轴轴承透盖草图如图 8-59 所示，其他步骤都与轴承闷盖建模相同。

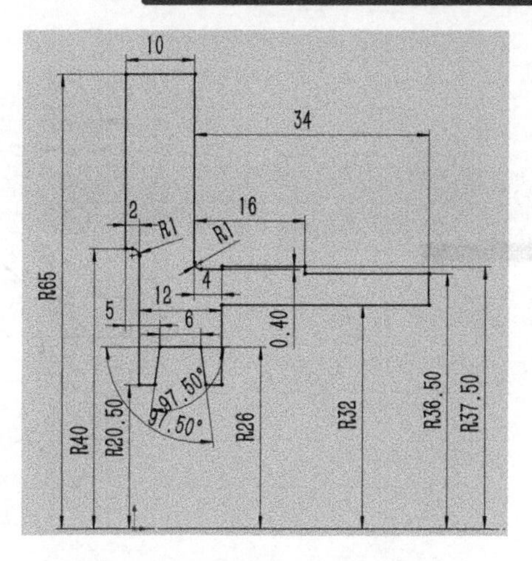

图 8-59　低速轴轴承透盖的草图

轴承透盖实体建模更快捷的方法：复制已经生成的“低速轴轴承闷盖”三维实体文件，再粘贴另存为“低速轴轴承透盖”，然后在 SolidWorks 软件里面打开“低速轴轴承透盖”文件，在特征设计树上使用鼠标右键单击【旋转】特征，在弹出的快捷菜单中单击【编辑草图】命令（图 8-60），把草图修改成图 8-59 所示即可。

（3）高速轴轴承闷盖建模

用户可以在低速轴轴承闷盖的基础上使用鼠标右键单击【旋转】特征，单击【编辑草图】命令，修改草图后快速生成实体。高速轴轴承闷盖的草图如图 8-61 所示；另外，在第③步插入基准面时，在【基准面】属性管理器中“距离”输入框中改为“35.00mm”（图 8-62），以及第⑤步拉伸切除螺钉孔时，草图要按图 8-63 修改。

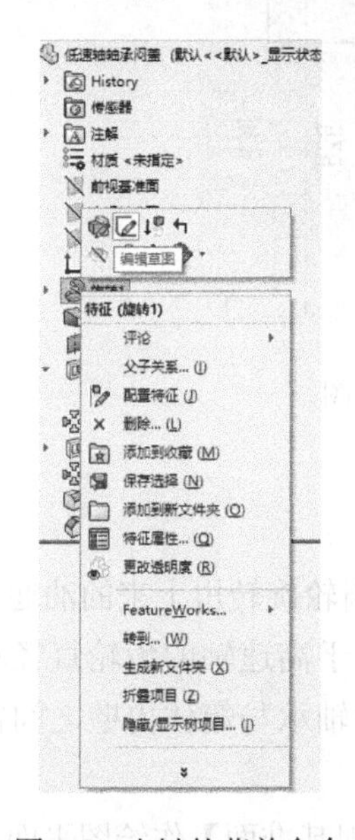

图 8-60 右键的菜单命令

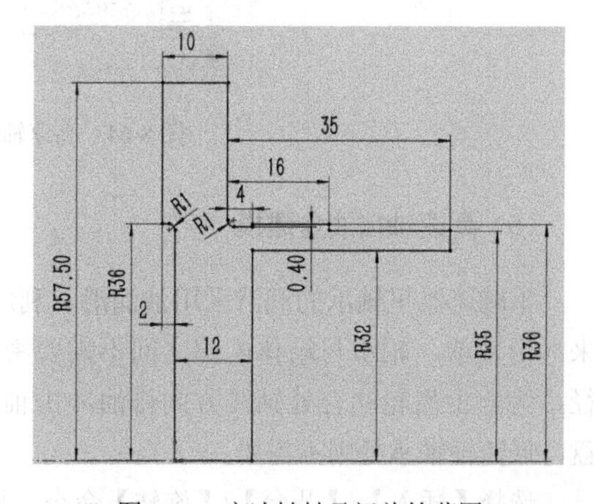

图 8-61　高速轴轴承闷盖的草图

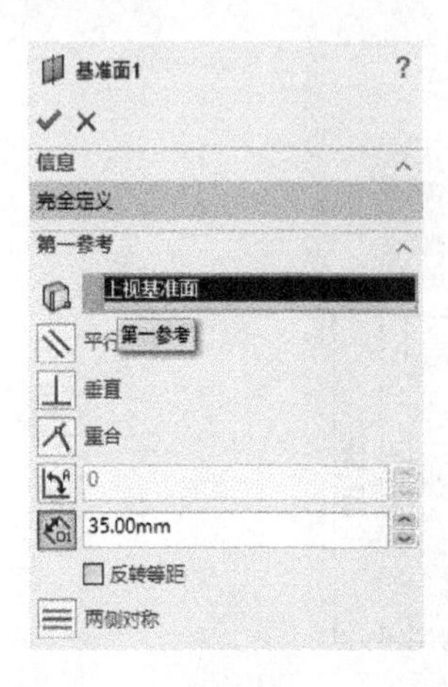

图 8-62 【基准面】属性管理器

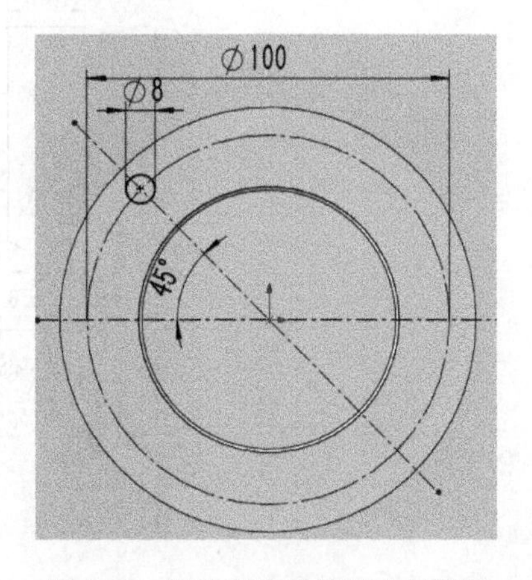

图 8-63 轴承闷盖的螺钉孔的草图

（4）高速轴轴承透盖建模

在高速轴轴承闷盖的基础上通过使用鼠标右键单击【旋转】特征，单击【编辑草图】命令，修改草图后快速生成实体。高速轴轴承透盖的草图如图 8-64 所示。

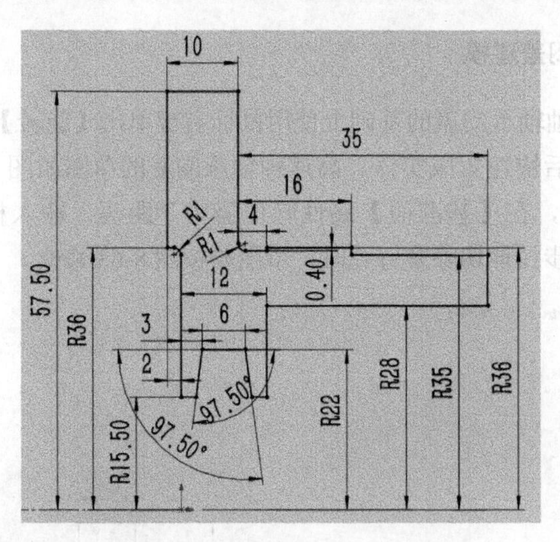

图 8-64 高速轴轴承透盖的草图

（5）高速轴挡油盘建模

本减速器里轴承的润滑采用油润滑，利用箱体里面齿轮旋转甩上来的油通过油沟导入来润滑轴承，轴承与箱体内部之间不需要密封。但是由于高速轴的齿轮直径小于轴承外径，为防止齿轮啮合处轴线方向排油冲击轴承，高速轴轴承与箱体内壁之间需要装挡油盘，低速轴轴承处则不需要。

选择【插入】/【凸台】/【旋转】命令，再选择【前视基准面】作绘图平面，进入草图绘制；通过挡油盘中心的上半截面的封闭图形及一条点画线绘制如图 8-65 所示草图，点画

线作为旋转中心线，绘制完成后，单击【确定】按钮退出草图。

弹出【旋转】属性管理器，先在视图区域选择中心线，所选中心线出现在【旋转轴】下面的显示框中，在【方向 1】下面“旋转类型”选择框中选择“给定深度”，在“角度”右边的输入框中输入 360°，如图 8-66 所示，单击【确定】按钮，完成轴承盖的旋转实体创建。

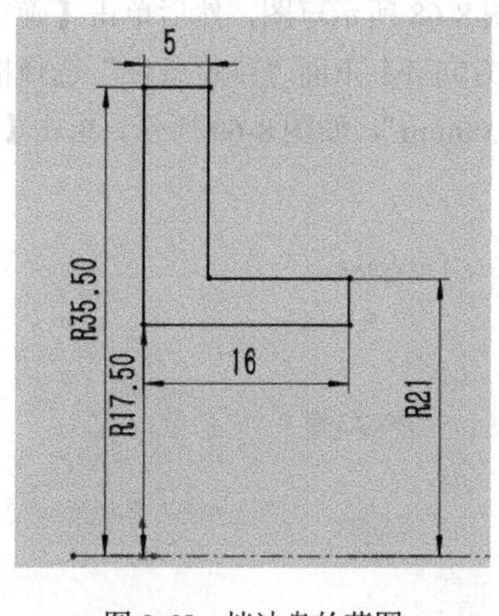

图 8-65　挡油盘的草图

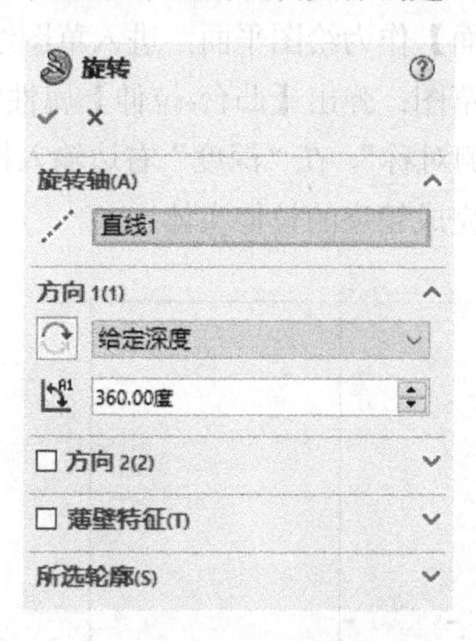

图 8-66　【旋转】属性管理器

（6）低速轴的套筒建模

低速轴的套筒建模方法与挡油盘相同，绘制如图 8-67 所示低速轴套筒草图，通过旋转特征生成实体模型，文件分别保存为“低速轴套筒 1”和“低速轴套筒 2”。

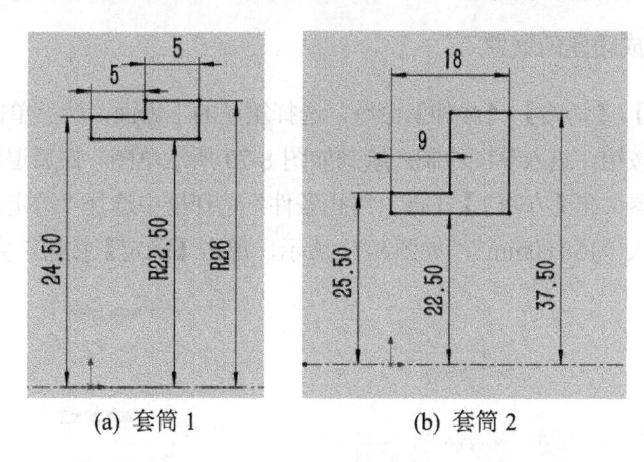

(a) 套筒 1　　(b) 套筒 2

图 8-67　低速轴套筒的草图

8.1.4　减速器箱座的建模

启动 SolidWorks2014，选择菜单栏中【文件】/【新建】命令，弹出【新建 SOLIDWORKS 文件】对话框，单击【零件】按钮，然后单

击【确定】按钮，进入创建零件界面。

（1）箱座实体的拉伸

选择菜单【插入】/【凸台】/【拉伸】命令，在视图区域（或特征设计树）中单击【右视基准面】作为绘图平面，进入草图绘制；绘制如图 8-68 所示草图，然后单击【确定】按钮退出草图；弹出【凸台-拉伸】属性管理器，在【方向 1】下面“终止条件”选择框中选择“两侧对称”，在“深度”右边输入框中输入“378.00mm”，如图 8-69 所示，单击【确定】按钮，完成箱座的拉伸实体。

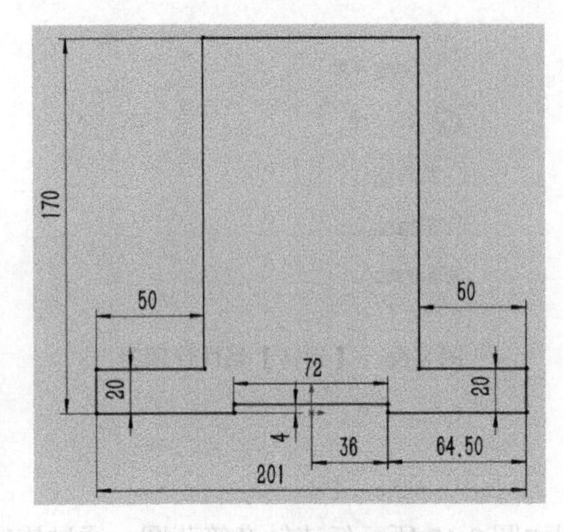

图 8-68　箱座的拉伸草图

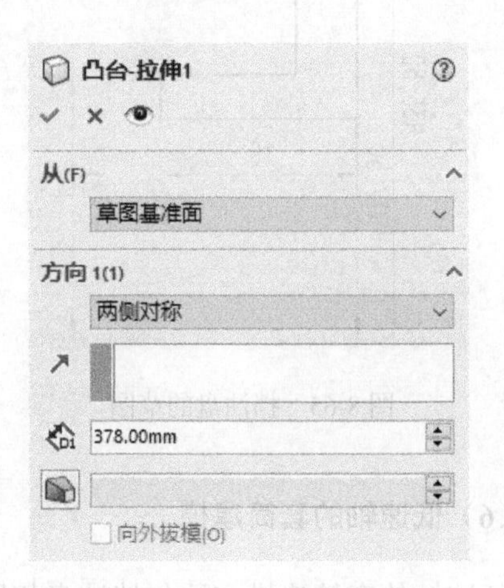

图 8-69　【凸台-拉伸】属性管理器

（2）切除生成箱座的壁厚

选择【插入】/【切除】/【拉伸】命令，选择箱座的上表面，然后单击【视图定向】按钮，单击【正视于】按钮，进入草图绘制；绘制如图 8-70 所示草图，然后退出草图；弹出【切除-拉伸】属性管理器，在【方向 1】下面“终止条件”选择框中选择“给定深度”，在“深度”右面的输入框中输入“158.00mm”，如图 8-71 所示，单击【确定】按钮，完成箱座的拉伸切除。

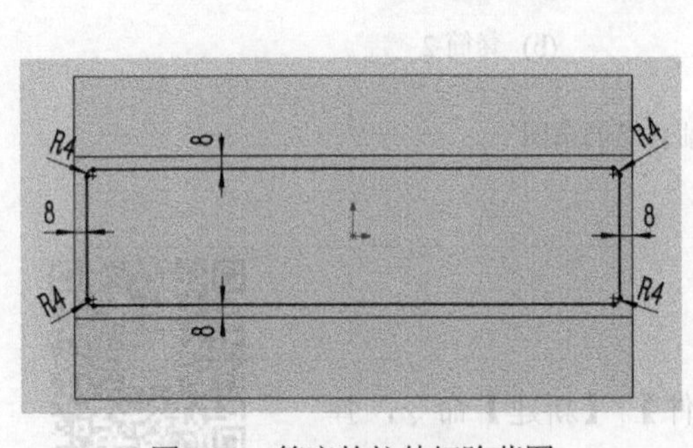

图 8-70　箱座的拉伸切除草图

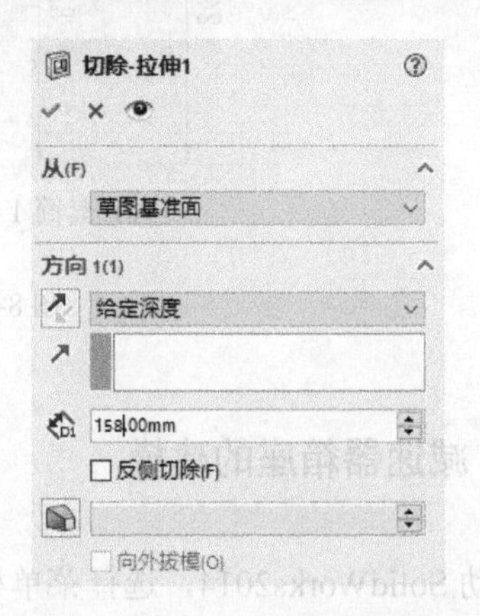

图 8-71　【拉伸-切除】属性管理器

（3）箱座剖分面凸缘的拉伸

选择【插入】/【凸台】/【拉伸】命令，选择箱座的上表面作为绘图平面，然后单击【视图定向】按钮，单击【正视于】按钮，进入草图绘制；绘制如图 8-72 所示草图，然后退出草图；弹出【凸台-拉伸】属性管理器，在【方向 1】下面“终止条件”选择框中选择“给定深度”，在“深度”右面的输入框中输入“12.00mm”，再单击【反向】按钮，把拉伸方向改成向下拉伸，单击【确定】按钮，完成箱座凸缘的拉伸，结果如图 8-73 所示。

（4）轴承座的拉伸

选择【插入】/【凸台】/【拉伸】命令，选择箱座外壁表面作为绘图平面，然后单击【视图定向】按钮，单击【正视于】按钮，进入草图绘制；绘制如图 8-74 所示草图，然后退出草图；弹出【凸台-拉伸】属性管理器，在【方向 1】下面“终止条件”选择框中选择“给定深度”，在“深度”右面的输入框中输入“42.00mm”，结果如图 8-75 所示。

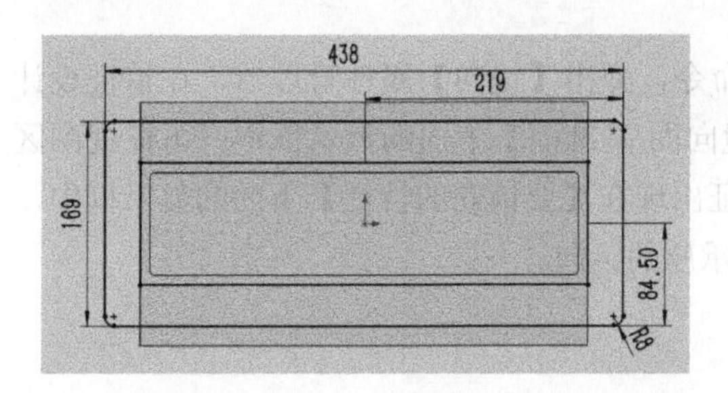

图 8-72　箱座剖分面凸缘拉伸草图

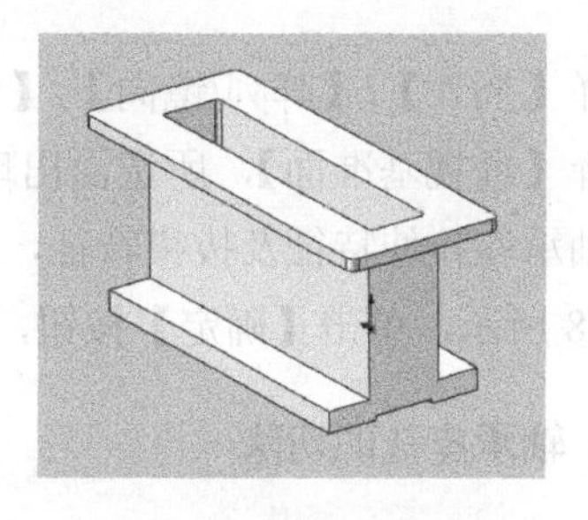

图 8-73　箱座的基体模型

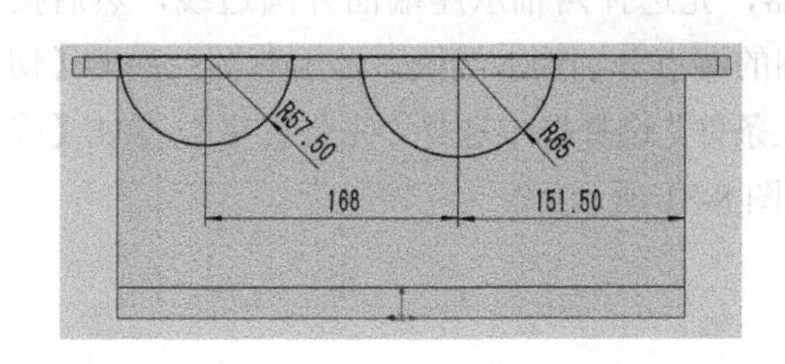

图 8-74　轴承座的拉伸草图

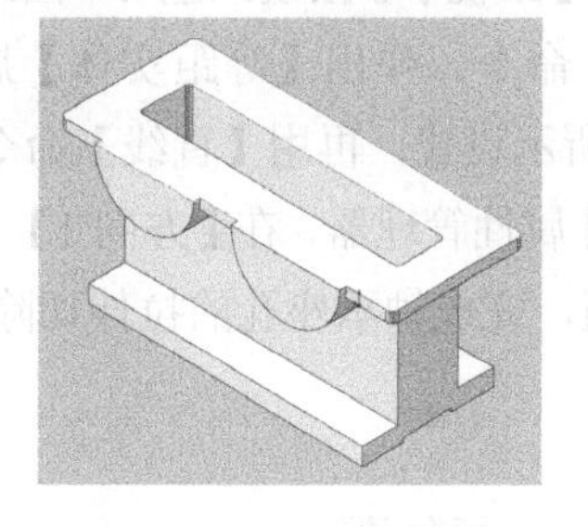

图 8-75　轴承座的拉伸结果

（5）轴承座外圆柱面的拔模

选择【插入】/【特征】/【拔模】命令，弹出【拔模】属性管理器，如图 8-76 所示，单击【手工】按钮，在【拔模类型】中选择“中性面”单选项，在【拔模角度】下面的输入框中输入 5°，然后在视图区域选择轴承座端面为中性面，所选面出现在【中性面】下面的显示框中；再在视图区域选择两轴承座外圆柱面为拔模面（图 8-77），所选面出现在【拔模面】下面的显示框中，单击【确定】按钮，完成两轴承座外圆柱面的拔模。

图 8-76 【拔模】属性管理器

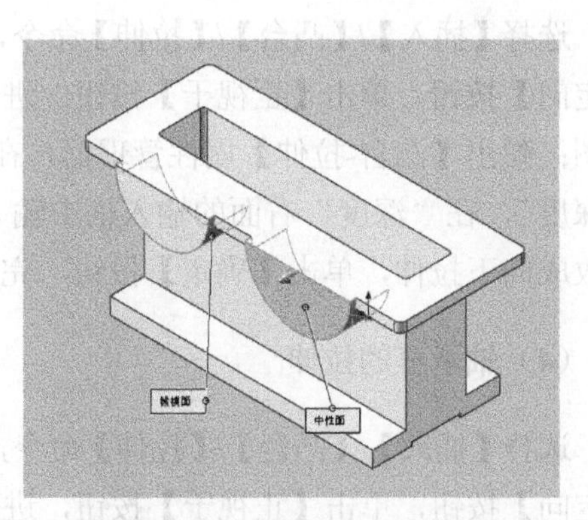

图 8-77 中性面和拔模面的选择

（6）镜向生成另一侧的两个轴承座

选择【插入】/【阵列/镜向】/【镜向】命令，弹出【镜向】属性管理器，在特征设计树中选择【前视基准面】，所选面出现在【镜向面/基准面】下面的显示框中；再在视图区域选择轴承座拉伸特征及拔模特征，所选特征出现在【要镜向的特征】下面的显示框中，如图 8-78 所示，单击【确定】按钮，完成轴承座的镜向。

（7）轴承座孔的切除

选择【插入】/【切除】/【拉伸】命令，单击轴承座外端面，然后单击【视图定向】按钮，单击【正视于】按钮，进入草图绘制，绘制如图 8-79 所示草图。单击草图工具栏的【等距实体】命令，弹出【等距实体】属性管理器，先选择两轴承座端面外圆边线，然后按图 8-80 所示设置，再用【直线】命令给两半圆的端点分别连上线段，退出草图；弹出【切除-拉伸】属性管理器，在【方向 1】下面“终止条件”选择框中选择“完全贯穿”，单击【确定】按钮，完成轴承座孔的拉伸切除，结果如图 8-81 所示。

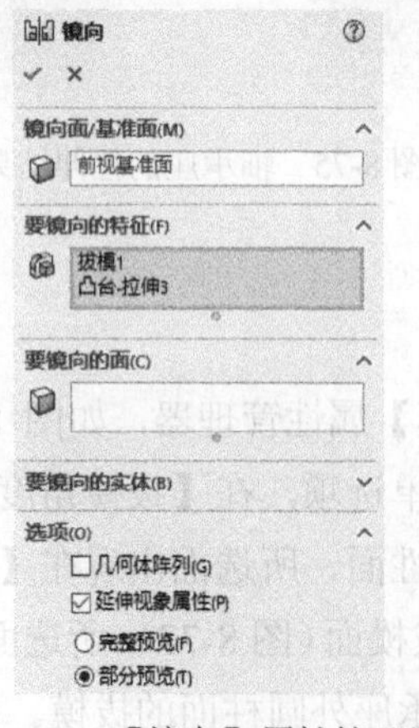

图 8-78 【镜向】属性管理器

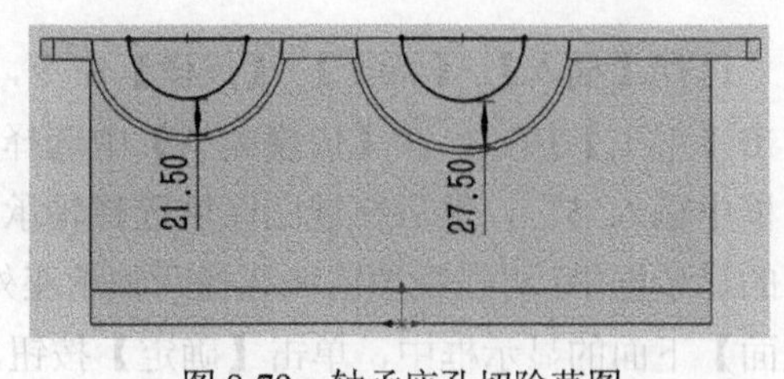

图 8-79 轴承座孔切除草图

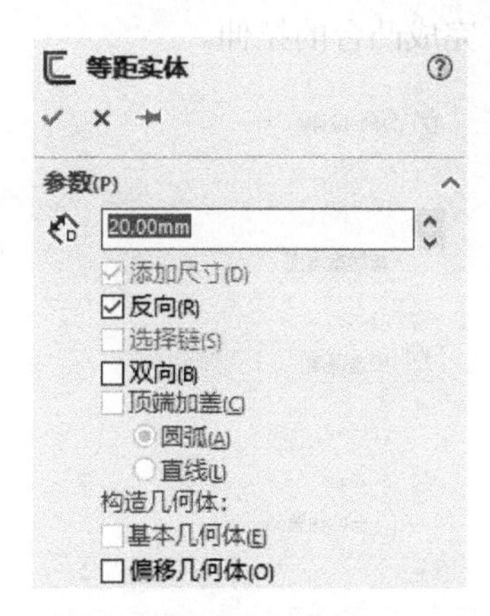

图 8-80　【等距实体】属性管理器

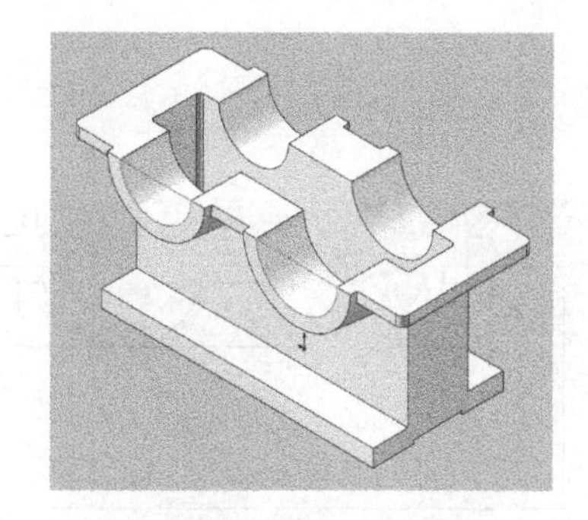

图 8-81　轴承座孔切除结果

（8）创建轴承座旁凸台的基准面

选择【插入】/【参考几何体】/【基准面】命令，弹出【基准面】属性管理器，在特征设计树中选择【前视基准面】，所选面出现在【第一参考】下面的显示框中，在“偏移距离”右面的输入框中输入“82.50mm”，如图 8-82 所示，单击【确定】按钮，完成基准面的创建，结果如图 8-83 所示。

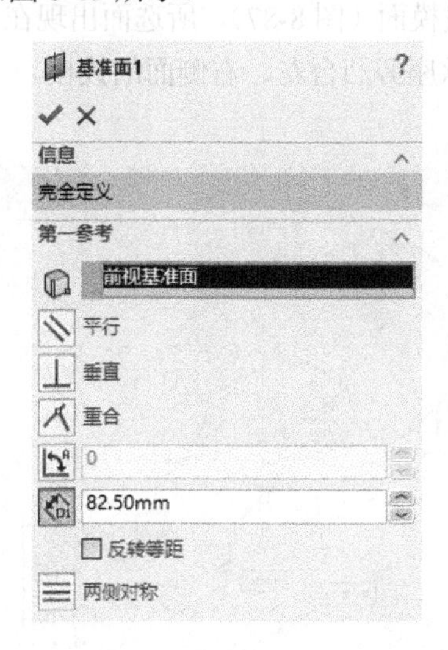

图 8-82　【基准面】属性管理器

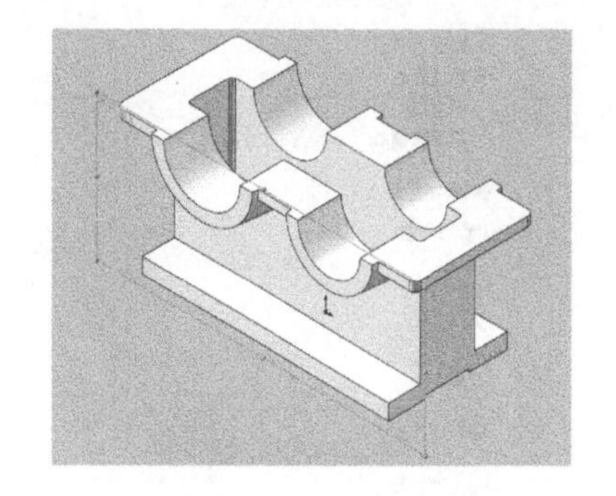

图 8-83　基准面生成结果

（9）轴承座旁凸台的拉伸

选择【插入】/【凸台】/【拉伸】命令，单击创建基准面作为绘图平面，然后单击【视图定向】按钮，单击【正视于】按钮，进入草图绘制；绘制如图 8-84 所示草图，然后退出草图；弹出【凸台-拉伸】属性管理器，在【方向 1】下面“终止条件”选择框中选择“给定深度”，在“深度”右边输入框中输入“34.00mm”，再单击【反向】按钮，把拉伸方向改成向里拉伸，如图 8-85 所示，单击【确定】按钮，完成凸台的拉伸。

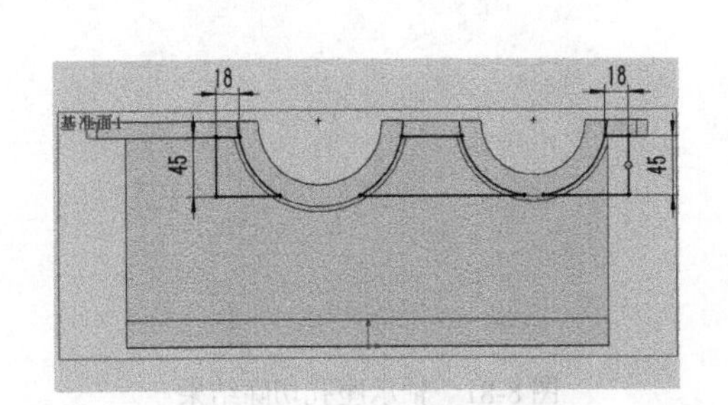

图 8-84　轴承座旁凸台的草图

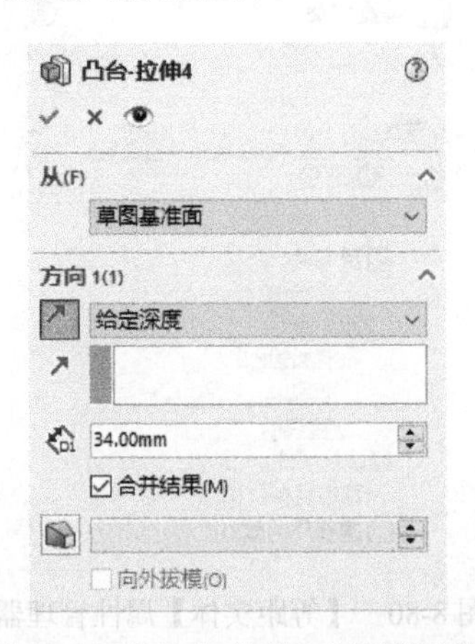

图 8-85　【凸台-拉伸】属性管理器

（10）轴承座旁凸台侧面的拔模

选择【插入】/【特征】/【拔模】命令，弹出【拔模】属性管理器，在【拔模类型】中选择“中性面”单选项，在【拔模角度】下面的输入框中输入 3°，如图 8-86 所示；然后在视图区域选择轴承座旁凸台下表面为中性面，所选面出现在【中性面】下面的显示框中；再在视图区域选择两轴承座旁凸台左、右两侧面为拔模面（图 8-87），所选面出现在【拔模面】下面的显示框中，单击【确定】按钮，完成轴承座旁凸台左、右侧面的拔模。

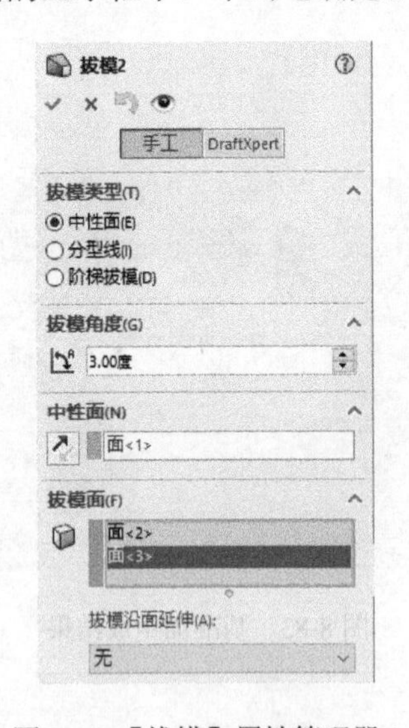

图 8-86 【拔模】属性管理器 1

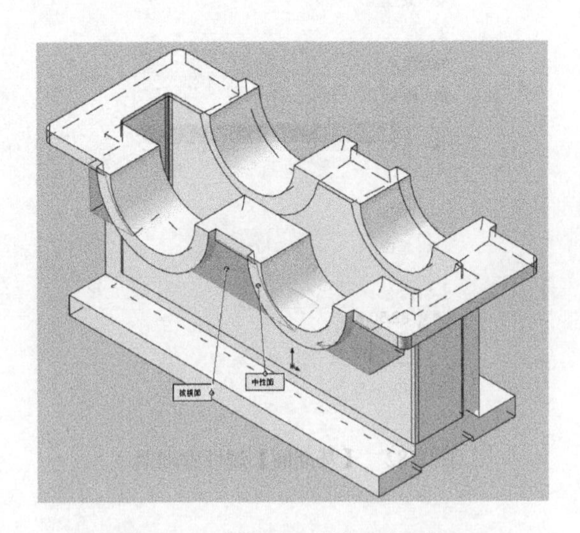

图 8-87　中性面和拔模面的选择 1

（11）轴承座旁凸台正面的拔模

采用同样的方法对轴承座旁凸台正面进行拔模，拔模各项设置见图 8-88，中性面与拔模面的选择如图 8-89 所示。

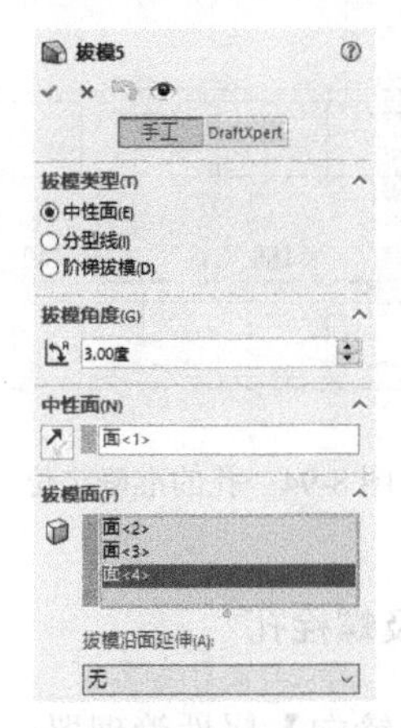

图 8-88 【拔模】属性管理器 2

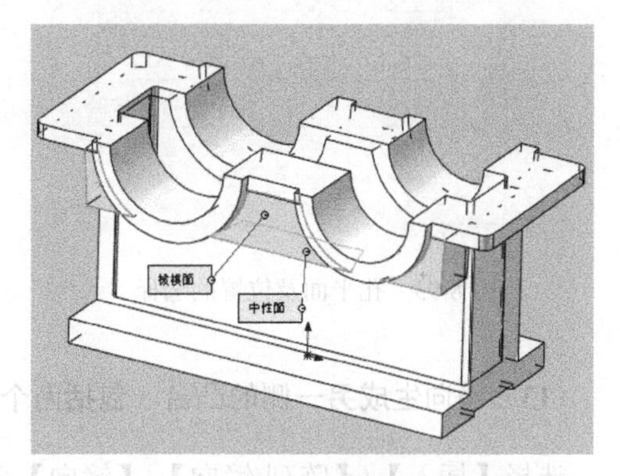

图 8-89　中性面和拔模面的选择 2

（12）凸台上螺栓孔的创建

选择【插入】/【特征】/【孔】/【向导】命令，弹出【孔规格】属性管理器，在【孔类型】中单击【柱形沉头孔】按钮，在“标准”选择框中选择“GB”；【孔规格】中“大小”选择“M12”，“配合”选择“正常”；【终止条件】选择“成形到下一面”，如图 8-90 所示。然后单击【位置】标签，弹出提示选择孔插入面的【孔位置】属性管理器（图 8-91），先在视图区域选择孔插入的平面（凸台的下表面），此时弹出提示选择孔插入位置的【孔位置】属性管理器（图 8-92），再在视图区域选择孔插入位置，可连续单击选择几个孔的位置（图 8-93），最后按“Esc”键结束孔的插入。

再单击【视图定向】按钮，单击【正视于】按钮，进入草图绘制，修改孔的定位尺寸如图 8-94 所示，再单击【确定】按钮。

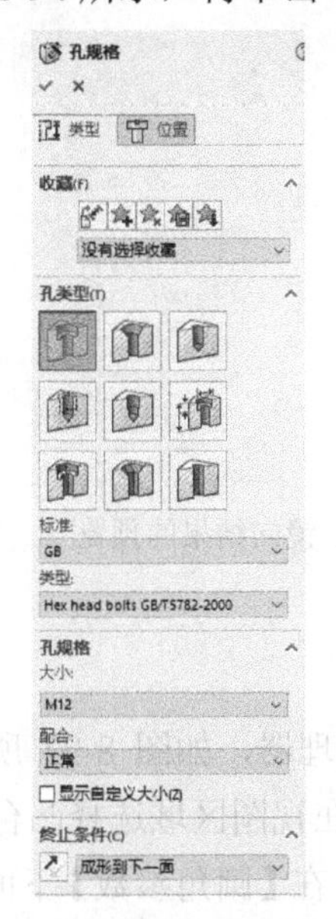

图 8-90 【孔规格】属性管理器

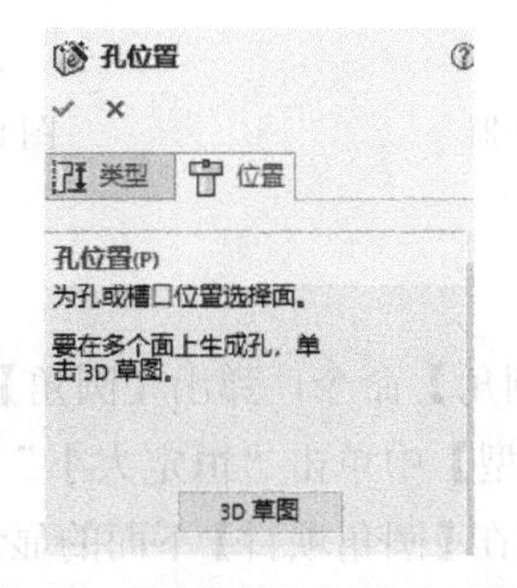

图 8-91 【孔位置】属性管理器 1

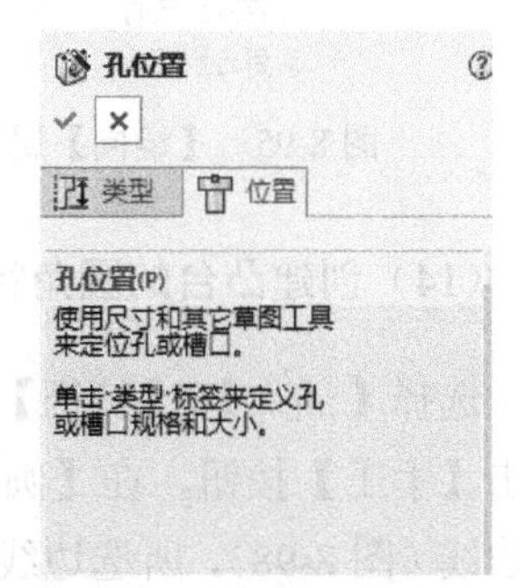

图 8-92 【孔位置】属性管理器 2

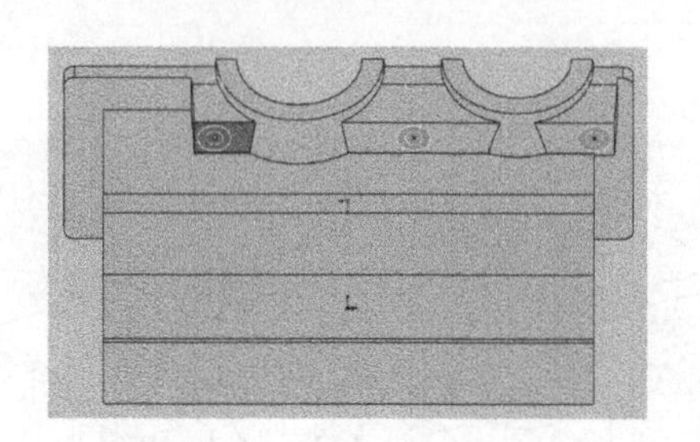

图 8-93　孔平面及位置的选择

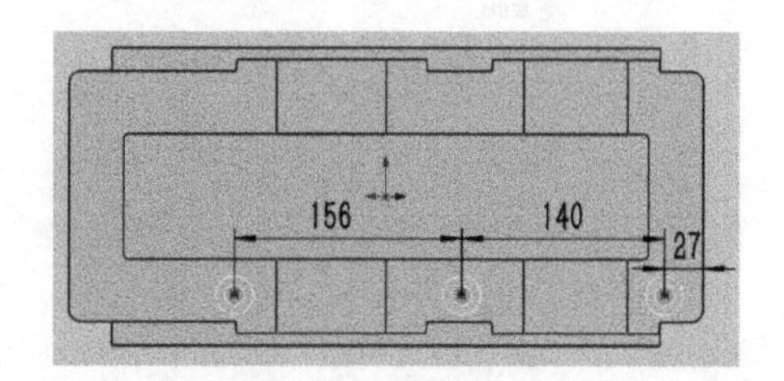

图 8-94　孔的准确定位

（13）镜向生成另一侧的凸台（包括两个拔模特征）及螺栓孔

选择【插入】/【阵列/镜向】/【镜向】命令，弹出【镜向】属性管理器，在特征设计树中选择【前视基准面】，所选面出现在【镜向面/基准面】下面的显示框中；再在视图区域选择轴承座旁凸台的拉伸特征、拔模特征及凸台上的柱形沉头孔，所选特征出现在【要镜向的特征】下面的显示框中，如图 8-95 所示；镜向结果的预览如图 8-96 所示，单击【确定】按钮，完成轴承座旁凸台的镜向。

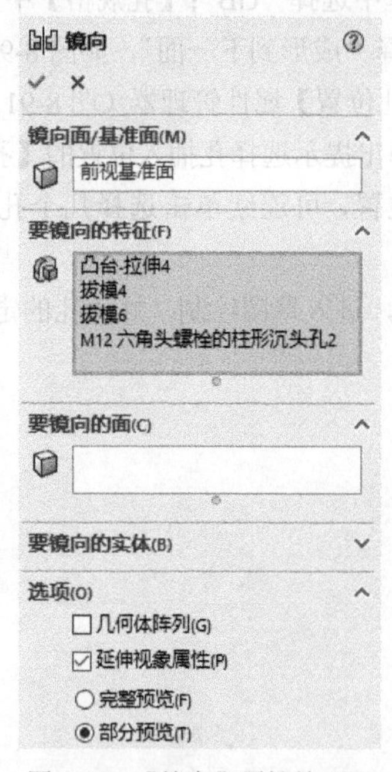

图 8-95　【镜向】属性管理器

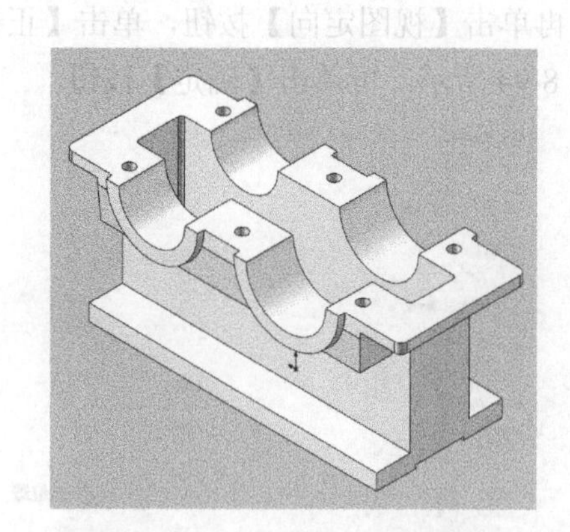

图 8-96　凸台镜向结果的预览

（14）创建凸台的圆角特征

选择【插入】/【特征】/【圆角】命令，弹出【圆角】属性管理器，如图 8-97 所示，单击【手工】按钮，在【圆角类型】中单击“恒定大小”按钮，在视图区域选择凸台的 6 条边线（图 8-98），所选边线出现在【圆角项目】下面的显示框中，在【圆角参数】下面“半径”输入框中输入“12.00mm”，单击【确定】按钮。

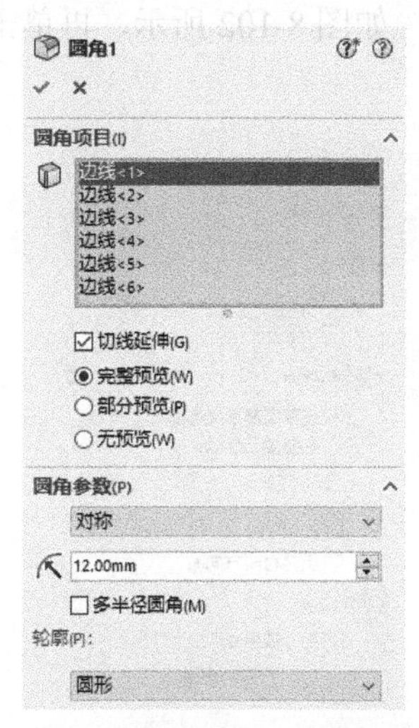

图 8-97　【圆角】属性管理器

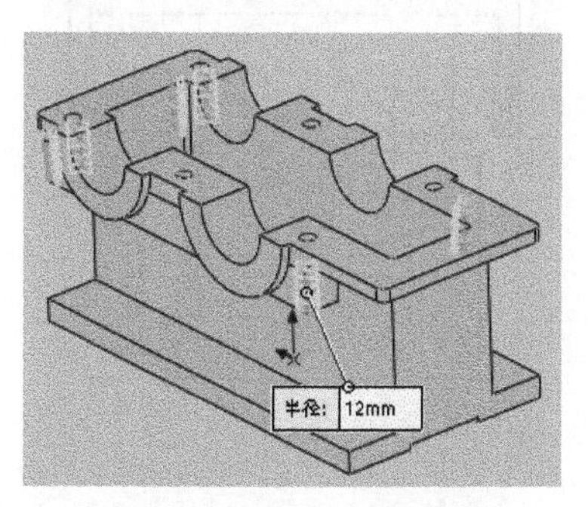

图 8-98　凸台圆角的边线选择

（15）创建轴承座旁筋板的基准面

选择【插入】/【参考几何体】/【基准面】命令，弹出【基准面】属性管理器，如图 8-99 所示，在视图区域选择箱座右侧外壁（图 8-100），所选面出现在【第一参考】下面的显示框中；在“偏移距离”右面的输入框中输入“58.50mm”，勾选“反转等距”复选框，再单击【确定】按钮，完成基准面的创建。

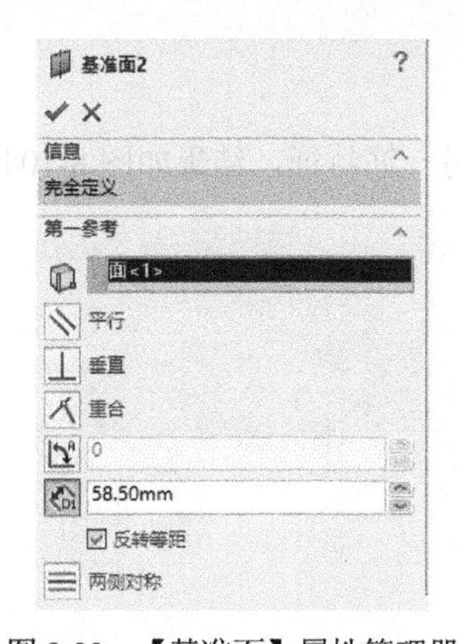

图 8-99　【基准面】属性管理器

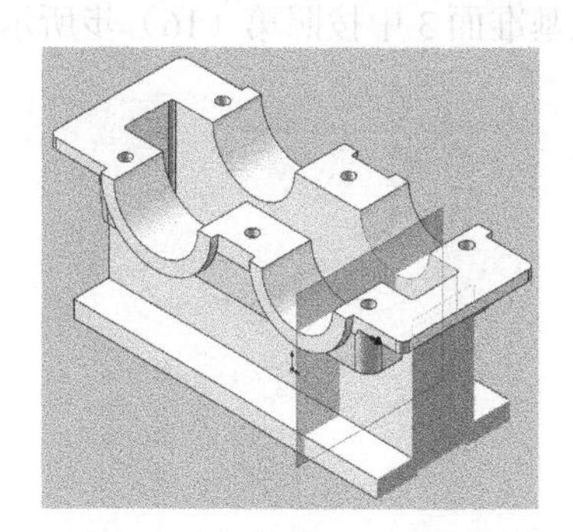

图 8-100　箱座右侧外壁面

（16）生成轴承座的加强筋

选择【插入】/【特征】/【筋】命令，弹出【筋】属性管理器，在视图区域单击创建的基准面 2，再单击【视图定向】按钮，单击【正视于】按钮，进入草图绘制，绘制如图 8-101 所示的草图，然后退出草图；弹出【筋】属性管理器，在【参数】下面【厚度】选项组中单击【两侧对称】按钮，在“筋厚度”右面输入框中输入“8.00mm”，在【拉伸方向】下单击【平行于草图】按钮，勾选“反转材料方向”复选框，单击打开“拔模开关”，在其右面输入框中输入 3°，勾选“向外拔模”复选框，如图 8-102 所示，再单击【确定】按钮，完成筋特征创建。

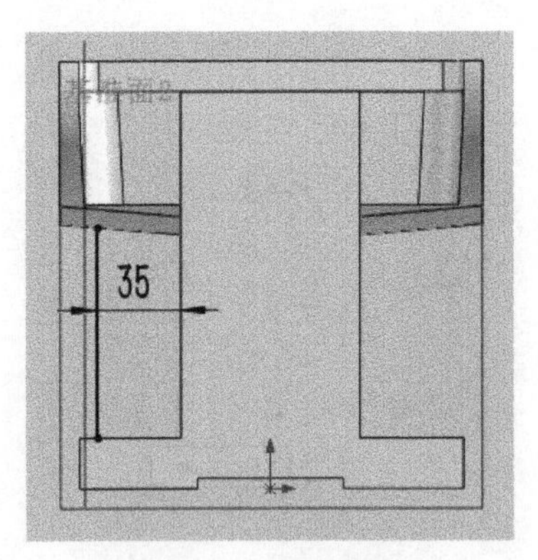

图 8-101 筋的草图

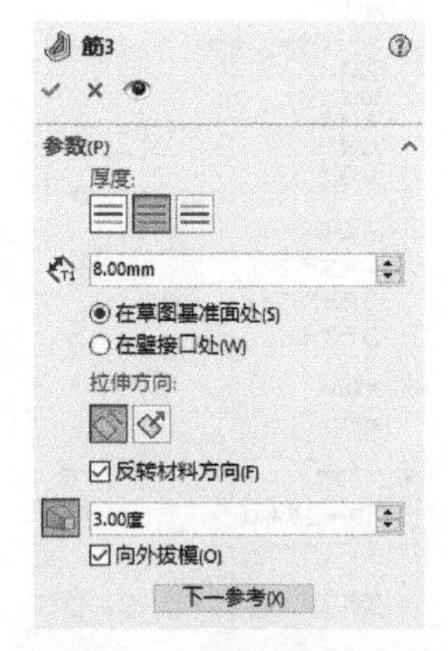

图 8-102 【筋】属性管理器

（17）创建另一轴承座旁筋板的基准面

选择【插入】/【参考几何体】/【基准面】命令，弹出【基准面】属性管理器，在视图区域选择基准面 2，所选面出现在【第一参考】下面的显示框中；在“偏移距离”右边的输入框中输入“168.00mm”，勾选“反转等距”复选框，再单击【确定】按钮，完成基准面 3 的创建，如图 8-103 所示。

（18）生成另一轴承座的加强筋

在基准面 3 中按照第（16）步所示的方法，创建另一筋特征，结果如图 8-104 所示。

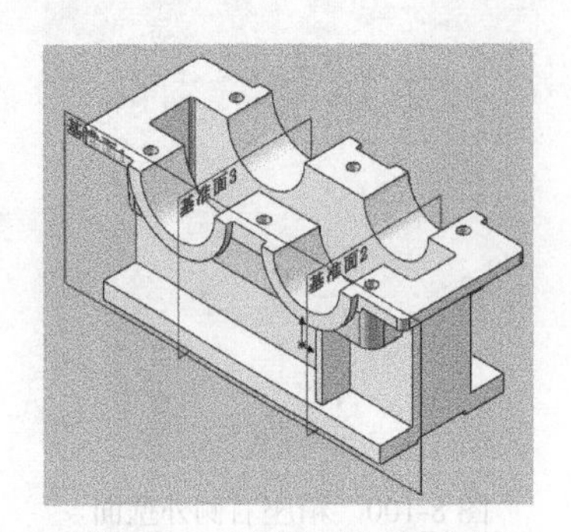

图 8-103 基准面 3 的创建

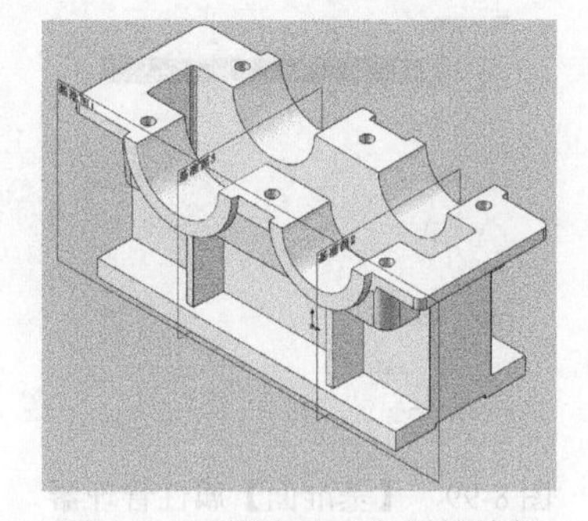

图 8-104 基准面 3 上筋的特征

（19）镜向生成另一侧的两轴承座加强筋

选择【插入】/【阵列/镜向】/【镜向】命令，弹出【镜向】属性管理器，在特征设计树中选择【前视基准面】，所选面出现在【镜向面/基准面】下面的显示框中；再在视图区域选择两个筋特征，所选特征出现在【要镜向的特征】下面的显示框中，单击【确定】按钮，完成轴承座加强筋的镜向。

（20）绘制轴承座的螺钉孔的位置草图

选择轴承座端面作为绘图平面，单击【视图定向】按钮，单击【正视于】按钮，进入草图绘制，绘制如图 8-105 所示草图，然后单击【确定】按钮退出草图。

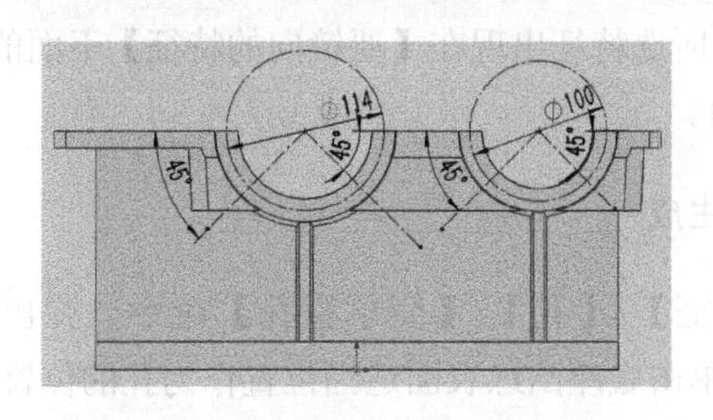

图 8-105　轴承座的螺钉孔位置草图

（21）生成轴承座的螺钉孔

选择【插入】/【特征】/【孔】/【向导】命令，弹出【孔规格】属性管理器，在【孔类型】中单击【直螺纹孔】按钮，在“标准”选择框中选择“GB”，在“类型”选择框中选择“底部螺纹孔”，【孔规格】中“大小”选择“M8”，【终止条件】选择“给定深度”，在【选项】中单击【装饰螺纹线】按钮，如图 8-106 所示；然后单击【位置】标签，先在视图区域选择轴承座端面作为孔所在的面，再单击上一步骤草图中点画线圆与中心线的四个交点作为孔所在的位置，如图 8-107 所示，再单击【确定】按钮。

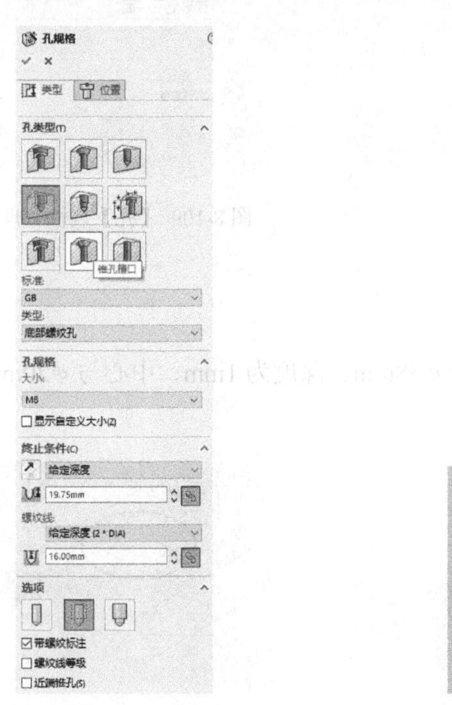

图 8-106 【孔规格】属性管理器

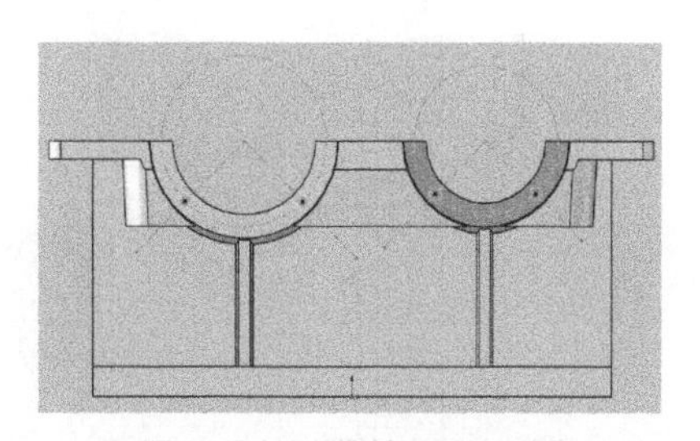
图 8-107　轴承座的螺钉孔位置

（22）镜向生成另一侧轴承座的螺钉孔

选择【插入】/【阵列/镜向】/【镜向】命令，弹出【镜向】属性管理器，在特征设计树中选择【前视基准面】，所选面出现在【镜向面/基准面】下面的显示框中；再在视图区域选择 M8 螺钉孔特征，所选特征出现在【要镜向的特征】下面的显示框中，单击【确定】按钮，完成螺钉孔的镜向。

（23）地脚螺栓孔的生成

选择【插入】/【特征】/【孔】/【简单直孔】命令，弹出【孔】信息属性管理器（图 8-108），在视图区域单击底座凸缘表面适当位置作为孔的位置，弹出【孔】属性管理器，在【方向 1】下面“终止条件”选择框中选择“成形到下一面”，在“孔直径”输入框中输入“20.00mm”，如图 8-109 所示，再单击【确定】按钮，生成一个简单直孔。在屏幕左侧特征设计树中使用鼠标右键单击“孔”特征，在弹出的快捷菜单中单击【编辑草图】按钮，再单击【视图定向】按钮，单击【正视于】按钮，进入草图绘制，修改孔的定位尺寸，如图 8-110 所示，再单击【确定】按钮。

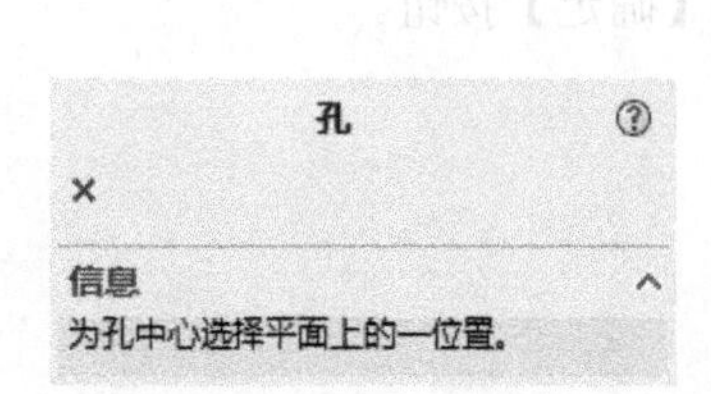

图 8-108 【孔】信息属性管理器

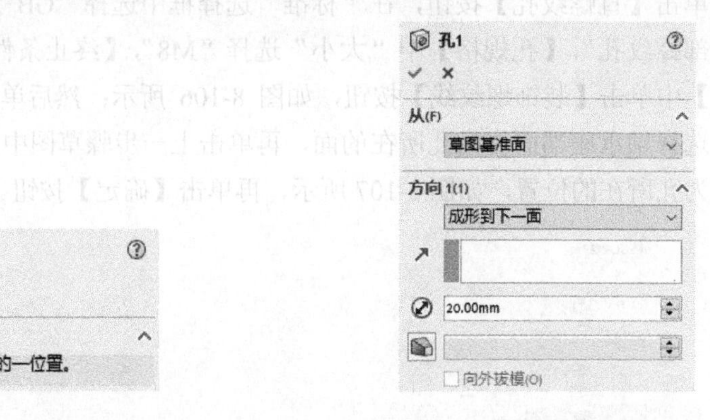

图 8-109 【孔】属性管理器

（24）地脚螺栓孔表面的沉孔

按与上一步骤相同的方法生成一个 ϕ38mm、深度为 1mm、中心与 ϕ20mm 重合的孔，如图 8-111 所示。

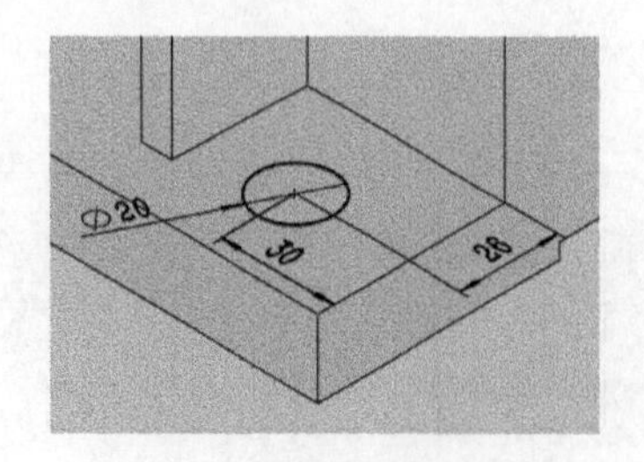

图 8-110 地脚螺栓孔位置

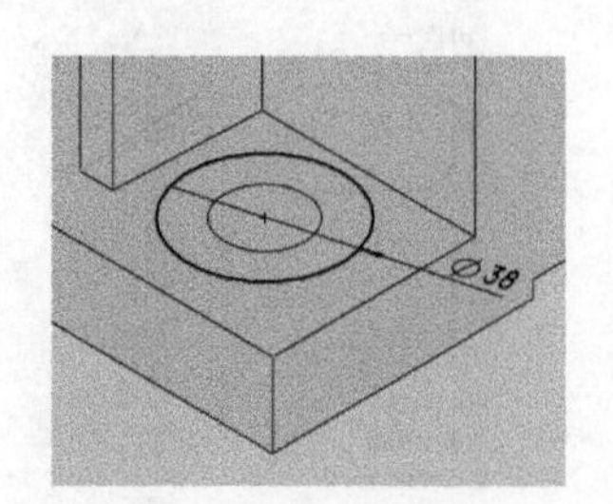

图 8-111 沉孔的位置

（25）线性阵列生成其他的地脚螺栓孔

选择【插入】/【阵列/镜向】/【线性阵列】命令，弹出【阵列（线性）】属性管理器，如图8-112所示，先在视图区域选择底座凸缘的一条边线，所选边线出现在【方向1】下面的显示框中，在“间距”右面输入框中输入“318.00mm”，在“间距数”右面的输入框中输入“2”；再在视图区域选择底座另一方向的边线（图8-113），所选边线出现在【方向2】下面的显示框中，在“间距”右面的输入框中输入“149.00mm”，在“间距数”右面的输入框中输入“2”，单击【确定】按钮，完成地脚螺栓的阵列。

（26）底座剖分面上油沟的切除

选择【插入】/【切除】/【拉伸】命令，选择箱座剖分面凸缘的上表面，然后单击【视图定向】按钮，单击【正视于】按钮，进入草图绘制，绘制如图8-114所示草图；然后退出草图，弹出【切除-拉伸】属性管理器，在【方向1】下面“终止条件”选择框中选择“给定深度”，在“深度”右面的输入框中输入“4.00mm”，单击【确定】按钮，完成油沟的切除。

图8-112 【阵列（线性）】属性管理器

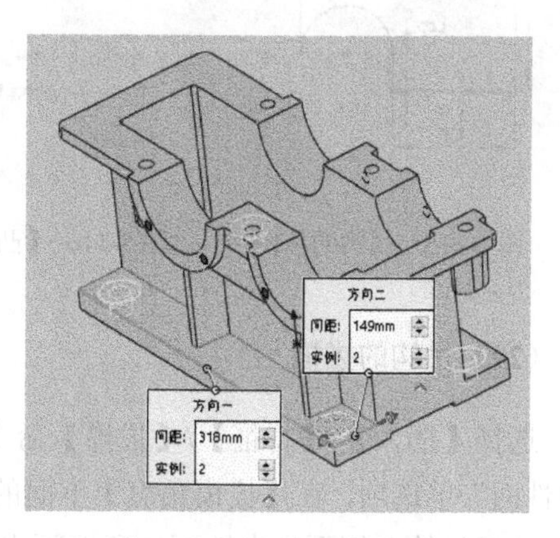

图8-113 阵列的方向选择

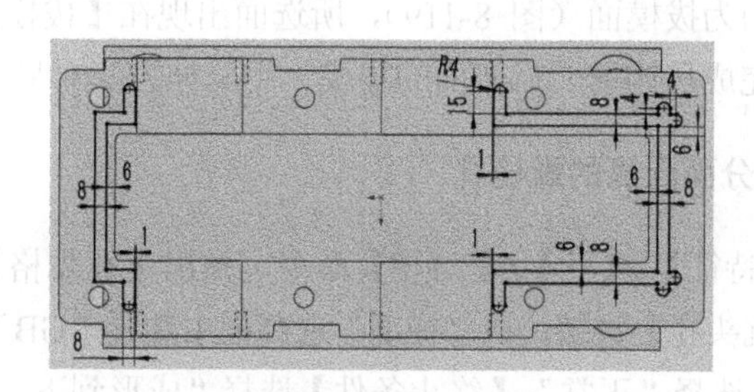

图8-114 油沟的草图

（27）拉伸生成一侧吊钩

选择【插入】/【凸台】/【拉伸】命令，在特征设计树中选择【前视基准面】作为绘图平面，然后单击【视图定向】按钮，单击【正视于】按钮，进入草图绘制；绘制如图8-115所示草图，然后退出草图；弹出【凸台-拉伸】属性管理器，在【方向1】下面“终止条件”选择框中选择“两侧对称”，在“深度”右面的输入框中输入“16.00mm”，如图8-116所示，单击【确定】按钮，完成一侧吊钩的创建。

（28）镜向生成另一侧吊钩

选择【插入】/【阵列/镜向】/【镜向】命令，弹出【镜向】属性管理器，在特征设计树中选择【右视基准面】，所选面出现在【镜向面/基准面】下面的显示框中；再在视图区域选择吊钩特征，所选特征出现在【要镜向的特征】下面的显示框中，如图8-117所示，单击【确定】按钮，完成另一侧吊钩的镜向。

图8-115 吊钩的草图　　图8-116 【凸台-拉伸】属性管理器　　图8-117 【镜向】属性管理器

（29）吊钩的拔模

选择【插入】/【特征】/【拔模】命令，弹出【拔模】属性管理器，【拔模类型】选择“中性面”单选项，在【拔模角度】下面的输入框中输入3°，如图8-118所示；然后在视图区域选择吊钩左侧面为中性面，所选面出现在【中性面】下面的显示框中，再在视图区域选择吊钩前、后两侧面为拔模面（图8-119），所选面出现在【拔模面】下面的显示框中，单击【确定】按钮，完成吊钩前、后侧面的拔模。用同样方法对另一侧吊钩进行拔模。

（30）生成箱座剖分面凸缘的螺栓孔

选择【插入】/【特征】/【孔】/【向导】命令，弹出【孔规格】属性管理器，在【孔类型】中单击【柱形沉头孔】按钮，在“标准”选择框中选择“GB”，【孔规格】中“大小”选择“M10”，“配合”选择“正常”；【终止条件】选择“成形到下一面”，如图8-120所示；然后单击【位置】标签，先在视图区域选择箱座剖分面凸缘的下表面作为孔所在的面，再

选择适当位置单击作为孔的位置，可连续单击确定几个孔的位置，然后按“Esc”键结束孔插入；再单击【视图定向】按钮，单击“正视于”按钮，进入草图绘制，修改孔的定位尺寸，如图 8-121 所示，最后再单击【确定】按钮。

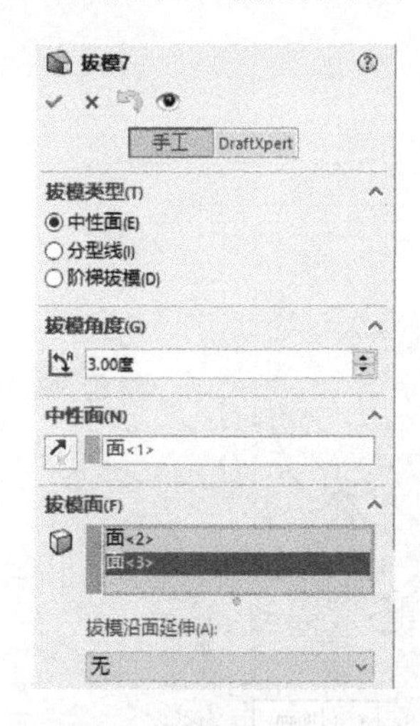

图 8-118 【拔模】属性管理器

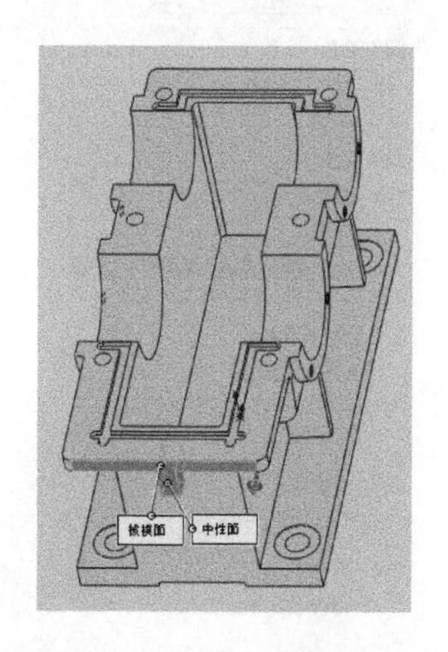

图 8-119　中性面与拔模面的选择

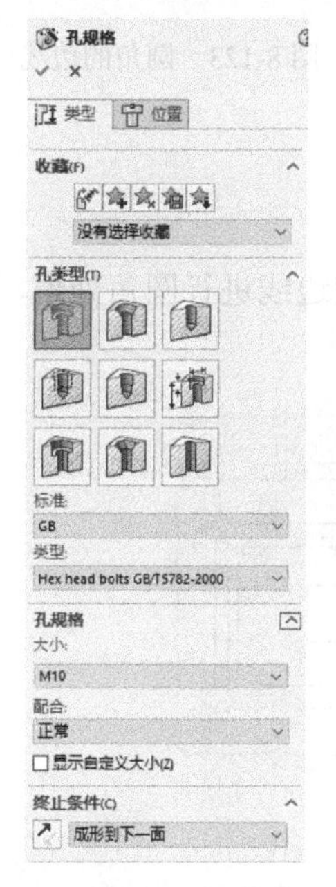

图 8-120 【孔规格】属性管理器

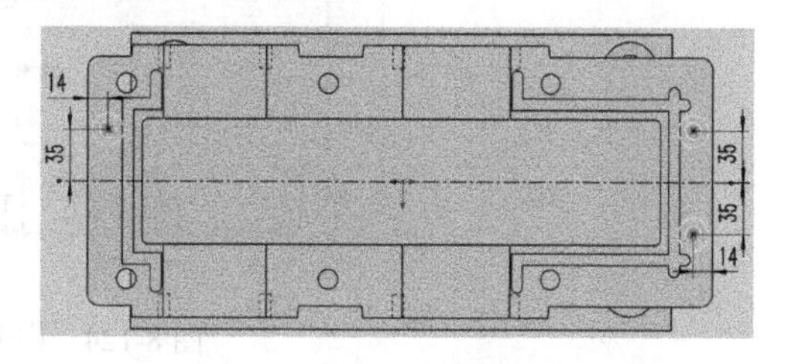

图 8-121　孔位置的草图

（31）生成底座凸缘的圆角特征

选择【插入】/【特征】/【圆角】命令，弹出【圆角】属性管理器，如图 8-122 所示，在【圆角类型】中单击“恒定大小”按钮，在视图区域选择底座凸缘的 4 条边线（图 8-123），所选边线出现在【圆角项目】下面的显示框中，在【圆角参数】下面“半径”输入框中输入“18.00mm”，单击【确定】按钮。

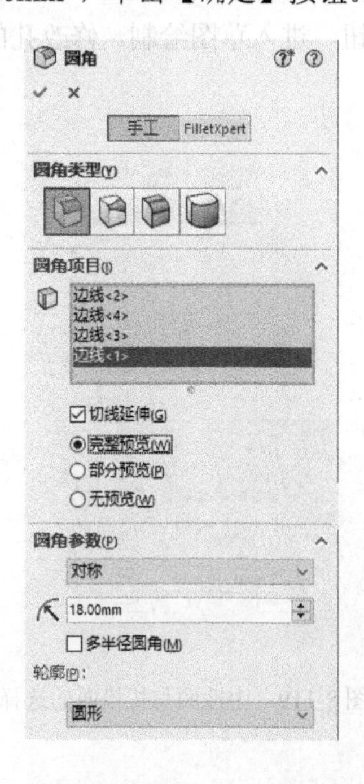

图 8-122 【圆角】属性管理器

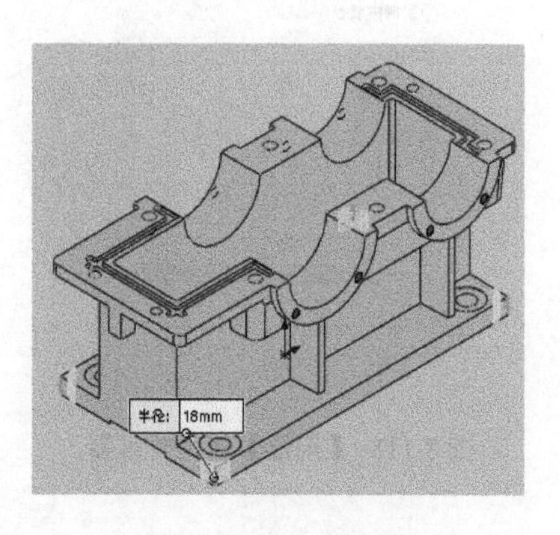

图 8-123 圆角的边线

（32）生成底座内壁的圆角特征

选择【插入】/【特征】/【圆角】命令，对箱座内壁边线进行圆角处理，圆角半径为 2mm，如图 8-124 所示。

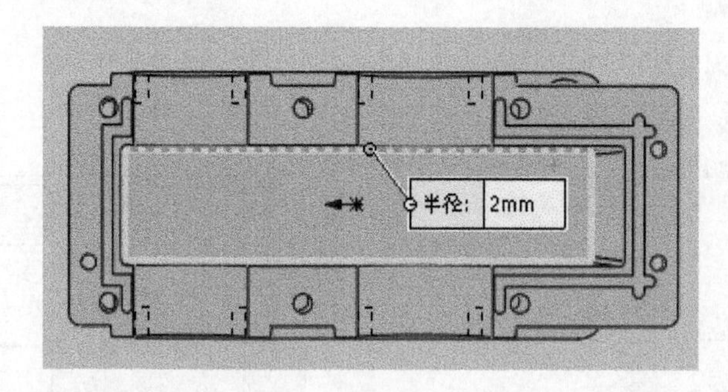

图 8-124 内壁圆角的边线

（33）拉伸生成安装油塞的凸台

选择【插入】/【凸台】/【拉伸】命令，选择箱座左侧外壁表面作为绘图平面，然后单击【视图定向】按钮，单击【正视于】按钮，进入草图绘制；绘制如图 8-125 所示草图，然后退出草图；弹出【凸台-拉伸】属性管理器，在【方向 1】下面“终止条件”选择框中选择“给定深度”，在“深度”右面输入框中输入“4.00mm”，如图 8-126 所示，单击【确定】按钮。

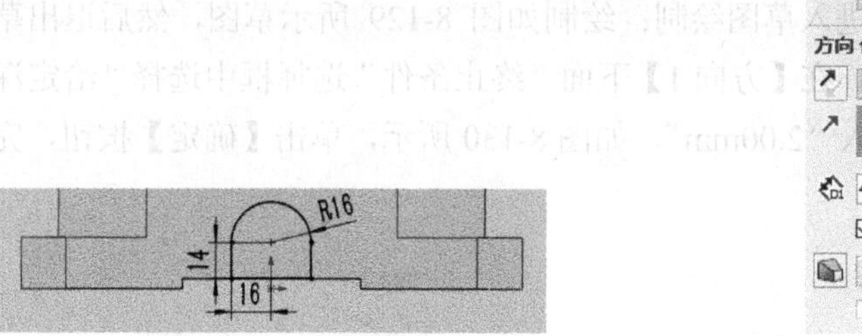

图 8-125　油塞凸台的草图

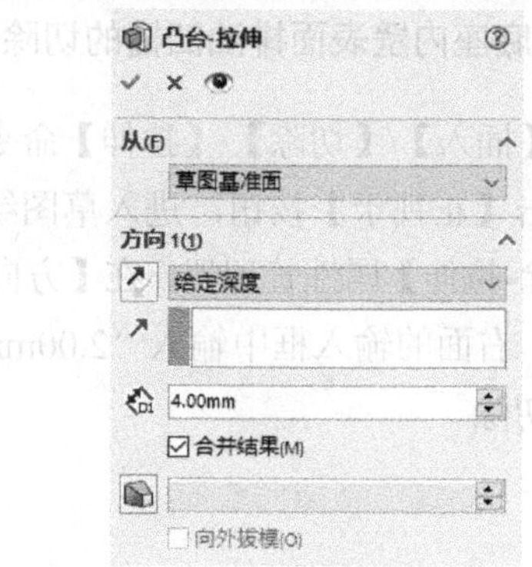

图 8-126　【凸台-拉伸】属性管理器

（34）创建箱座上油塞螺纹孔

选择【插入】/【特征】/【孔】/【向导】命令，弹出【孔规格】属性管理器，在【孔类型】中单击【直螺纹孔】按钮，在“标准”选择框中选择“GB”，在“类型”选择框中选择“螺纹孔”，【孔规格】中“大小”选择“M16×1.5”，【终止条件】选择“给定深度”，在“深度”右面的输入框中输入“27.50mm”，“螺纹线”选择“给定深度”为“20.00mm”，在【选项】中单击【装饰螺纹线】按钮，如图 8-127 所示；然后单击【位置】标签，先在视图区域选择凸台表面作为孔所在的面，再单击凸台的圆弧中心作为孔所在的位置，如图 8-128 所示，再单击【确定】按钮。

图 8-127　【孔规格】属性管理器

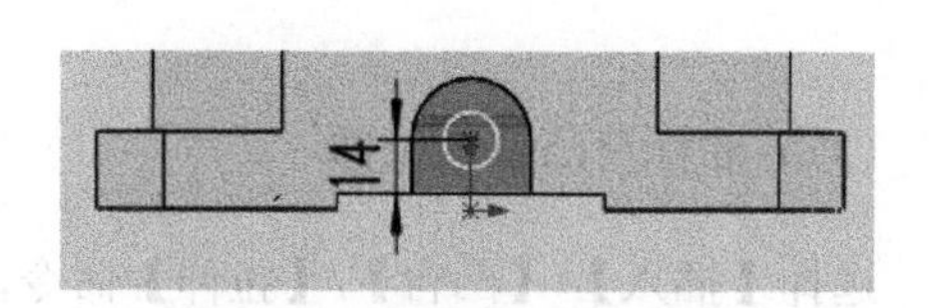

图 8-128　孔位置草图

（35）底座内壁表面排油凹槽的切除

选择【插入】/【切除】/【拉伸】命令，选择箱座内壁的上表面，然后单击【视图定向】按钮，单击【正视于】按钮，进入草图绘制；绘制如图 8-129 所示草图，然后退出草图，弹出【切除-拉伸】属性管理器，在【方向 1】下面“终止条件”选择框中选择“给定深度”，在“深度”右面的输入框中输入“2.00mm”，如图 8-130 所示，单击【确定】按钮，完成排油凹槽的切除。

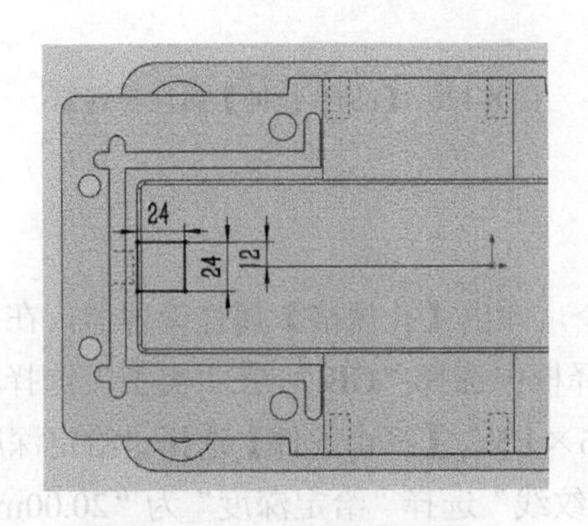

图 8-129 排油凹槽的草图

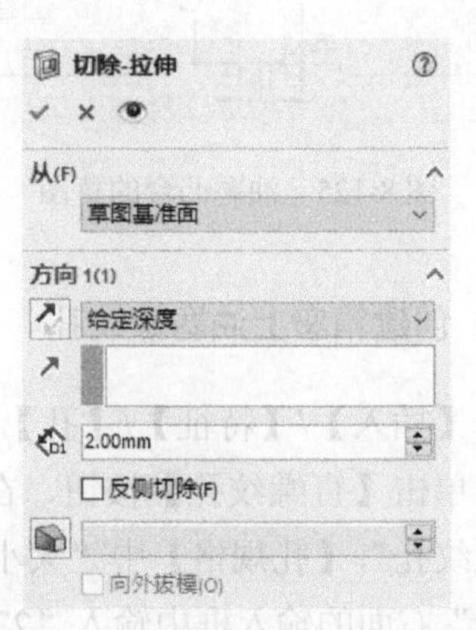

图 8-130 【切除-拉伸】属性管理器

（36）生成排油凹槽的圆角特征

选择【插入】/【特征】/【圆角】命令，弹出【圆角】属性管理器，在【圆角类型】中单击“恒定大小”按钮，在视图区域选择排油凹槽的一条边线（图 8-131），所选边线出现在【圆角项目】下面的显示框中，在【圆角参数】下面“半径”输入框中输入“2.00mm”，单击【确定】按钮。

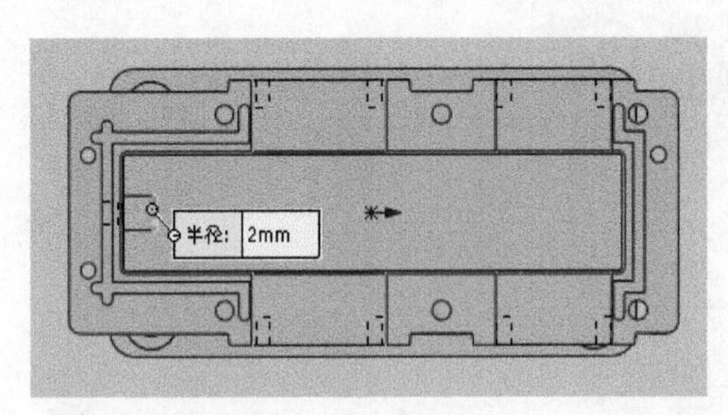

图 8-131 圆角的边线

（37）油标尺凸台的拉伸

选择【插入】/【凸台】/【拉伸】命令，在特征设计树中选择【前视基准面】作为绘图平面，然后单击【视图定向】按钮，单击【正视于】按钮，进入草图绘制；绘制如图 8-132

所示草图，然后退出草图；弹出【凸台-拉伸】属性管理器，在【方向 1】下面“终止条件”选择框中选择“两侧对称”，在“深度”右面的输入框中输入“32.00mm”，如图 8-133 所示，单击【确定】按钮。

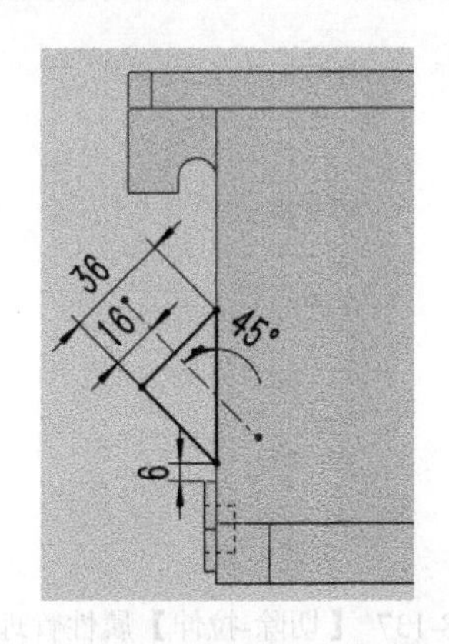

图 8-132　油标尺凸台的草图

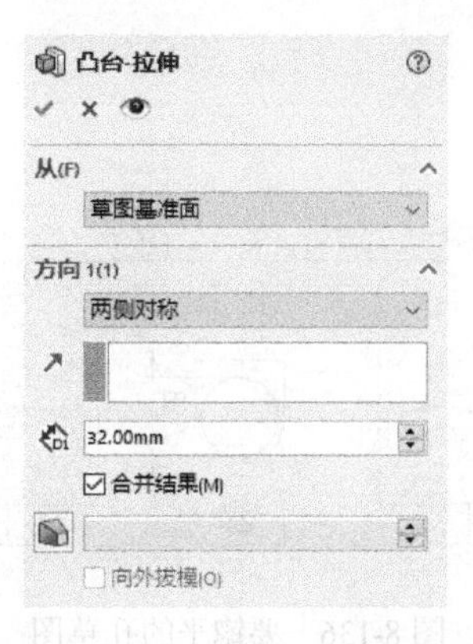

图 8-133　【凸台-拉伸】属性管理器

（38）生成油标尺凸台的圆角特征

选择【插入】/【特征】/【圆角】命令，弹出【圆角】属性管理器，在视图区域选择油标尺凸台的 2 条边线（图 8-134），所选边线出现在【圆角项目】下面的显示框中，在【圆角参数】下面“半径”输入框中输入“16.00mm”，如图 8-135 所示，单击【确定】按钮。

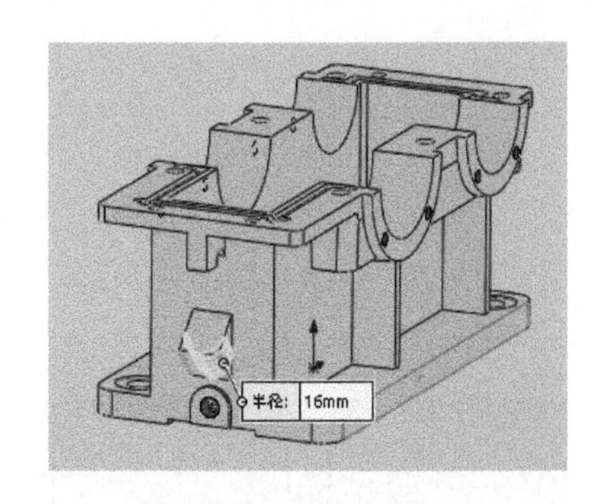

图 8-134　圆角的边线

图 8-135　【圆角】属性管理器

（39）油标尺凸台表面的锪平

选择【插入】/【切除】/【拉伸】命令，选择凸台的上表面，然后单击【视图定向】按钮，单击【正视于】按钮，进入草图绘制；绘制如图 8-136 所示草图，然后退出草图，弹出【切除-拉伸】属性管理器，在【方向 1】下面“终止条件”选择框中选择“给定深度”，在“深度”右面的输入框中输入“0.50mm”，如图 8-137 所示，单击【确定】按钮，完成凸台表面的锪平。

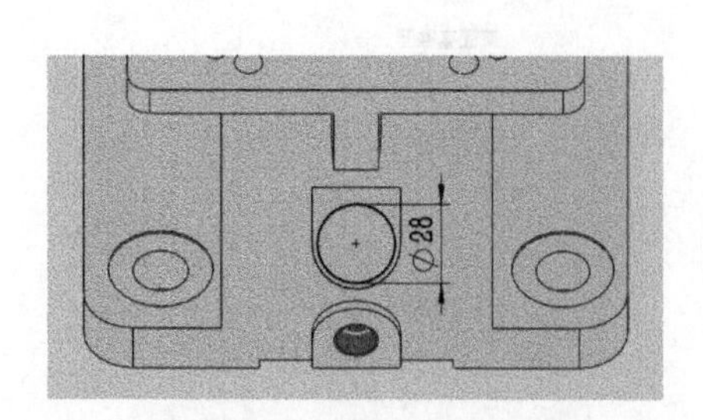

图 8-136 要锪平的孔草图

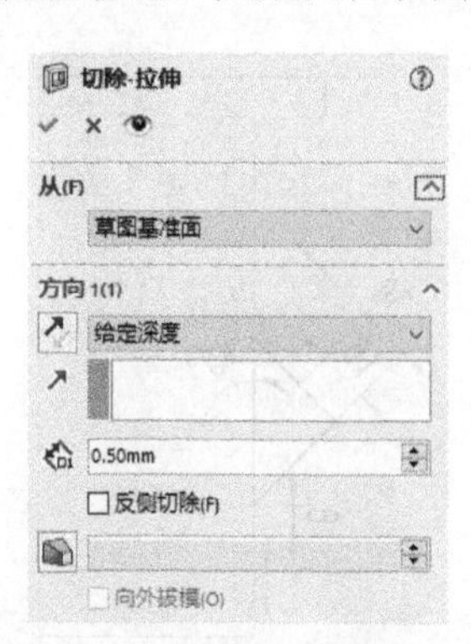

图 8-137 【切除-拉伸】属性管理器

（40）油标尺凸台上螺纹孔的创建

选择【插入】/【特征】/【孔】/【向导】命令，弹出【孔规格】属性管理器，在【孔类型】中单击【直螺纹孔】按钮，在“标准”选择框中选择“GB”，在“类型”选择框中选择“螺纹孔”，【孔规格】中“大小”选择“M16”，【终止条件】选择“给定深度”，如图 8-138 所示；然后单击【位置】标签，先在视图区域选择锪平的表面作为孔所在的面，再选择ϕ28mm 孔的中心作为螺纹孔所在的位置，如图 8-139 所示，再按“Esc”键结束孔的插入，最后再单击【确定】按钮。

图 8-138 【孔规格】属性管理器

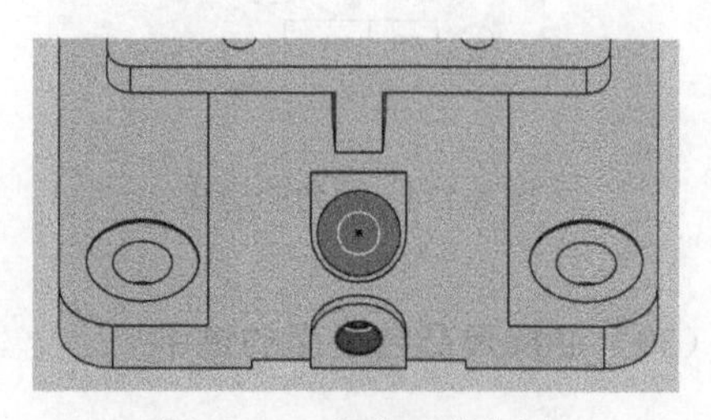

图 8-139 螺纹孔的位置

（41）生成吊钩上的圆角特征

选择【插入】/【特征】/【圆角】命令，对两侧吊钩的边线做圆角处理，圆角半径为 2mm，如图 8-140 所示。

最后创建的箱座实体模型如图 8-141 所示。

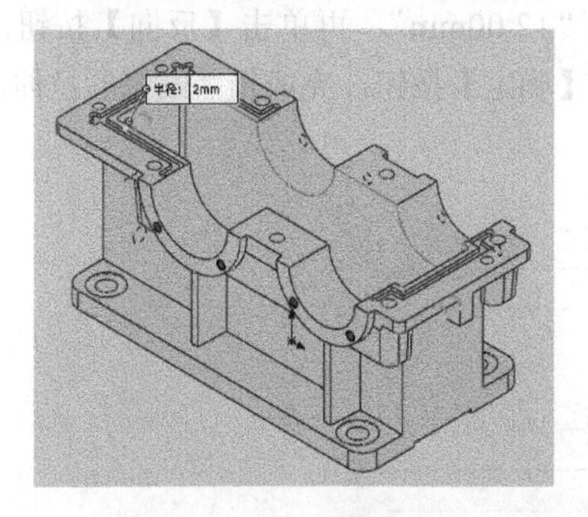

图 8-140　吊钩圆角的边线

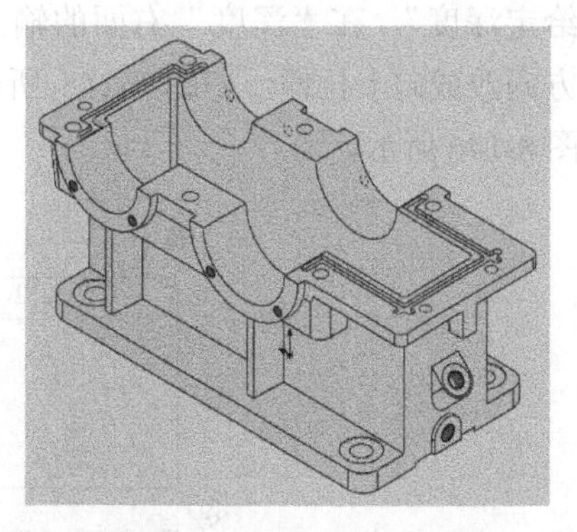

图 8-141　箱座的实体模型

8.1.5　减速器箱盖的建模

启动 SolidWorks2014，选择菜单栏中【文件】/【新建】命令，弹出【新建 SOLIDWORKS 文件】对话框，单击【零件】按钮，然后单击【确定】按钮，进入创建零件界面。

（1）箱盖主体的拉伸

选择菜单【插入】/【凸台】/【拉伸】命令，再选择【前视基准面】作为绘图平面，进入草图绘制；绘制如图 8-142 所示草图，然后单击【确定】按钮退出草图；弹出【凸台-拉伸】属性管理器，在【方向 1】下面“终止条件”选择框中选择“两侧对称”，在“深度”右面输入框中输入“101.00mm”，如图 8-143 所示，单击【确定】按钮，完成箱盖主体的拉伸。

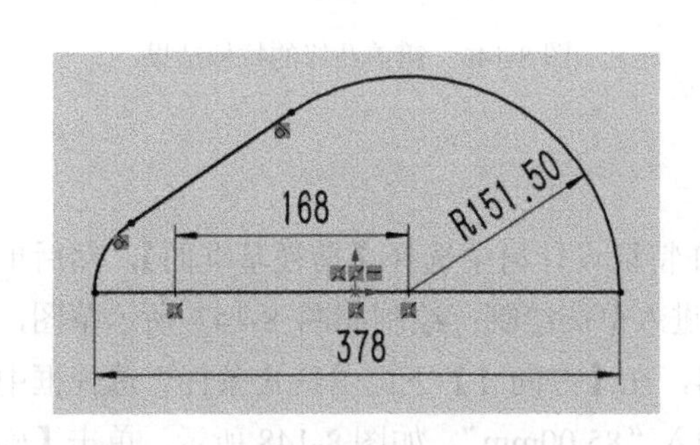

图 8-142　箱盖主体的草图

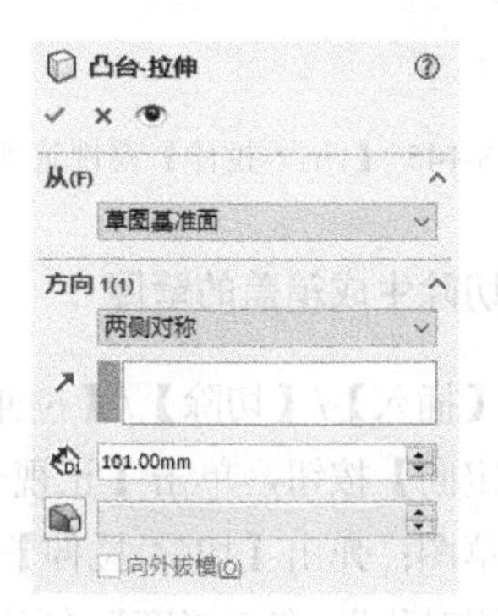

图 8-143　【凸台-拉伸】属性管理器

（2）箱盖凸缘的拉伸

选择【插入】/【凸台】/【拉伸】命令，选择箱盖的下表面作为绘图平面，然后单击【视图定向】按钮，单击【正视于】按钮，绘制如图8-144所示草图，然后单击【确定】按钮，退出草图；弹出【凸台-拉伸】属性管理器，在【方向1】下面“终止条件”选择框中选择“给定深度”，在“深度”右面的输入框输入“12.00mm”，再单击【反向】按钮，把拉伸方向改成向上拉伸，如图8-145所示，单击【确定】按钮，完成箱盖凸缘的拉伸，结果如图8-146所示。

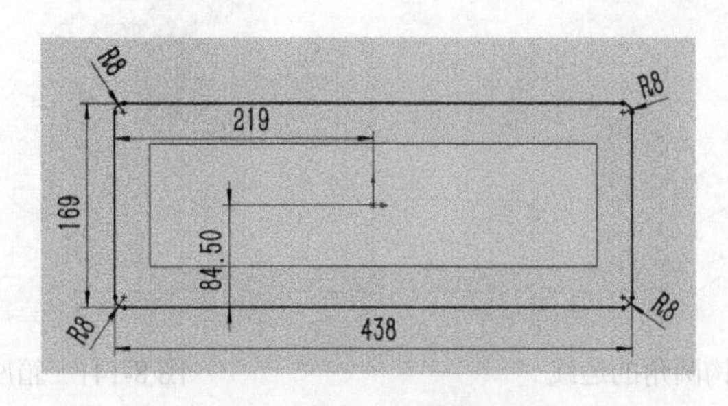

图8-144　箱盖凸缘的草图

图8-145 【凸台-拉伸】属性管理器

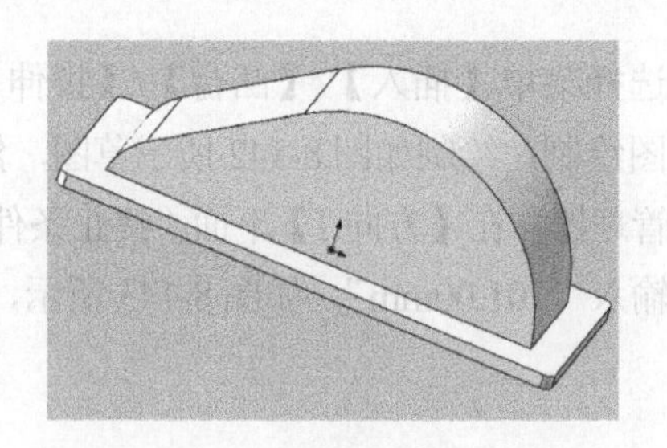

图8-146　箱盖凸缘的拉伸结果

（3）切除生成箱盖的壁厚

选择【插入】/【切除】/【拉伸】命令，在特征设计树中选择【前视基准面】，然后单击【视图定向】按钮，单击【正视于】按钮，进入草图绘制；绘制如图8-147所示草图，然后退出草图；弹出【切除-拉伸】属性管理器，在【方向1】下面“终止条件”选择框中选择“两侧对称”，在“深度”右面输入框中输入“85.00mm”，如图8-148所示，单击【确定】按钮，完成箱盖的切除。

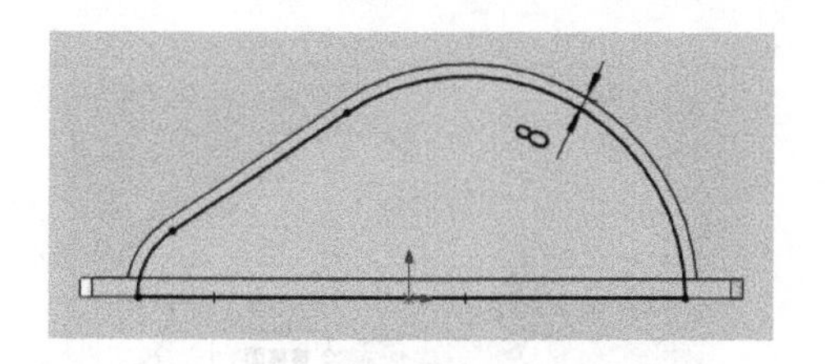

图 8-147　箱盖切除草图

图 8-148 【切除-拉伸】属性管理器

（4）轴承座的拉伸

选择【插入】/【凸台】/【拉伸】命令，选择箱盖外壁表面作为绘图平面，然后单击【视图定向】按钮，单击【正视于】按钮，进入草图绘制；绘制如图 8-149 所示草图，然后单击【确定】按钮，退出草图；弹出【凸台-拉伸】属性管理器，在【方向 1】下面“终止条件”选择框中选择“给定深度”，在“深度”右面的输入框中输入“42.00mm”，结果如图 8-150 所示，单击【确定】按钮，完成轴承座实体的拉伸。

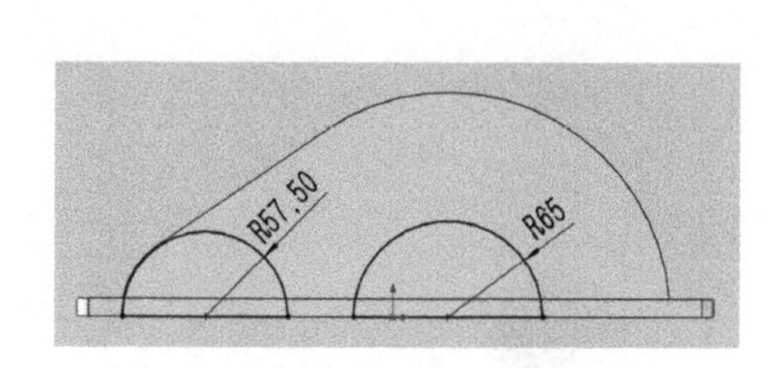

图 8-149　轴承座的草图

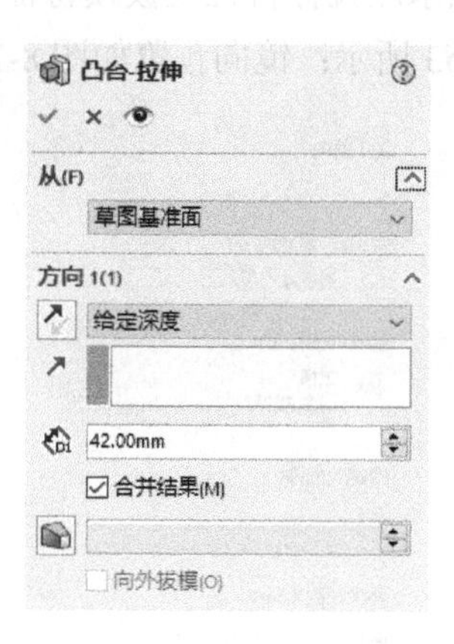

图 8-150 【凸台-拉伸】属性管理器

（5）轴承座外圆柱面的拔模

选择【插入】/【特征】/【拔模】命令，弹出【拔模】属性管理器，如图 8-151 所示，在【拔模类型】中选择“中性面”单选项，在【拔模角度】下面输入框中输入 5°，然后在视图区域选择轴承座端面为中性面，所选面出现在【中性面】下面的显示框中；再在视图区域选择两轴承座外圆柱面为拔模面（图 8-152），所选面出现在【拔模面】下面的显示框中，单击【确定】按钮，完成两轴承座外圆柱面的拔模。

图 8-151　【拔模】属性管理器

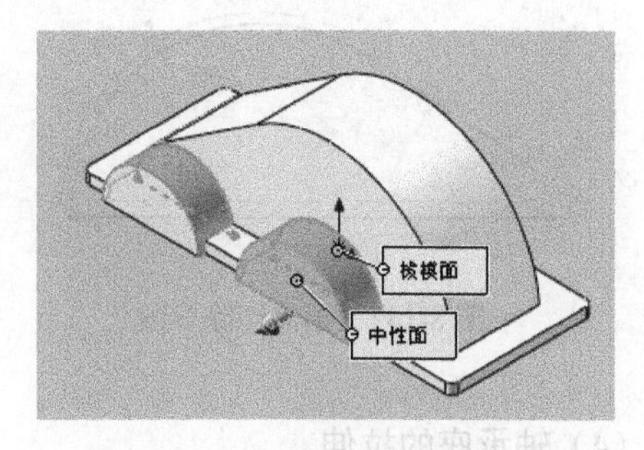

图 8-152　中性面和拔模面的选择

（6）镜向生成另一侧的两个轴承座

选择【插入】/【阵列/镜向】/【镜向】命令，弹出【镜向】属性管理器，在特征设计树中选择【前视基准面】，所选面出现在【镜向面/基准面】下面的显示框中；再在视图区域选择轴承座拉伸特征及拔模特征，所选特征出现在【要镜向的特征】下面的显示框中，如图 8-153 所示；镜向预览如图 8-154 所示，单击【确定】按钮，完成两个轴承座的镜向。

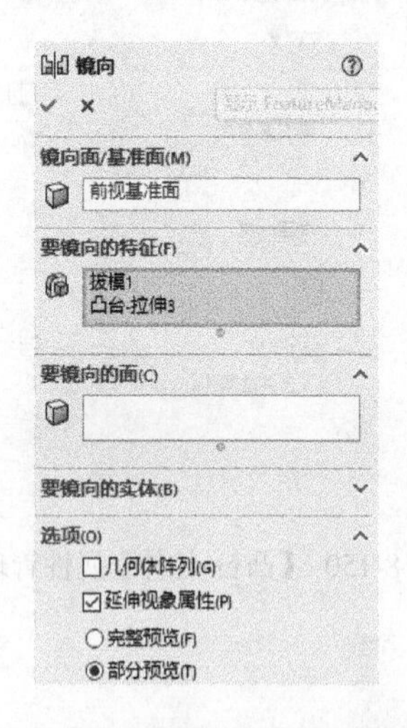

图 8-153　【镜向】属性管理器

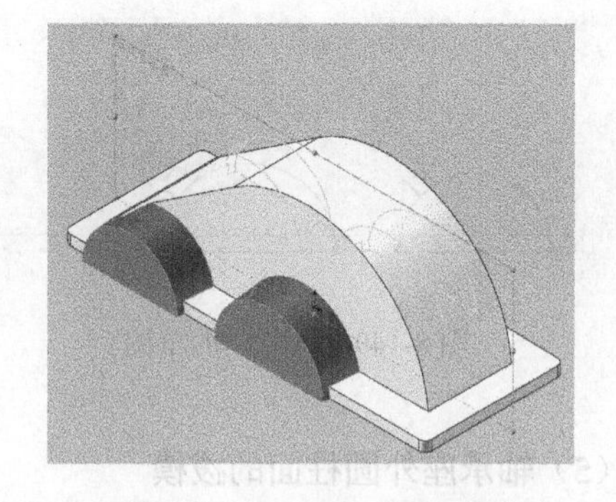

图 8-154　轴承座镜向的预览

（7）创建轴承座旁凸台的基准面

选择【插入】/【参考几何体】/【基准面】命令，弹出【基准面】属性管理器，在特征设计树中选择【前视基准面】，所选面出现在【第一参考】下面的显示框中，在“偏移距离”右面的输入框中输入“82.50mm”，如图 8-155 所示，预览如图 8-156 所示，单击【确定】

按钮，完成基准面的创建。

图 8-155　【基准面】属性管理器

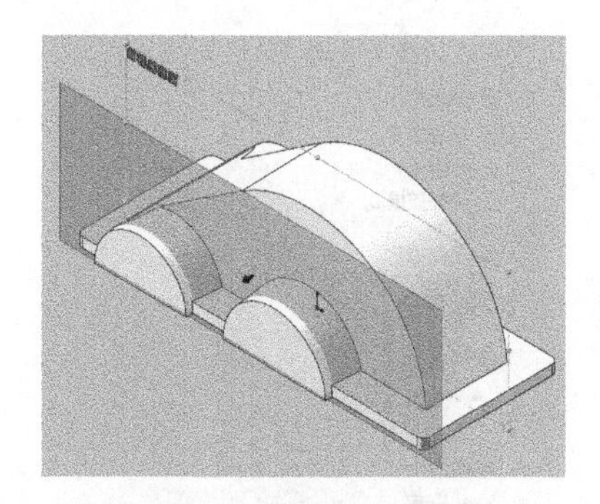

图 8-156　创建基准面的预览

（8）轴承座旁凸台的拉伸

选择【插入】/【凸台】/【拉伸】命令，单击创建基准面作为绘图平面，然后单击【视图定向】按钮，单击【正视于】按钮，进入草图绘制；绘制如图 8-157 所示草图，然后退出草图；弹出【凸台-拉伸】属性管理器，在【方向 1】下面“终止条件”选择框中选择“给定深度”，在“深度”输入框中输入“34.00mm”，再单击【反向】按钮，把拉伸方向改成向里拉伸，如图 8-158 所示，单击【确定】按钮，完成凸台的拉伸。

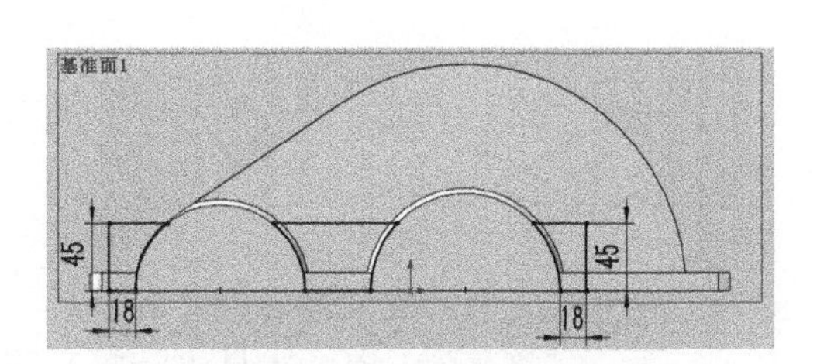

图 8-157　轴承座旁凸台的草图

图 8-158　【凸台-拉伸】属性管理器

（9）轴承座旁凸台侧面的拔模

选择【插入】/【特征】/【拔模】命令，弹出【拔模】属性管理器，如图 8-159 所示，在【拔模类型】中选择“中性面”单选项，在【拔模角度】下面的输入框中输入 3°，然后在视图区域选择轴承座旁凸台上表面为中性面，所选面出现在【中性面】下面的显示框中；再在视图区域选择两轴承座旁凸台左、右两侧面为拔模面（图 8-160），所选面出现在【拔模面】下面的显示框中，单击【确定】按钮，完成轴承座旁凸台左、右侧面的拔模。

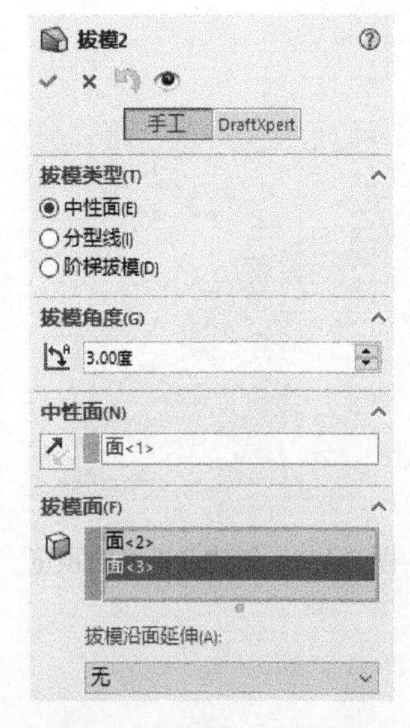

图 8-159 【拔模】属性管理器 1

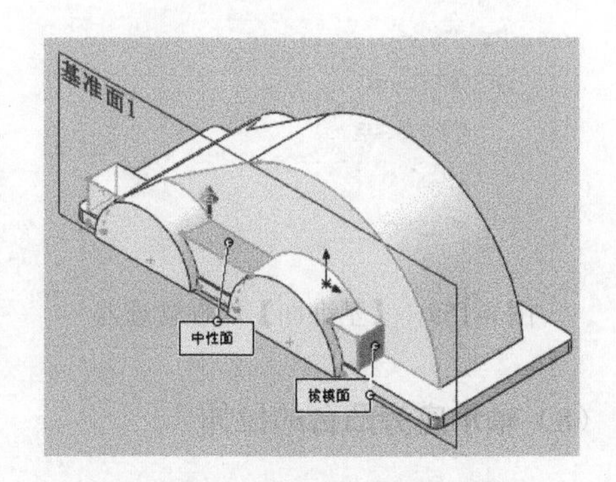

图 8-160 中性面和拔模面的选择 1

（10）轴承座旁凸台正面的拔模

采用同样的方法对轴承座旁凸台正面进行拔模，拔模各项设置见图 8-161，中性面与拔模面的选择如图 8-162 所示。

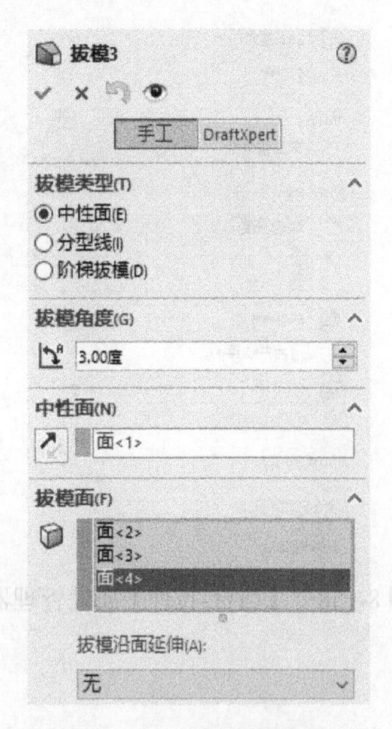

图 8-161 【拔模】属性管理器 2

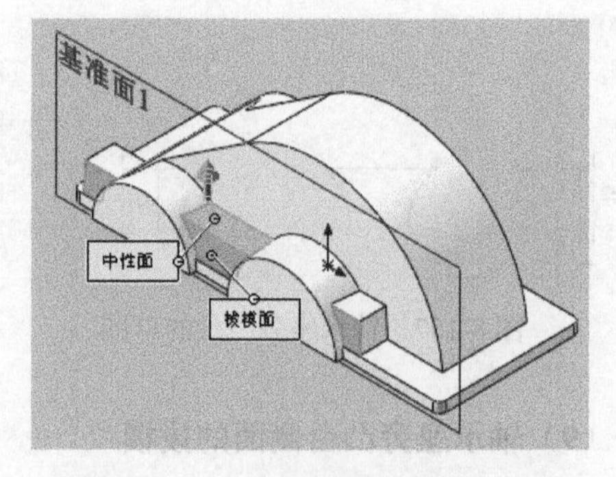

图 8-162 中性面和拔模面的选择 2

（11）镜向生成另一侧的凸台及拔模特征

选择【插入】/【阵列/镜向】/【镜向】命令，弹出【镜向】属性管理器，在特征设计树中选择【前视基准面】，所选面出现在【镜向面/基准面】下面的显示框中；再在视图区域选择轴承座旁凸台的拉伸特征及两个拔模特征，所选特征出现在【要镜向的特征】下面的显示框中，如图 8-163 所示，镜向预览如图 8-164 所示，单击【确定】按钮，完成轴承座旁凸台的镜向。

图 8-163 【镜向】属性管理器

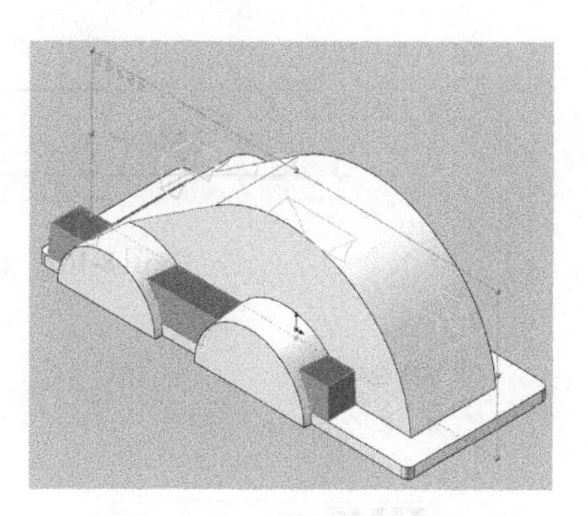

图 8-164 凸台的镜向预览

（12）创建凸台的圆角特征

选择【插入】/【特征】/【圆角】命令，弹出【圆角】属性管理器，如图 8-165 所示，在【圆角类型】中单击“恒定大小”按钮，在视图区域选择凸台的 6 条边线（图 8-166），所选边线出现在【圆角项目】下面的显示框中，在【圆角参数】下面“半径”输入框中输入“12.00mm”，单击【确定】按钮。

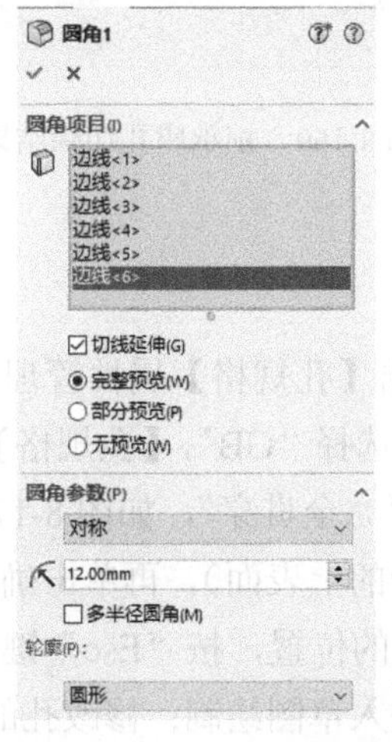

图 8-165 【圆角】属性管理器

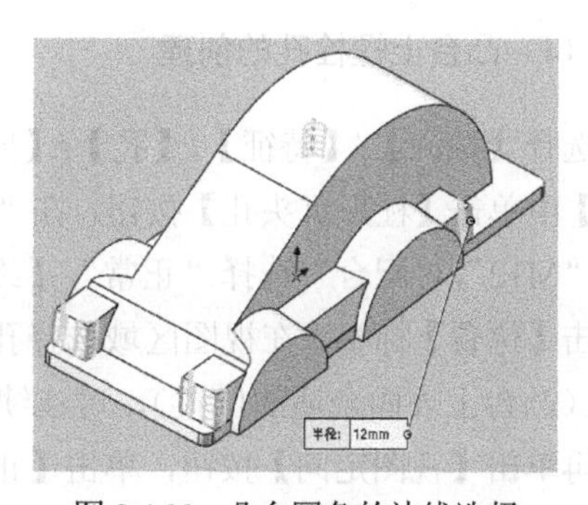

图 8-166 凸台圆角的边线选择

（13）轴承座孔的切除

选择【插入】/【切除】/【拉伸】命令，单击轴承座外端面，然后单击【视图定向】按钮，单击【正视于】按钮，进入草图绘制；绘制如图 8-167 所示草图，然后退出草图；弹出【切除-拉伸】属性管理器，在【方向 1】下面“终止条件”选择框中选择“完全贯穿”，如图 8-168 所示，单击【确定】按钮，完成轴承座孔的拉伸切除，结果如图 8-169 所示。

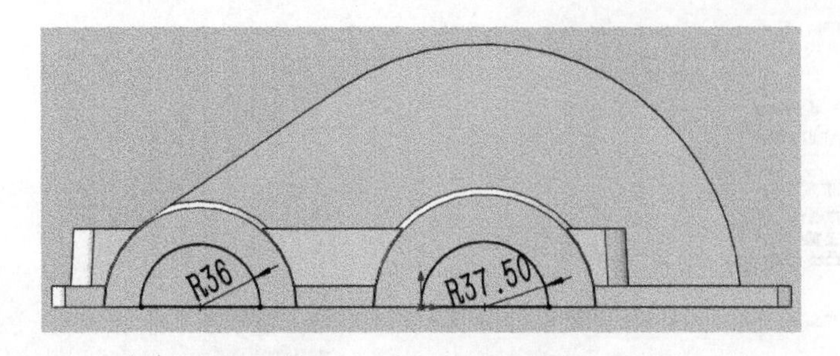

图 8-167 轴承座孔切除的草图

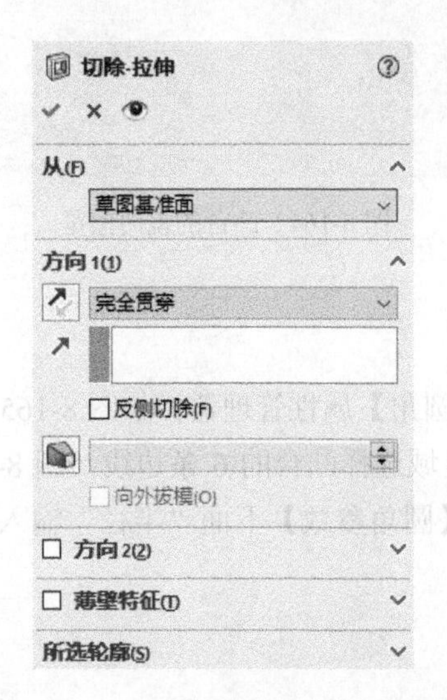

图 8-168 【切除-拉伸】属性管理器

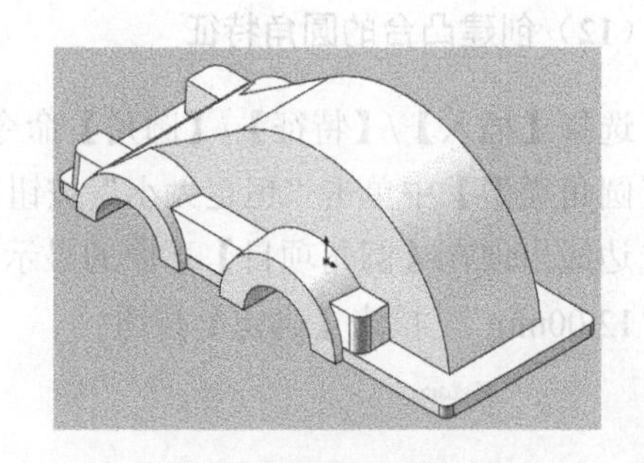

图 8-169 轴承座孔切除结果

（14）凸台上螺栓孔的创建

选择【插入】/【特征】/【孔】/【向导】命令，弹出【孔规格】属性管理器，在【孔类型】中单击【柱形沉头孔】按钮，在“标准”选择框中选择“GB”，【孔规格】中“大小”选择“M12”，“配合”选择“正常”，【终止条件】选择“完全贯穿”，如图 8-170 所示；然后单击【位置】标签，在视图区域选择孔所在的面（凸台的上表面），再单击确定孔所在的位置（凸台上表面合适的位置），可连续单击选择几个孔的位置，按“Esc”键结束孔的插入；再单击【视图定向】按钮，单击【正视于】按钮，进入草图绘制；修改孔的定位尺寸，如图 8-171 所示，完成后再单击【确定】按钮。

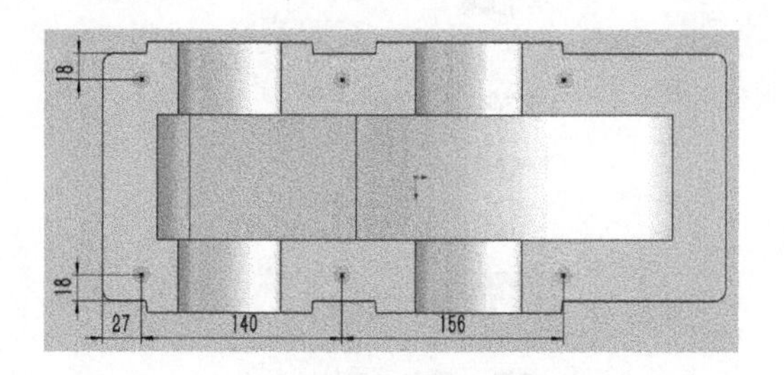

图 8-170 【孔规格】属性管理器

图 8-171 螺栓孔位置的草图

（15）绘制轴承座的螺钉孔的位置草图

选择轴承座端面作为绘图平面，单击【视图定向】按钮，单击【正视于】按钮，进入草图绘制，绘制如图 8-172 所示草图，其中，图 8-172（b）隐藏了箱盖实体的轮廓线，图 8-172（a）则不隐藏，然后单击【确定】按钮退出草图。

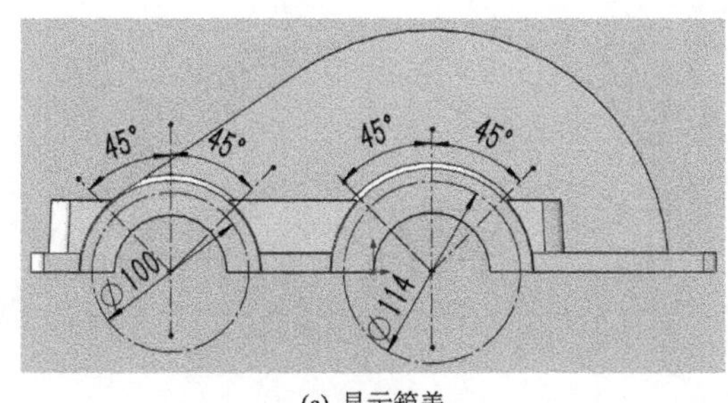

(a) 显示箱盖

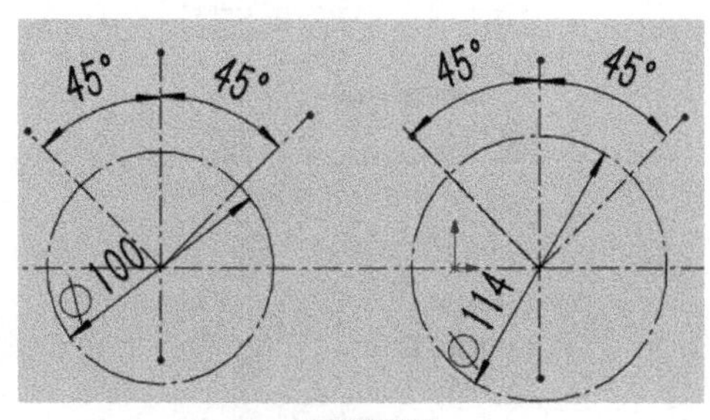

(b) 隐藏箱盖

图 8-172 轴承座的螺钉孔位置草图

（16）生成轴承座的螺钉孔

选择【插入】/【特征】/【孔】/【向导】命令，弹出【孔规格】属性管理器，在【孔类型】中单击【直螺纹孔】按钮，在“标准”选择框中选择“GB”，在“类型”选择框中选择“底部螺纹孔”，【孔规格】中“大小”选择“M8”，【终止条件】选择“给定深度”，在【选项】中单击【装饰螺纹线】按钮，如图 8-173 所示；然后单击【位置】标签，先在视图区域选择轴承座端面作为孔所在的面，再单击上一步骤草图中点画线圆与中心线的 4 个交点作为孔所在的位置，如图 8-174 所示，完成后再单击【确定】按钮。

（17）镜向生成另一侧轴承座的螺钉孔

选择【插入】/【阵列/镜向】/【镜向】命令，弹出【镜向】属性管理器，如图 8-175 所示，在特征设计树中选择【前视基准面】，所选面出现在【镜向面/基准面】下面的显示框中；再在视图区域选择 M8 螺钉孔特征，所选特征出现在【要镜向的特征】下面的显示框中，镜向预览如图 8-176 所示，单击【确定】按钮，完成螺钉孔的镜向。

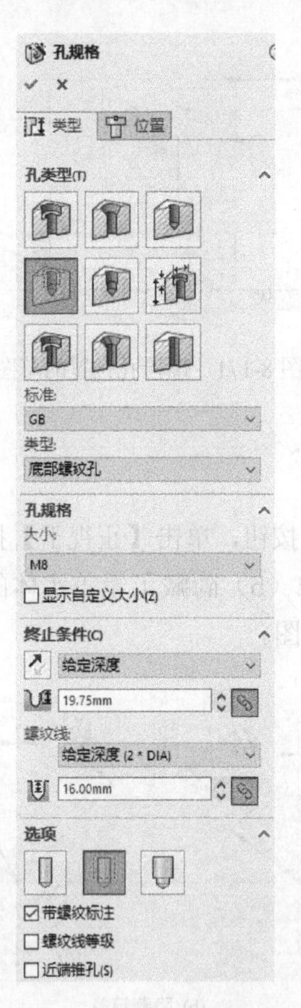

图 8-173 【孔规格】属性管理器

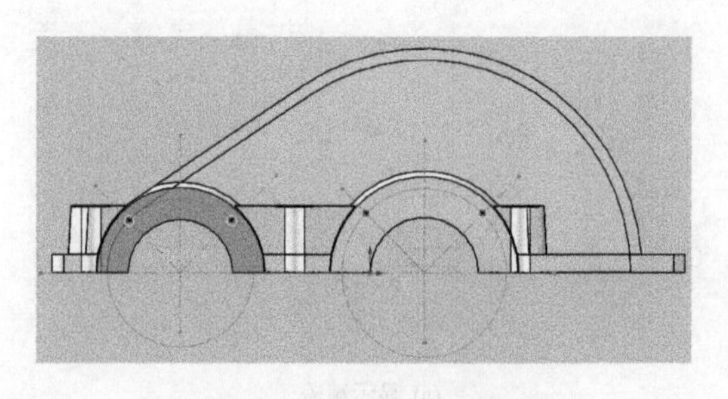

图 8-174 螺钉孔位置的草图

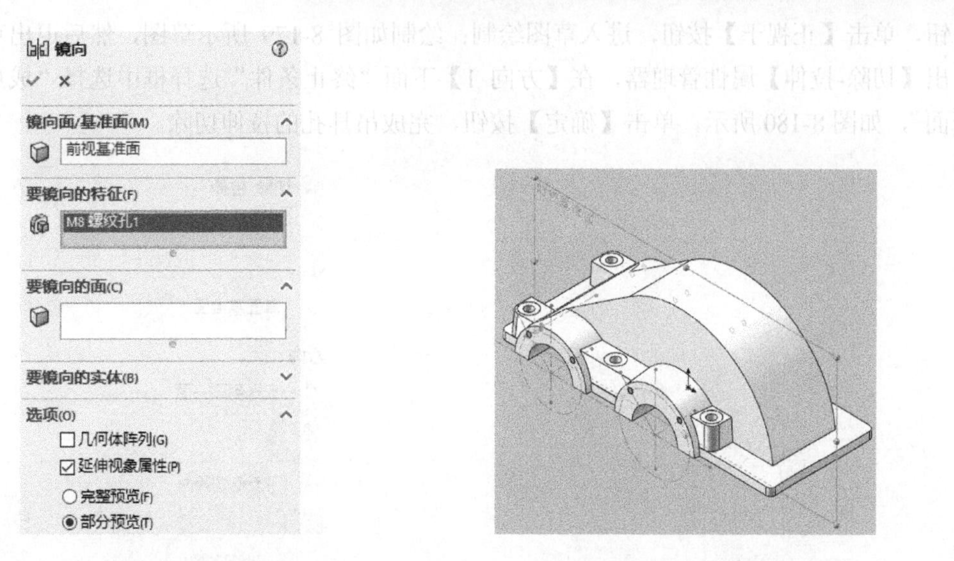

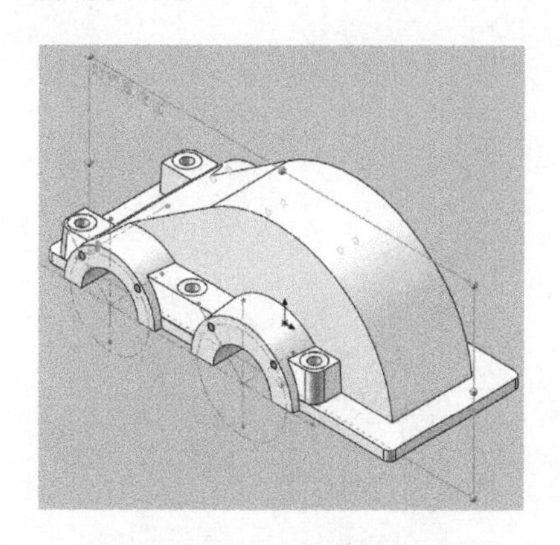

图 8-175 【镜向】属性管理器　　　　图 8-176 螺钉孔镜向的预览

（18）吊耳的拉伸

选择【插入】/【凸台】/【拉伸】命令，在特征设计树中选择【前视基准面】，然后单击【视图定向】按钮，单击【正视于】按钮，进入草图绘制；绘制如图 8-177 所示草图，然后退出草图；弹出【凸台-拉伸】属性管理器，在【方向 1】下面“终止条件”选择框中选择“两侧对称”，在“深度”右面输入框中输入“16.00mm”，如图 8-178 所示，单击【确定】按钮，完成一侧吊耳的创建。

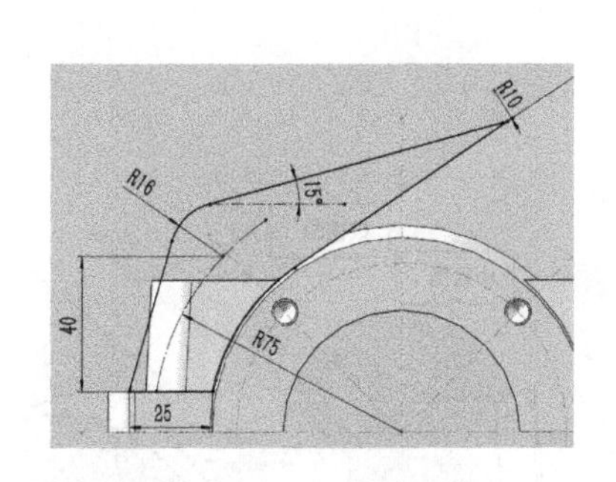

图 8-177 吊耳的草图　　　　图 8-178 【凸台-拉伸】属性管理器

（19）吊耳孔的切除

选择【插入】/【切除】/【拉伸】命令，选择吊耳的前侧面，然后单击【视图定向】按钮，单击【正视于】按钮，进入草图绘制；绘制如图 8-179 所示草图，然后退出草图；弹出【切除-拉伸】属性管理器，在【方向 1】下面“终止条件”选择框中选择“成形到下一面”，如图 8-180 所示，单击【确定】按钮，完成吊耳孔的拉伸切除。

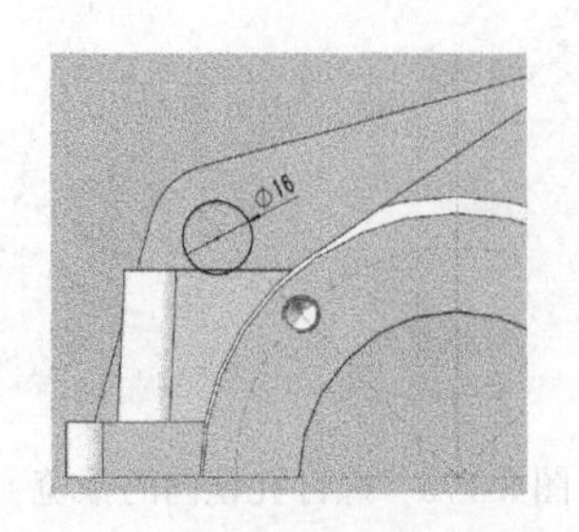

图 8-179　吊耳孔的草图

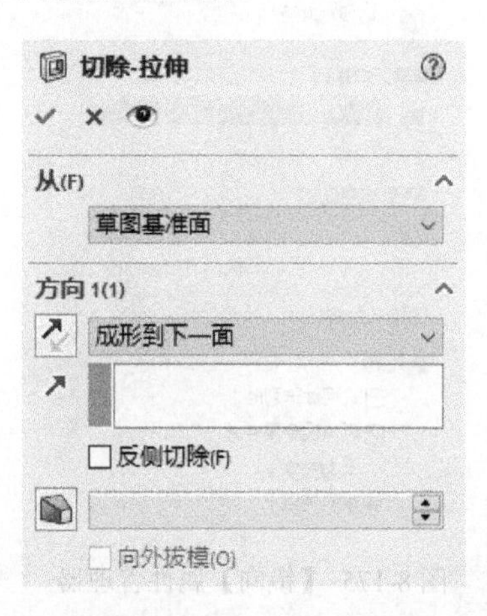

图 8-180　【切除-拉伸】属性管理器

（20）吊耳的拔模

选择【插入】/【特征】/【拔模】命令，弹出【拔模】属性管理器，在【拔模类型】中选择“中性面”单选项，在【拔模角度】下面的输入框中输入 3°，如图 8-181 所示；然后在视图区域选择吊耳左侧面为中性面，所选面出现在【中性面】下面的显示框中，再在视图区域选择吊钩前、后两侧面为拔模面（图 8-182），所选面出现在【拔模面】下面的显示框中，单击【确定】按钮，完成吊耳前、后侧面的拔模。

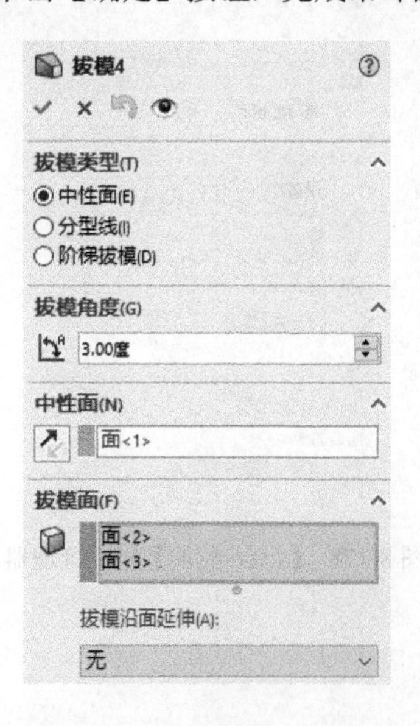

图 8-181　【拔模】属性管理器

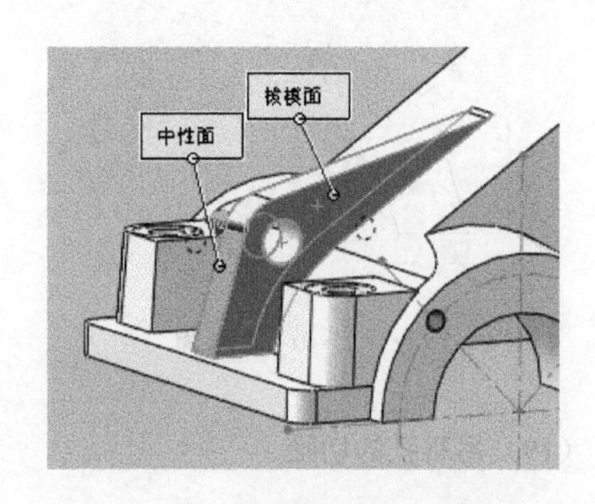

图 8-182　中性面与拔模面的选择

（21）另一侧吊耳的拉伸

选择【插入】/【凸台】/【拉伸】命令，在特征设计树中选择【前视基准面】，然后单击【视图定向】按钮，单击【正视于】按钮，进入草图绘制；绘制如图8-183所示草图，然后退出草图；弹出【凸台-拉伸】属性管理器，在【方向1】下面“终止条件”选择框中选择“两侧对称”，在“深度”右面输入框中输入“16.00mm”，单击【确定】按钮，完成另一侧吊耳拉伸。

（22）另一侧吊耳孔的切除

选择【插入】/【切除】/【拉伸】命令，选择吊耳的前侧面，然后单击【视图定向】按钮，单击【正视于】按钮，进入草图绘制；绘制如图8-184所示草图，然后退出草图；弹出【切除-拉伸】属性管理器，在【方向1】下面“终止条件”选择框中选择“成形到下一面”，单击【确定】按钮，完成吊耳孔的拉伸切除。

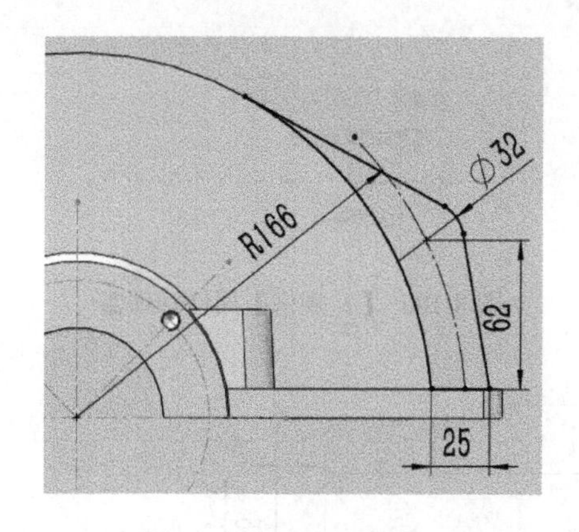

图8-183　吊耳的草图

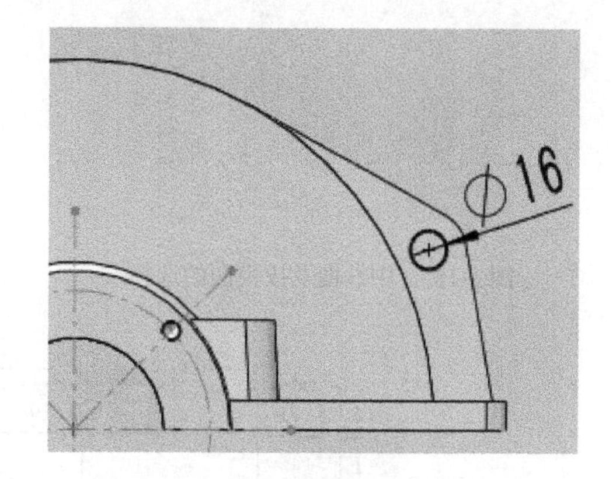

图8-184　吊耳孔的草图

（23）另一侧吊耳的拔模

参照第（20）步所述的方法对另一侧吊耳前后侧面进行拔模，如图8-185所示。

（24）生成箱盖剖分面凸缘的螺栓孔

选择【插入】/【特征】/【孔】/【向导】命令，弹出【孔规格】属性管理器，在【孔类型】中单击【柱形沉头孔】按钮，在“标准”选择框中选择“GB”，【孔规格】中“大小”选择“M10”，“配合”选择“正常”，【终止条件】选择“完全贯穿”，如图8-186所示；然后单击【位置】标签，在视图区域选择箱盖凸缘的上表面作为孔所在的面，再单击确定孔所在的位置，可连续单击选择几个孔的位置，按“Esc”键结束孔的插入；再单击【视图定向】按钮，单击【正视于】按钮，进入草图绘制，修改孔的定位尺寸，如图8-187所示，再单击【确定】按钮。

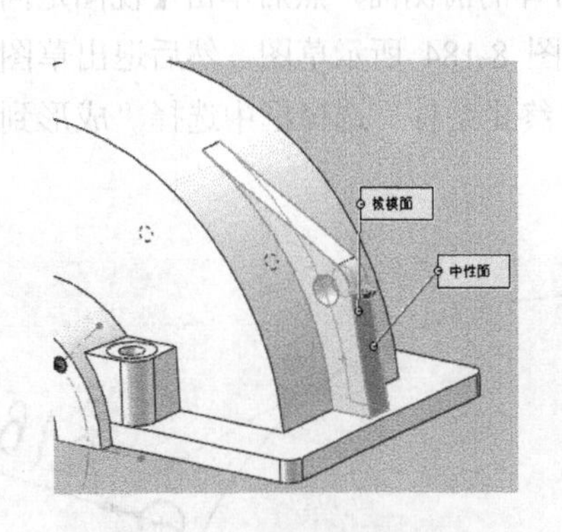

图 8-185 中性面及拔模面的选择

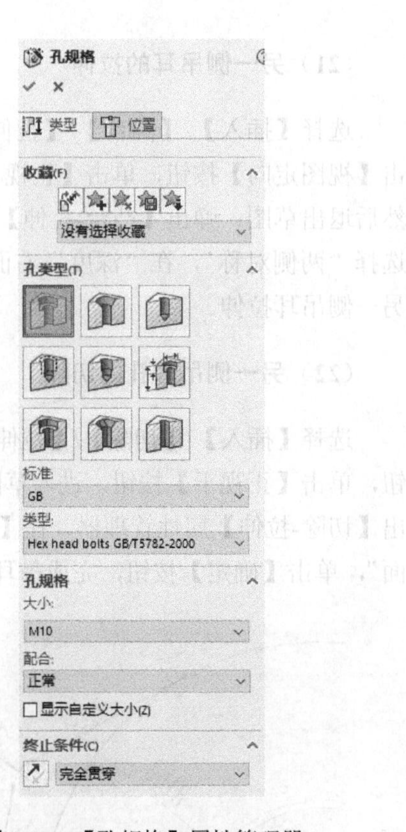

图 8-186 【孔规格】属性管理器

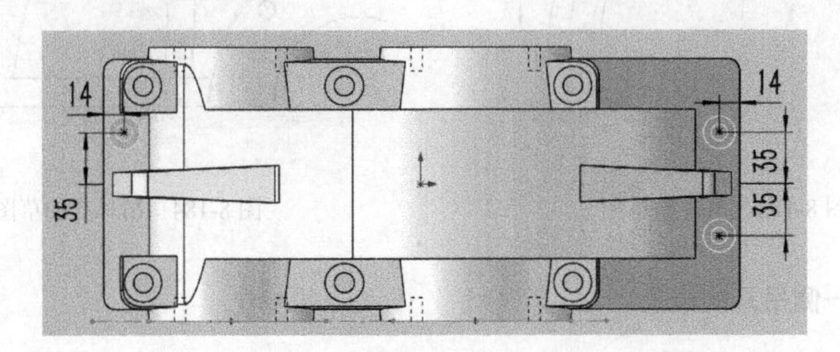

图 8-187 螺栓孔位置的草图

（25）生成箱盖剖分面凸缘的起盖螺钉孔

选择【插入】/【特征】/【孔】/【向导】命令，弹出【孔规格】属性管理器，在【孔类型】中单击【直螺纹孔】按钮，在“标准”选择框中选择“GB”，在“类型”选择框中选择“螺纹孔”，【孔规格】中“大小”选择“M10”，【终止条件】选择“完全贯穿”，在【选项】中单击【装饰螺纹线】按钮，如图 8-188 所示；然后单击【位置】标签，先在视图区域选择箱盖凸缘上表面作为孔所在的面，再单击孔所在的位置；然后单击【视图定向】按钮，单击【正视于】按钮，进入草图绘制；修改孔的定位尺寸，如图 8-189 所示，完成后再单击【确定】按钮。

图 8-188 【孔规格】属性管理器

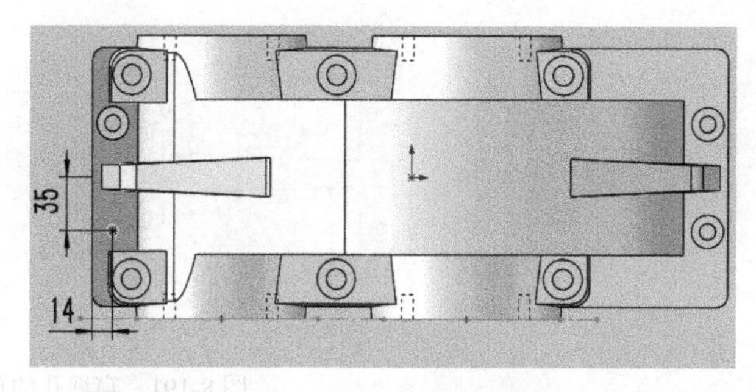

图 8-189　孔位置的草图

（26）窥视孔凸台的拉伸

选择【插入】/【凸台】/【拉伸】命令，选择箱盖顶部倾斜平面作为绘图平面，然后单击【视图定向】按钮，单击【正视于】按钮，进入草图绘制；绘制如图 8-190 所示草图，然后退出草图；弹出【凸台-拉伸】属性管理器，在【方向 1】下面“终止条件”选择框中选择“给定深度”，在“深度”右面的输入框中输入“4.00mm”，单击【确定】按钮，完成窥视孔凸台的创建。

（27）窥视孔的切除

选择【插入】/【切除】/【拉伸】命令，选择窥视孔凸台的上表面，然后单击【视图定向】按钮，单击【正视于】按钮，进入草图绘制；绘制如图 8-191 所示草图，退出草图；弹出【切除-拉伸】属性管理器，在【方向 1】下面“终止条件”选择框中选择“成形到下一面”，单击【确定】按钮，完成窥视孔的拉伸切除。

（28）生成窥视孔凸台的螺纹孔

选择【插入】/【特征】/【孔】/【向导】命令，弹出【孔规格】属性管理器，在【孔类型】中单击【直螺纹孔】按钮，在“标准”选择框中选择“GB”，在“类型”选择框中选择“螺纹孔”，

【孔规格】中“大小”选择“M6”,【终止条件】选择“成形到下一面”，在【选项】中单击【装饰螺纹线】按钮，如图 8-192 所示；然后单击【位置】标签，先在视图区域选择窥视孔凸台上表面作为孔所在的面，再单击孔所在的位置；然后单击【视图定向】按钮，单击【正视于】按钮，进入草图绘制；修改孔的定位尺寸，如图 8-193 所示，完成后再单击【确定】按钮。

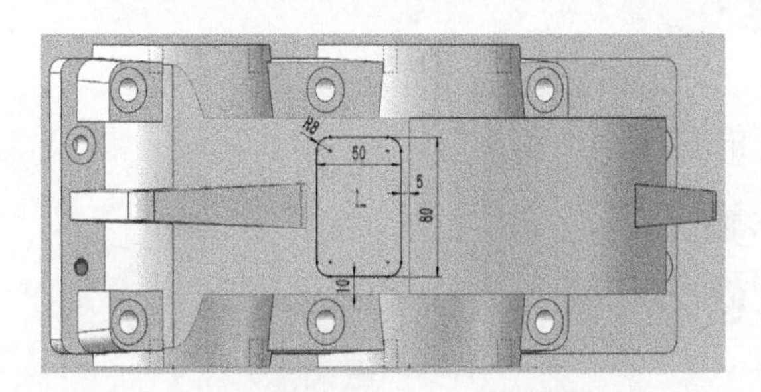

图 8-190　窥视孔凸台的草图

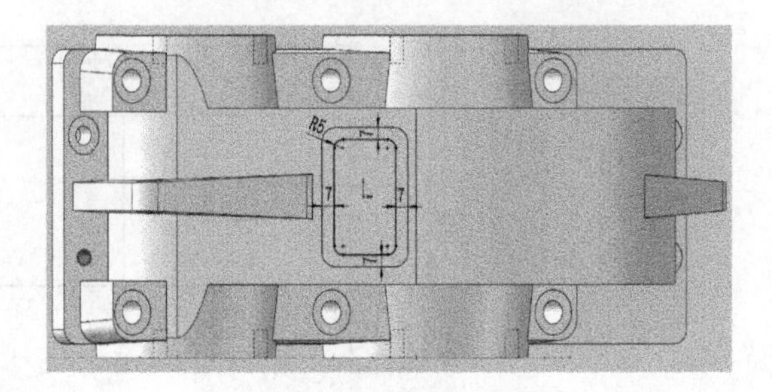

图 8-191　窥视孔的草图

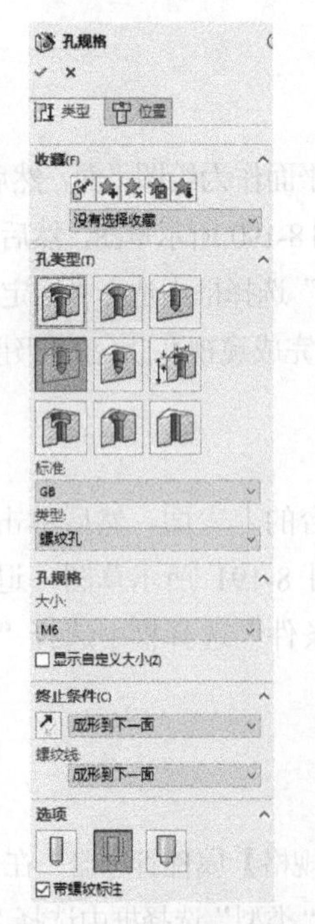

图 8-192　【孔规格】属性管理器

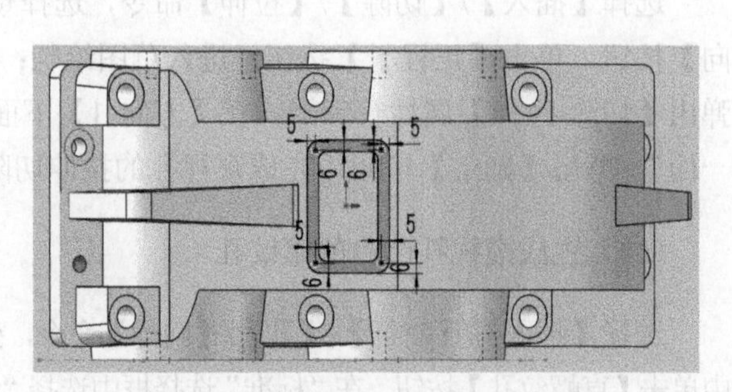

图 8-193　窥视孔凸台上螺纹孔的位置

（29）创建轴承座旁筋板的基准面

选择【插入】/【参考几何体】/【基准面】命令，弹出【基准面】属性管理器，在特征设计树中选择【右视基准面】，所选面出现在【第一参考】下面的显示框中；在“偏移距离”右面的输入框中输入“37.50mm”（图 8-194），预览如图 8-195 所示，单击【确定】按钮，完成基准面的创建。

图 8-194　【基准面】属性管理器

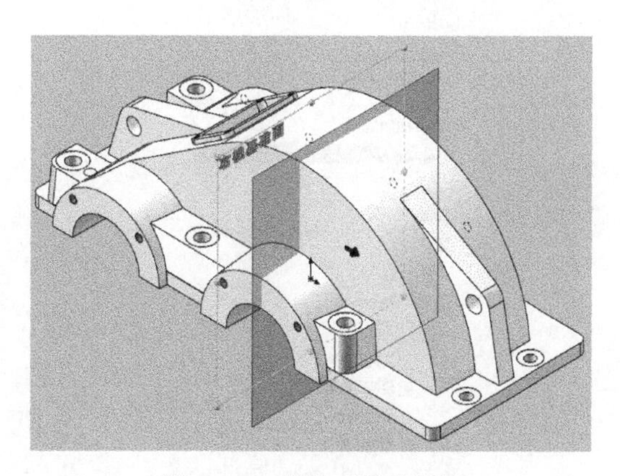

图 8-195　基准面创建预览

（30）生成轴承座的加强筋

选择【插入】/【特征】/【筋】命令，在视图区域（或特征设计树）中单击创建的基准面 2，再单击【视图定向】按钮，单击【正视于】按钮，进入草图绘制；绘制如图 8-196 所示的草图，然后退出草图；弹出【筋】属性管理器，在【参数】下面【厚度】选项中单击【两侧对称】按钮，在“筋厚度”右面的输入框中输入“8.00mm”，【拉伸方向】中单击【平行于草图】按钮，单击打开“拔模开关”，在其右面输入框中输入 3°，勾选“向外拔模”复选框，如图 8-197 所示，再单击【确定】按钮，完成筋特征的创建。

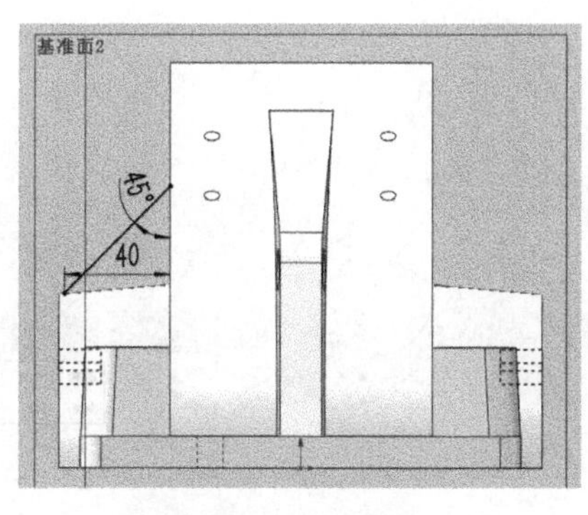

图 8-196　筋的草图

图 8-197　【筋】属性管理器

（31）镜向生成另一侧的轴承座加强筋

选择【插入】/【阵列/镜向】/【镜向】命令，弹出【镜向】属性管理器，在特征设计树中选择【前视基准面】，所选面出现在【镜向面/基准面】下面的显示框中；再在视图区域单击选择筋特征，所选特征出现在【要镜向的特征】下面的显示框中，如图 8-198、图 8-199 所示，单击【确定】按钮，完成轴承座加强筋的镜向。

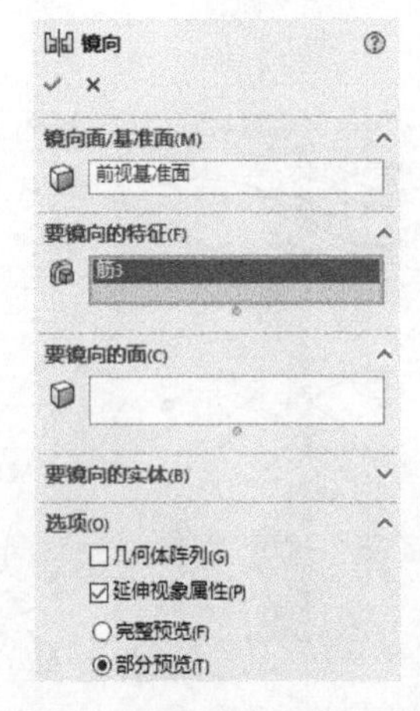

图 8-198 【镜向】属性管理器

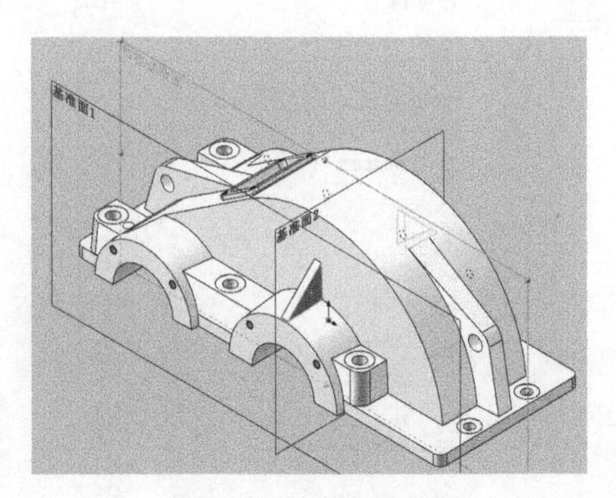

图 8-199 筋镜向的预览

（32）生成箱盖剖分面上内壁的倒角

选择【插入】/【特征】/【倒角】命令，弹出【倒角】属性管理器，如图 8-200 所示，在视图区域选择箱盖内壁的 6 段边线（图 8-201），所选边线出现在【倒角参数】下面的显示框中，选择“角度距离”单选项，在“距离”右面的输入框中输入“10.00mm”，在“角度”右面输入框中输入 45°，单击【确定】按钮。

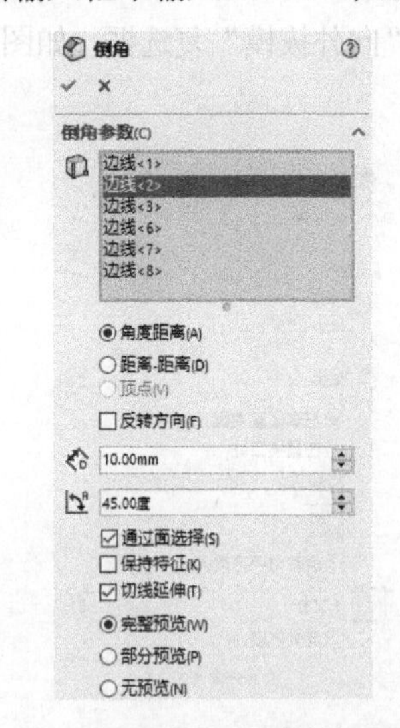

图 8-200 【倒角】属性管理器

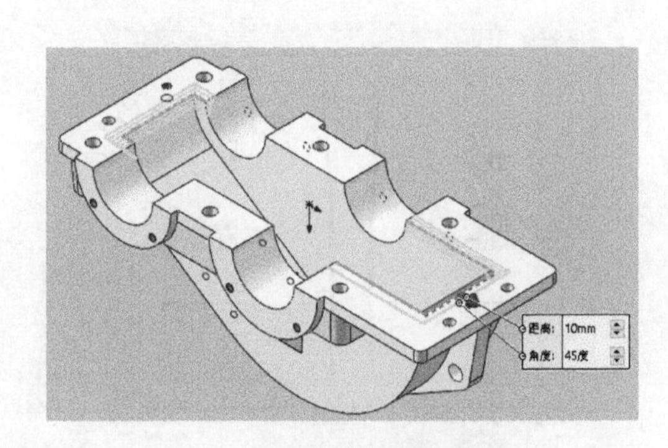

图 8-201 倒角边线的选择

（33）生成窥视孔凸台与箱体连接处的圆角

对窥视孔凸台与箱体外壁连接处的边线进行圆角处理，圆角半径为 2mm，如图 8-202 所示。

最后完成的箱盖实体模型如图 8-203 所示。

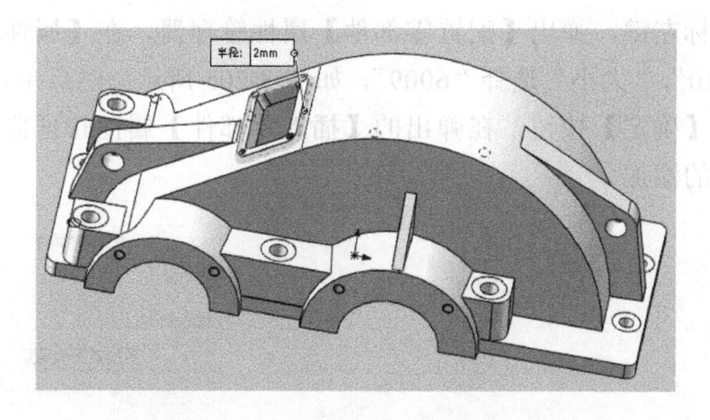

图 8-202　窥视孔凸台边线的圆角预览

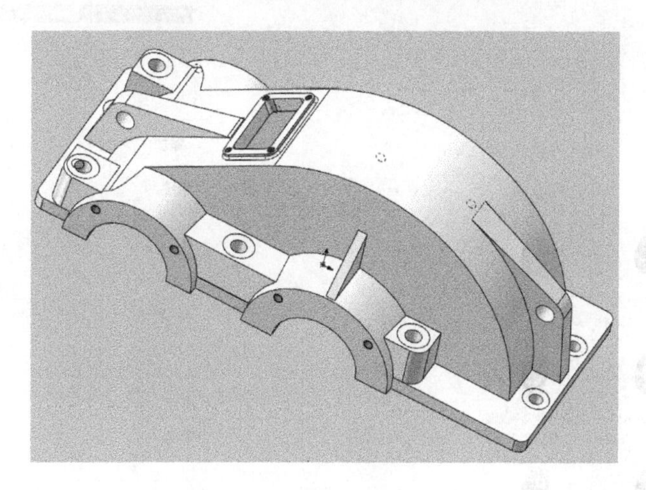

图 8-203　箱盖的实体模型

8.1.6　标准件和减速器附件的建模

滚动轴承、螺栓、螺母、弹性垫圈、螺钉及圆锥销等标准件的三维实体模型的创建都可以从 SolidWorks 软件中的标准设计库直接调用。减速器附件如油塞、油标尺、通气塞及起盖螺钉等有螺纹标准的零部件，在 SolidWorks 软件的标准设计库中是没有的，需要自行创建。

（1）滚动轴承的建模

启动 SolidWorks2014，选择【文件】/【新建】/【装配体】命令，在弹出的【开始装配体】属性管理器中单击【确定】按钮。在视图区右侧的任务窗格中，单击【设计库】图标，再单击【工具箱】按钮，下面会显示【Toolbox未插入】，单击【现在插入】按钮即可。拖动下拉工具条浏览到“国标”文件夹，然后双击，在弹出的窗口中浏览到“bearing”文件夹并双击，再在弹出的窗口中双击“深沟球轴承”文件夹，将会弹出如图8-204所示的各种标准滚动轴承。单击【深沟球轴承】图标不放，将其拖动到视图区后放开鼠标左键，弹出【配置零部件】属性管理器，在【属性】栏中“尺寸系列代号”选择“10”，“大小”选择“6009”，如图8-205所示。然后单击【配置零部件】属性管理器中的【确定】按钮，在弹出的【插入零部件】属性管理器中单击【取消】按钮，完成轴承的添加。

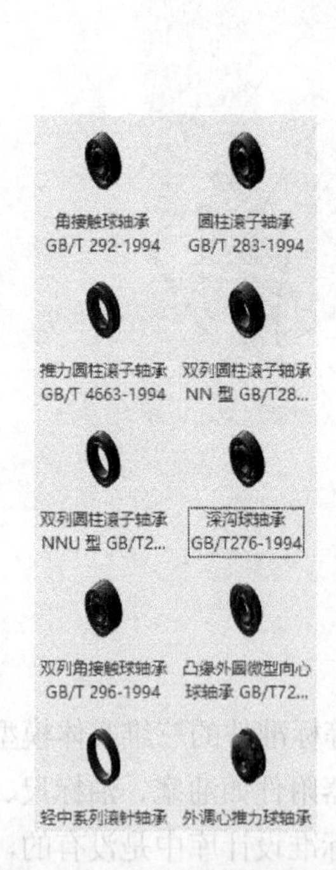

图8-204　各种标准滚动轴承

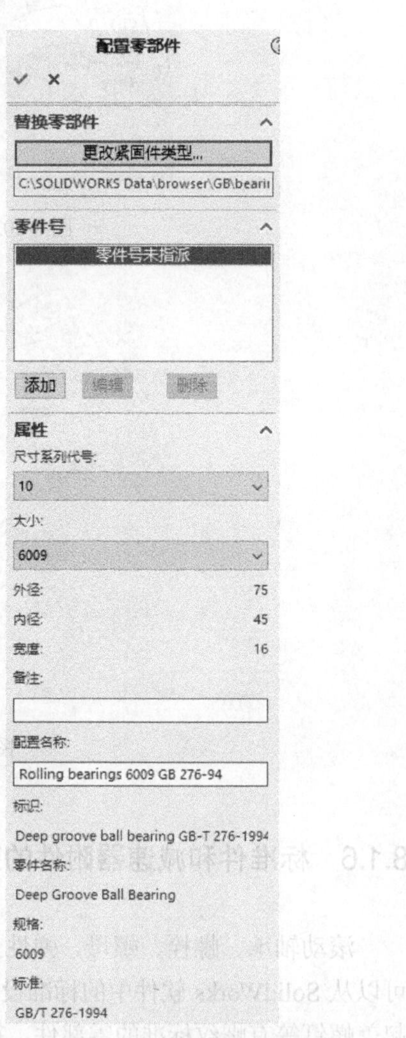

图8-205　【配置零部件】属性管理器

选择【文件】/【保存所有】命令，系统会弹出“您想在保存前重建文档吗？”提示对话框，单击重建并保存文档。在弹出的【保存文件】对话框中，在【文件名】输入框中输入“低速轴轴承”，在【保存类型】中选择“Part”，选择“所有零部件”单选项，如

图 8-206 所示，单击【保存】按钮，将装配体中的轴承另存为零件，系统会弹出“默认模板无效”的警告信息，单击【确定】按钮。将装配体关闭，选择不保存，退出装配体界面。

图 8-206 【保存文件】对话框

用户可以使用同样的方法创建高速轴轴承，不同的只是在【配置零部件】属性管理器中，“尺寸系列代号”选择“02”，“大小”选择“6207”，再以文件名“高速轴轴承”保存零件。

（2）六角头螺栓的建模

选择【文件】/【新建】/【装配体】命令，从“工具箱”里找到“国标”文件夹，然后双击，在弹出的窗口中浏览到“螺栓和双头螺柱”文件夹并双击，在弹出的窗口中双击“头螺栓”文件夹，将会弹出如图 8-207 所示的各种标准六角头螺栓。单击【Hex head bolts GB/T5782-2000】图标不放，将其拖动到视图区后放开鼠标左键，弹出【配置零部件】属性管理器，如图 8-208 所示。在【属性】中“大小”选择“M12”，“长度”选择“120”，“螺纹线显示”选择“装饰”，然后单击【配置零部件】属性管理器中的【确定】按钮，在弹出的【插入零部件】管理器中单击【取消】按钮，完成六角头螺栓的创建，将文件以“六角头螺栓 M12”命名，保存为零件。

采用同样的方法创建相同类型的公称直径 10mm、长度 45mm 的六角头螺栓，文件名为“六角头螺栓 M10”。

（3）六角螺母的建模

选择【文件】/【新建】/【装配体】命令，从“工具箱”里找到“国标”文件夹，然后双击，在弹出的窗口中浏览到“螺母”文件夹并双击，在弹出的窗口中双击“六角螺母”文件夹，将会弹出如图 8-209 所示的各种标准六角螺母。单击【2 型六角螺母 GB/T6175-2000】图标不放，将其拖动到视图区后放开鼠标左键，弹出【配置零部件】属性管理器，在【属性】栏中“大小”选择“M12”，“类型”选择“Normal Style”，“螺纹线显示”选择“装饰”，如图 8-210 所示，然后单击【配置零部件】中的【确定】按钮，在弹出的【插入零部件】管理器中单击【取消】按钮，完成六角螺母的添加，将文件以“六角螺母 M12”命名，保存为零件。

采用同样的方法创建相同类型的六角螺母 M10，文件名为“六角螺母 M10”。

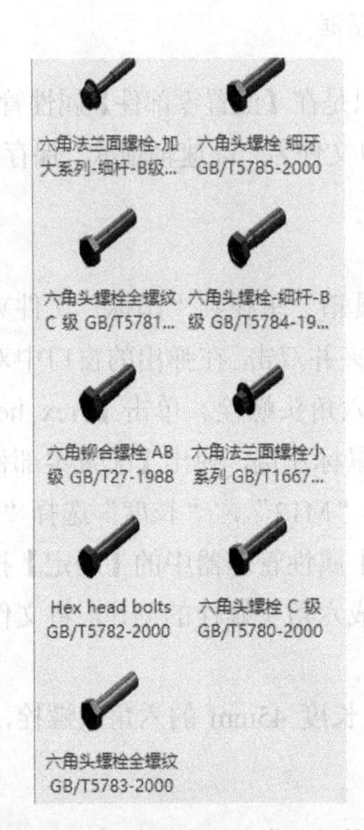

图 8-207　各种标准六角头螺栓

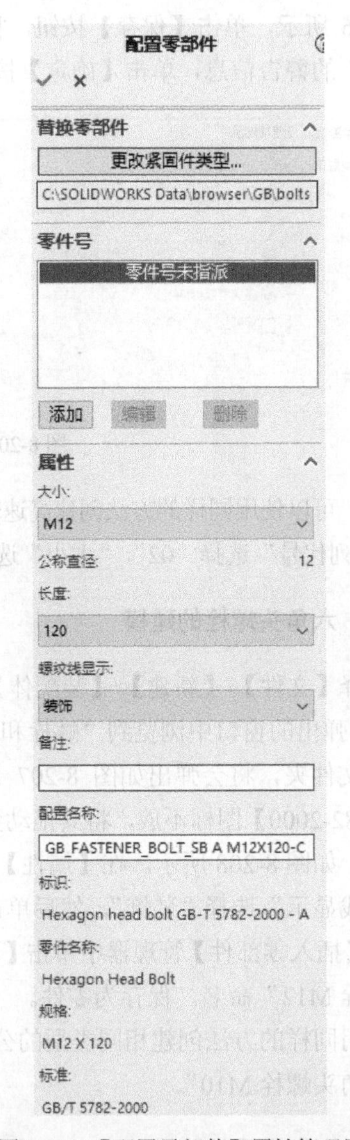

图 8-208　【配置零部件】属性管理器

（4）弹簧垫圈的建模

选择【文件】/【新建】/【装配体】命令，从“工具箱”里找到“国标”文件夹，然后双击，在弹出的窗口中浏览到“垫圈和挡圈”文件夹并双击，在弹出的窗口中双击“弹簧垫圈”文件夹，将会弹出如图 8-211 所示的各种标准弹簧垫圈。单击【标准型弹簧垫圈 GB/T 93-1987】图标不放，将其拖动到视图区后放开鼠标左键，弹出【配置零部件】属性管理器，在【属性】中“大小”选择“12”，如图 8-212 所示。然后单击【配置零部件】中的【确定】按钮，在弹出的【插入零部件】管理器中单击【取消】按钮，完成弹簧垫圈的添加，将文件以“弹簧垫圈 12”命名，保存为零件。

采用同样的方法创建相同类型的弹簧垫圈 10，文件名为“弹簧垫圈 10”。

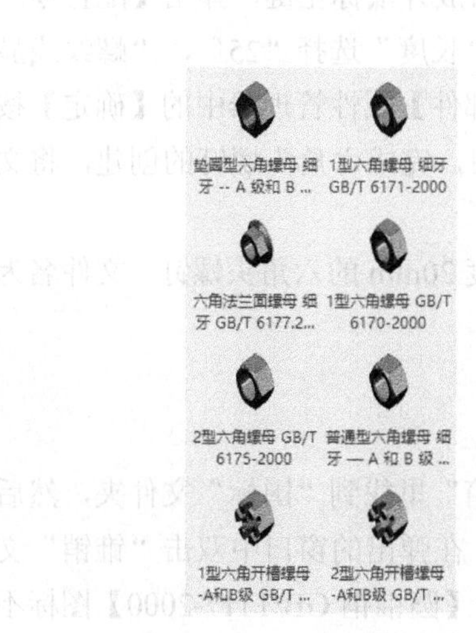

图 8-209　各种标准六角螺母

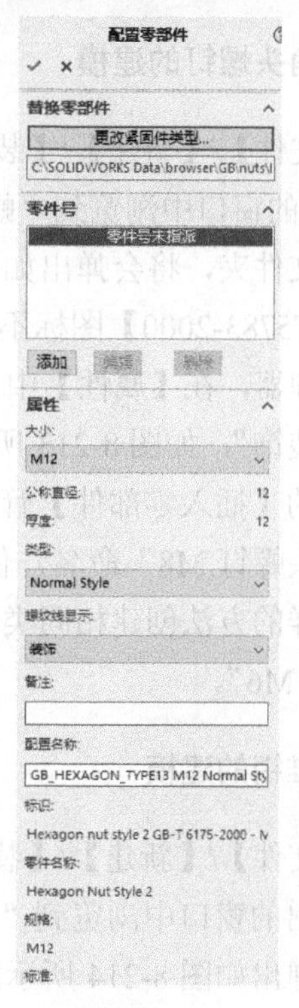

图 8-210　【配置零部件】属性管理器

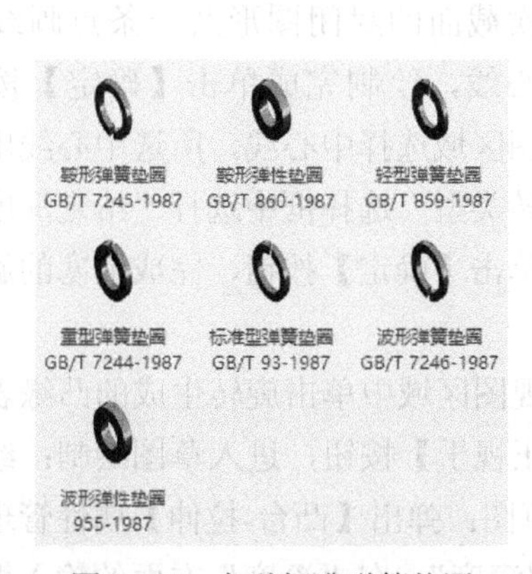

图 8-211　各种标准弹簧垫圈

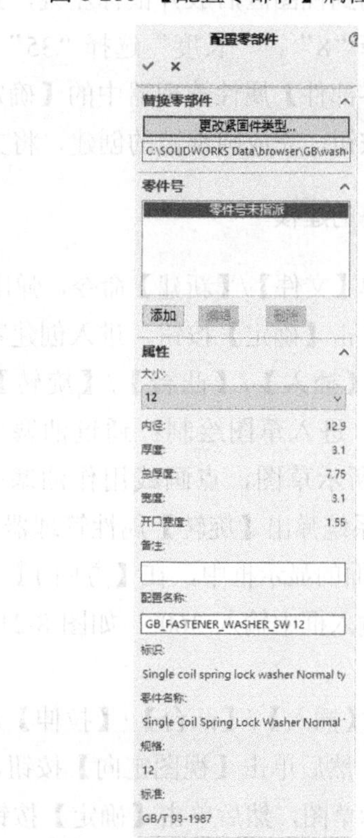

图 8-212　【配置零部件】属性管理器

（5）六角头螺钉的建模

选择【文件】/【新建】/【装配体】命令，从“工具箱”里找到“国标”文件夹，然后双击，在弹出的窗口中浏览到“螺栓和双头螺柱”文件夹并双击，在弹出的窗口中双击“六角头螺栓”文件夹，将会弹出如图 8-207 所示的各种标准六角头螺栓。单击【六角头螺栓全螺纹 GB/T5783-2000】图标不放，将其拖动到视图区后放开鼠标左键，弹出【配置零部件】属性管理器，在【属性】中“大小”选择“M8”，“长度”选择“25”，“螺纹线显示”选择“装饰”，如图 8-213 所示；然后单击【配置零部件】属性管理器中的【确定】按钮，在弹出的【插入零部件】管理器中单击【取消】按钮，完成六角头螺钉的创建，将文件以“六角头螺钉 M8”命名，保存为零件。

采用同样的方法创建相同类型的公称直径 6mm、长度 20mm 的六角头螺钉，文件名为“六角头螺钉 M6”。

（6）圆锥销的建模

选择【文件】/【新建】/【装配体】命令，从“工具箱”里找到“国标”文件夹，然后双击，在弹出的窗口中浏览到“销和键”文件夹并双击，在弹出的窗口中双击“锥销”文件夹，将会弹出如图 8-214 所示的各种标准圆锥销。单击【圆锥销 GB/T117-2000】图标不放，将其拖动到视图区后放开鼠标左键，弹出【配置零部件】属性管理器，在【属性】中“大小”选择“8”，“长度”选择“35”，“类型”选择“A”，如图 8-215 所示；然后单击【配置零部件】属性管理器中的【确定】按钮，在弹出的【插入零部件】管理器中单击【取消】按钮，完成圆锥销的创建，将文件以“圆锥销 8”命名，保存为零件。

（7）油塞的建模

选择菜单【文件】/【新建】命令，弹出【新建 SolidWorks 文件】对话框，单击【零件】按钮，然后单击【确定】按钮，进入创建零件界面。

① 选择【插入】/【凸台】/【旋转】命令，在视图区域中选择【前视基准面】作为绘图平面，进入草图绘制；通过油塞中心线的横截面的封闭图形及一条点画线绘制如图 8-216 所示草图，点画线用作油塞的旋转中心线，绘制完成单击【确定】按钮，退出草图。系统弹出【旋转】属性管理器，先在视图区域选择中心线，所选中心线出现在【旋转轴】下面的显示框中，在【方向 1】下面“旋转类型”选择框中选择“给定深度”，在“角度”输入框中输入 360°，如图 8-217 所示，单击【确定】按钮，完成油塞的旋转实体创建。

② 选择【插入】/【凸台】/【拉伸】命令，在视图区域中单击旋转生成的凸缘表面作为绘图平面，然后单击【视图定向】按钮，单击【正视于】按钮，进入草图绘制；绘制如图 8-218 所示草图，然后单击【确定】按钮，退出草图；弹出【凸台-拉伸】属性管理器，在【方向 1】下面“终止条件”选择框中选择“给定深度”，在“深度”右面的输入框中输入“8.00mm”，如图 8-219 所示，单击【确定】按钮，完成油塞的六角头拉伸。

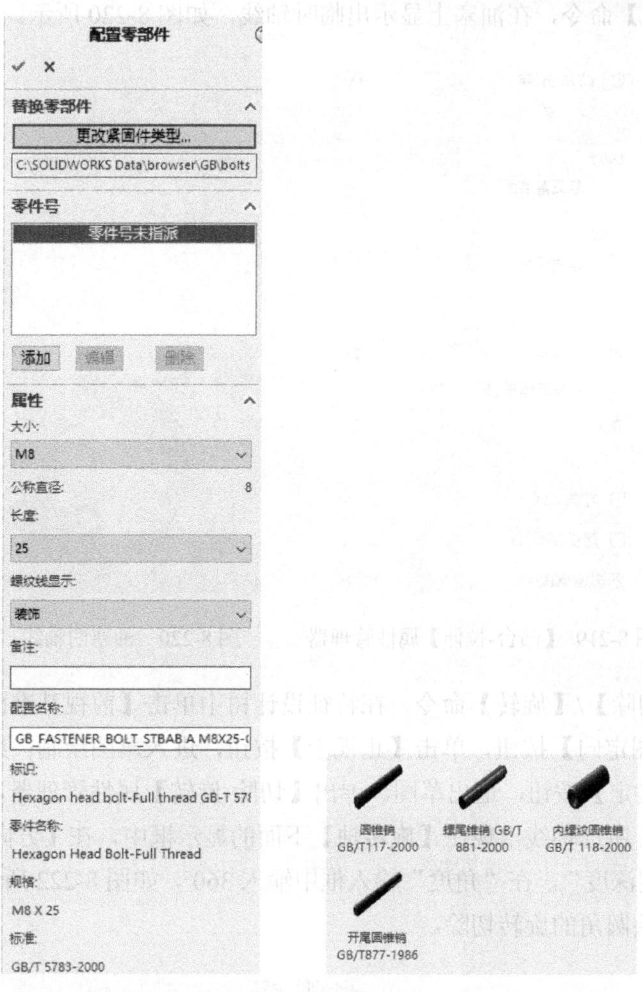

图 8-213　【配置零部件】属性管理器

图 8-214　各种标准圆锥销

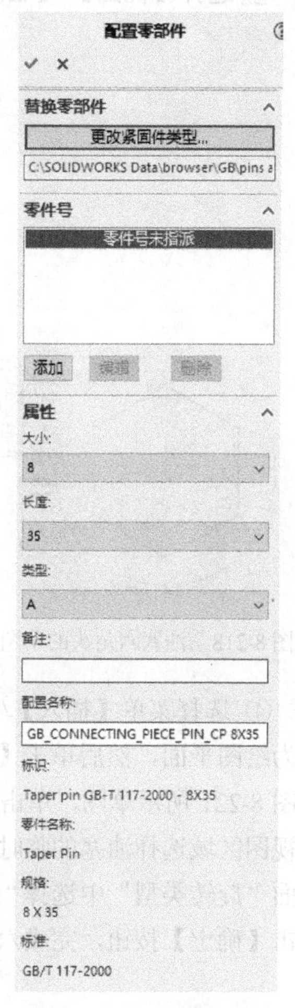

图 8-215　【配置零部件】属性管理器

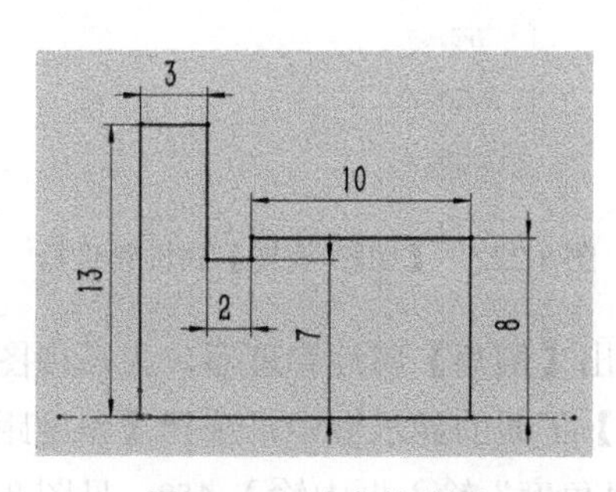

图 8-216　油塞的草图

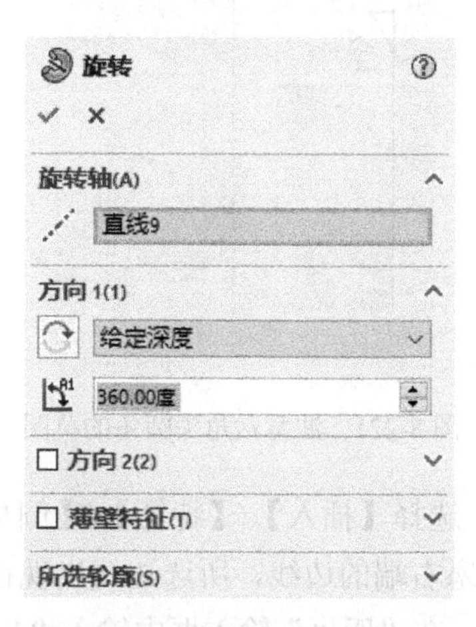

图 8-217　【旋转】属性管理器

③ 选择【视图】/【临时轴】命令，在油塞上显示出临时轴线，如图8-220所示。

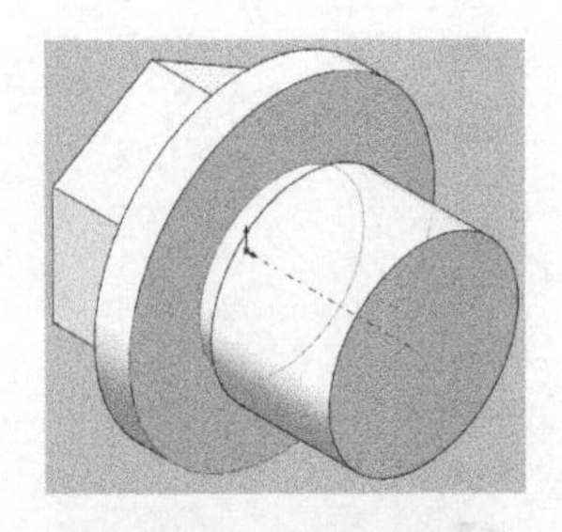

图8-218 油塞六角头的草图　图8-219 【凸台-拉伸】属性管理器　图8-220 油塞的轴线

④ 选择菜单【插入】/【切除】/【旋转】命令，在特征设计树中单击【前视基准面】作为绘图平面，然后单击【视图定向】按钮，单击【正视于】按钮，进入草图绘制；绘制如图8-221所示草图，单击【确定】按钮，退出草图。弹出【切除-旋转】属性管理器，先在视图区域选择油塞的临时轴，所选轴线出现在【旋转轴】下面的显示框中，在【方向1】下面“旋转类型”中选择“给定深度”，在“角度”输入框中输入360°，如图8-222所示，单击【确定】按钮，完成六角头圆角的旋转切除。

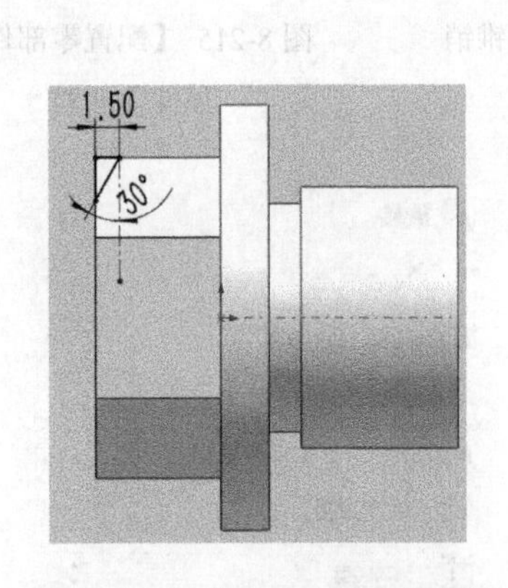

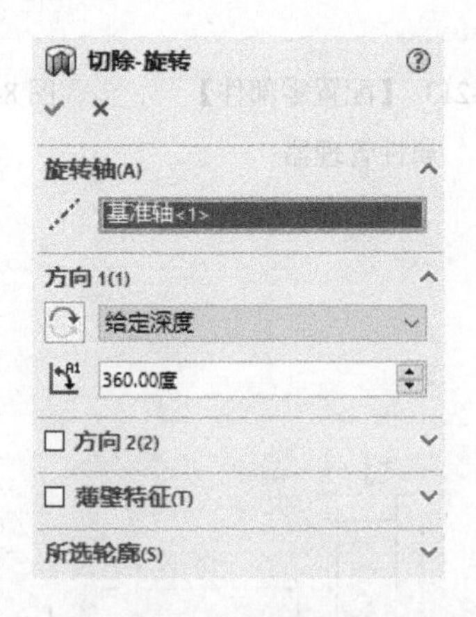

图8-221 油塞六角头圆角的草图　图8-222 【切除-旋转】属性管理器

⑤ 选择【插入】/【特征】/【倒角】命令，弹出【倒角】属性管理器，先在视图区域选择油塞右端的边线，所选边线出现在【倒角参数】下面的显示框中，选择【角度距离】单选项，在“距离”输入框中输入“1.00mm”，在“角度”输入框中输入45°，见图8-223，单击【确定】按钮，完成油塞右端的倒角。

⑥ 选择【插入】/【注解】/【装饰螺纹线】命令，弹出【装饰螺纹线】属性管理器，如图8-224所示，先在视图区域选择油塞右端的边线，所选边线出现在【螺纹设定】下面的显示框中，“标准”选择“GB”，“类型”选择“机械螺纹”，“大小”选择“M16”，螺纹“终止条件”选择“成形到下一面”，单击【确定】按钮，完成油塞的实体模型创建，如图8-225所示。

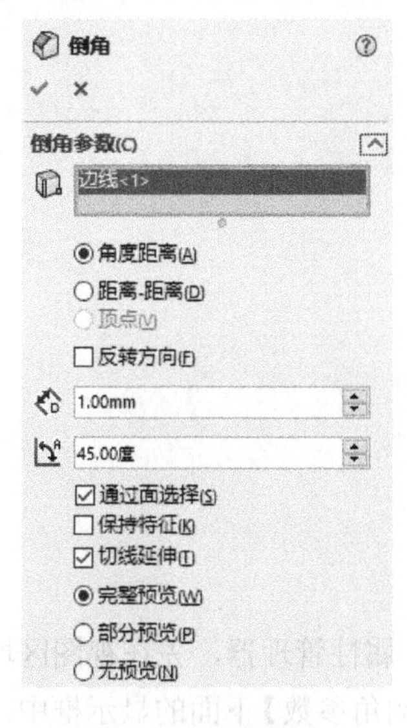

图8-223 【倒角】属性管理器

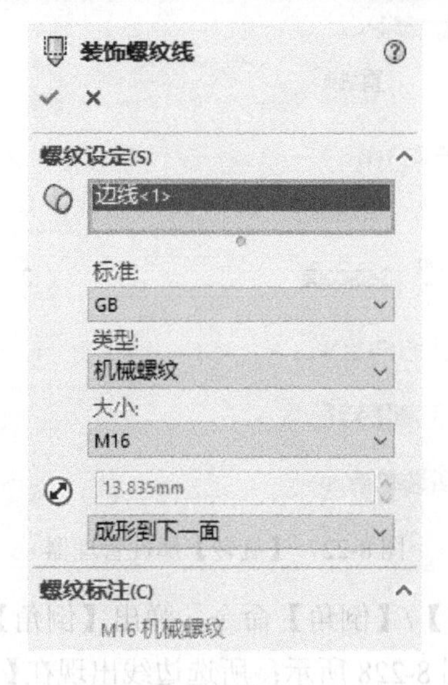

图8-224 【装饰螺纹线】属性管理器

图8-225 油塞的实体模型

（8）油标尺的建模

选择菜单【文件】/【新建】命令，弹出【新建SOLIDWORKS文件】对话框，单击【零件】按钮，然后单击【确定】按钮，进入创建零件界面。

① 选择【插入】/【凸台】/【旋转】命令，在视图区域中选择【前视基准面】作为绘图平面，进入草图绘制；通过油标尺中心线的横截面的封闭图形及一条点画线绘制如图8-226所示草图，点画线用作油标尺的旋转中心线，绘制完成单击【确定】按钮，退出草图。系统弹出【旋转】属性管理器，先在视图区域选择中心线，所选中心线出现在【旋转轴】下面的显示框中，在【方向1】下面“旋转类型”中选择“给定深度”，在“角度” 输入框中输入360°，

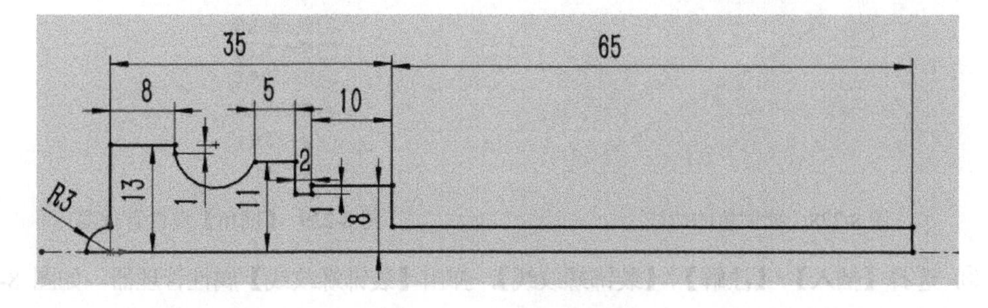

图8-226 油标尺的草图

如图 8-227 所示，单击【确定】按钮，完成油标尺的旋转实体创建。

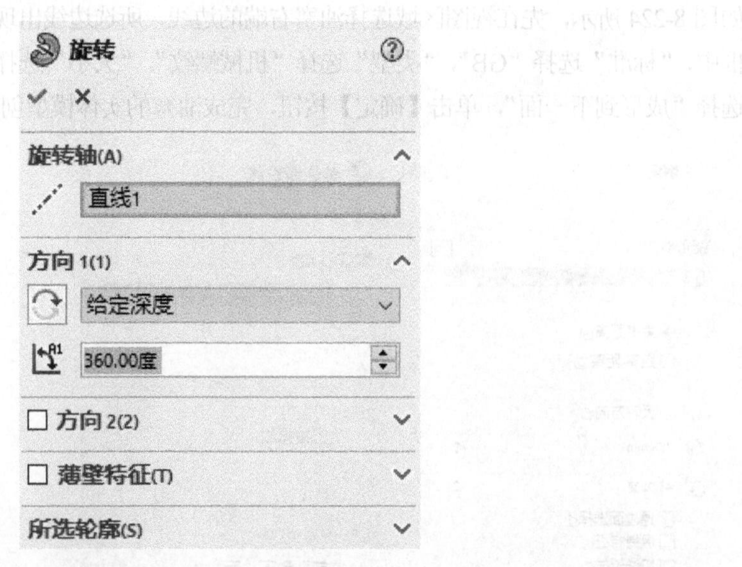

图 8-227 【旋转】属性管理器

② 选择【插入】/【特征】/【倒角】命令，弹出【倒角】属性管理器，先在视图区域选择油标尺的 3 条边线，如图 8-228 所示；所选边线出现在【倒角参数】下面的显示框中，选择“角度距离”单选项，在“距离”输入框中输入“1.00mm”，在“角度”输入框中输入 45°，见图 8-229，单击【确定】按钮，完成油标尺的倒角。

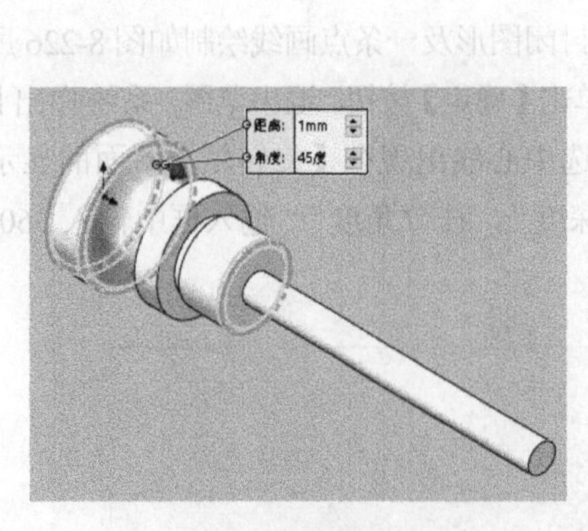

图 8-228 要倒角的边线

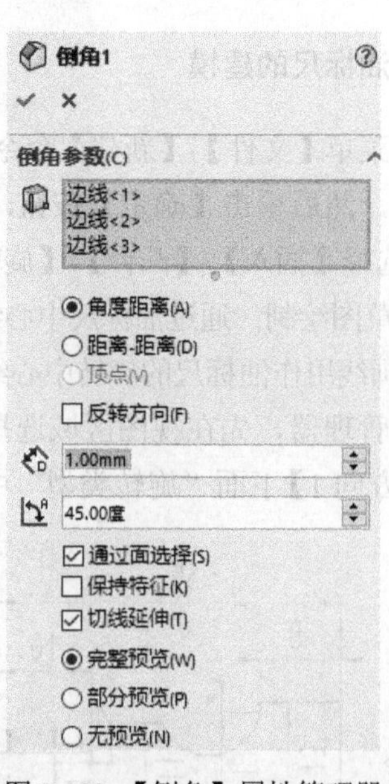

图 8-229 【倒角】属性管理器

③ 选择【插入】/【注解】/【装饰螺纹线】，弹出【装饰螺纹线】属性管理器，如图 8-230 所示，先在视图区域选择油标尺$\phi16$段右端的边线，所选边线出现在【螺纹设定】下面的显示框中，“标准”选择“GB”，“类型”选择“机械螺纹”，“大小”选择“M16”，螺纹“终止条件”

选择“成形到下一面”，单击【确定】按钮，完成油标尺实体模型创建，如图 8-231 所示。

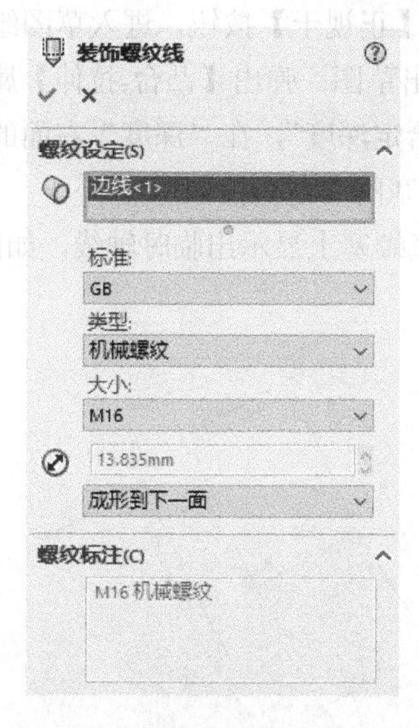

图 8-230　【装饰螺纹线】属性管理器

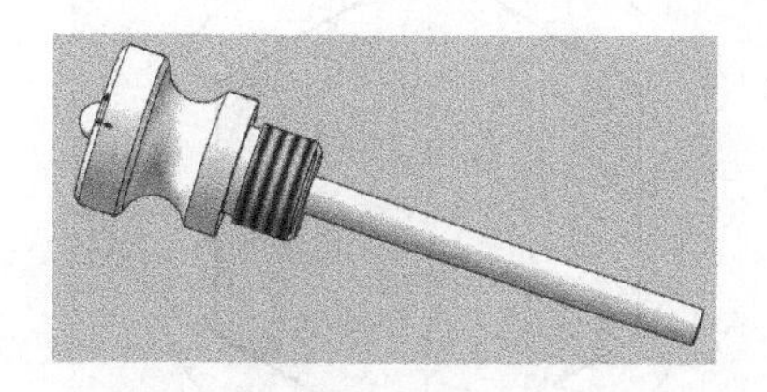

图 8-231　油标尺的实体模型

（9）通气螺塞的建模

选择菜单【文件】/【新建】命令，弹出【新建 SOLIDWORKS 文件】对话框，单击【零件】按钮，然后单击【确定】按钮，进入创建零件界面。

① 选择【插入】/【凸台】/【旋转】命令，在视图区域中选择【前视基准面】作为绘图平面，进入草图绘制；通过通气螺塞中心线的横截面的封闭图形及一条点画线绘制如图 8-232 所示草图，点画线用作通气螺塞的旋转中心线，绘制完成单击【确定】按钮，退出草图。

系统弹出【旋转】属性管理器，先在视图区域选择中心线，所选中心线出现在【旋转轴】下面的显示框中，在【方向 1】下面“旋转类型”中选择“给定深度”，在“角度”输入框中输入 360°，如图 8-233 所示，单击【确定】按钮，完成通气螺塞的旋转实体创建。

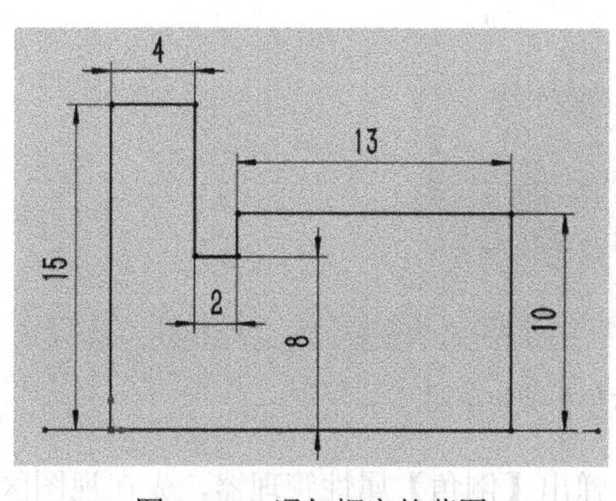

图 8-232　通气螺塞的草图

图 8-233　【旋转】属性管理器

② 选择菜单【插入】/【凸台】/【拉伸】命令，在视图区域中单击旋转生成的凸缘表面作为绘图平面，然后单击【视图定向】按钮，单击【正视于】按钮，进入草图绘制；绘制如图 8-234 所示草图，然后单击【确定】按钮，退出草图；弹出【凸台-拉伸】属性管理器，在【方向 1】下面“终止条件”选择框中选择“给定深度”，在“深度”右面的输入框中输入“9.00mm”，单击【确定】按钮，完成通气螺塞的六角头拉伸。

③ 选择菜单【视图】/【临时轴】命令，则在通气螺塞上显示出临时轴线，如图 8-235 所示。

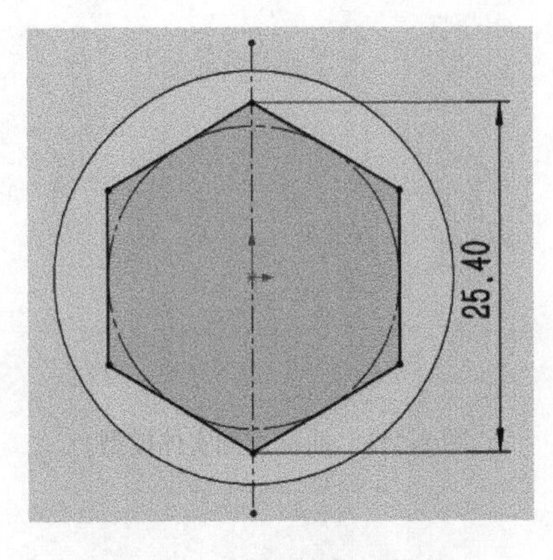

图 8-234　通气螺塞六角头草图

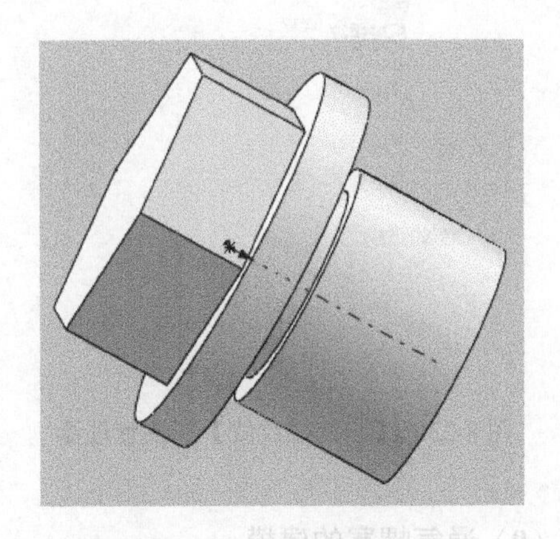

图 8-235　通气螺塞临时轴

④ 选择菜单【插入】/【切除】/【旋转】命令，在特征设计树中单击【前视基准面】作为绘图平面，然后单击【视图定向】按钮，单击【正视于】按钮，进入草图绘制；绘制如图 8-236 所示草图，单击【确定】按钮，退出草图。弹出【切除-旋转】属性管理器，先在视图区域选择通气螺塞的临时轴，所选轴线出现在【旋转轴】下面的显示框中，在【方向 1】下面“旋转类型”中选择“给定深度”，在“角度”输入框中输入 360°，单击【确定】按钮，完成通气螺塞六角头圆角的旋转切除。

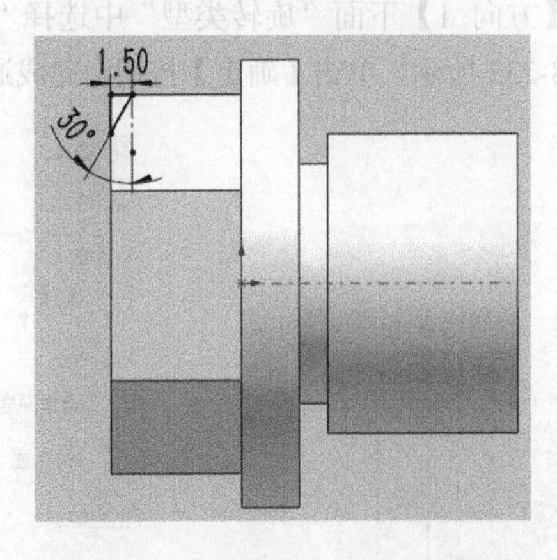

图 8-236　通气螺塞六角头圆角草图

⑤ 选择【插入】/【特征】/【倒角】命令，弹出【倒角】属性管理器，先在视图区域

选择通气螺塞右端的边线，所选边线出现在【倒角参数】下面的显示框中，选择“角度距离”单选项，在“距离”输入框中输入“1.00mm”，在“角度”输入框中输入 45°，单击【确定】按钮，完成通气螺塞右端的倒角。

⑥ 选择【插入】/【注解】/【装饰螺纹线】命令，弹出【装饰螺纹线】属性管理器，如图 8-237 所示，先在视图区域选择通气螺塞右端的边线，所选边线出现在【螺纹设定】下面的显示框中，“标准”选择“GB”，“类型”选择“机械螺纹”，“大小”选择“M20”，螺纹“终止条件”选择“成形到下一面”，单击【确定】按钮，结果如图 8-238 所示。

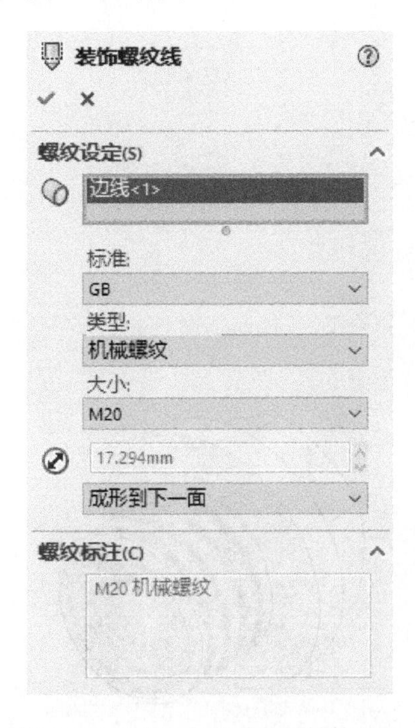

图 8-237 【装饰螺纹线】属性管理器

图 8-238 通气螺塞的装饰螺纹线

⑦ 选择【插入】/【特征】/【孔】/【向导】命令，弹出【孔规格】属性管理器，在【孔类型】中单击【孔】按钮，在“标准”选择框中选择“GB”，“类型”选择“钻孔大小”；【孔规格】中“大小”选择“ϕ6.0”；【终止条件】选择“给定深度”，“盲孔深度”中输入“23.00mm”，如图 8-239 所示；然后单击【位置】标签，先在视图区域选择通气螺塞右端面作为孔所在的面，再单击圆截面中心（与临时轴线重合的点）作为孔所在的位置，如图 8-240 所示，再单击【确定】按钮。

⑧ 选择【插入】/【特征】/【孔】/【向导】命令，弹出【孔规格】属性管理器，在【孔类型】中单击【孔】按钮，“标准”选择“GB”，“类型”选择“钻孔大小”；【孔规格】中“大小”选择“ϕ6.0”；【终止条件】选择“完全贯穿”；然后单击【位置】标签，先在视图区域选择通气螺塞六角头的任一平面作为孔所在的面，再在此平面适当位置单击作为孔所在的位置，然后单击【视图定向】按钮，单击【正视于】按钮，进入草图绘制，修改孔的定位尺寸，如图 8-241 所示，再单击【确定】按钮。

图 8-239　【孔规格】属性管理器　　　　图 8-240　通气螺塞端面的孔位置

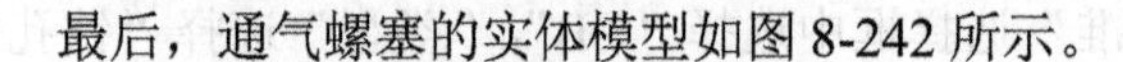

最后，通气螺塞的实体模型如图 8-242 所示。

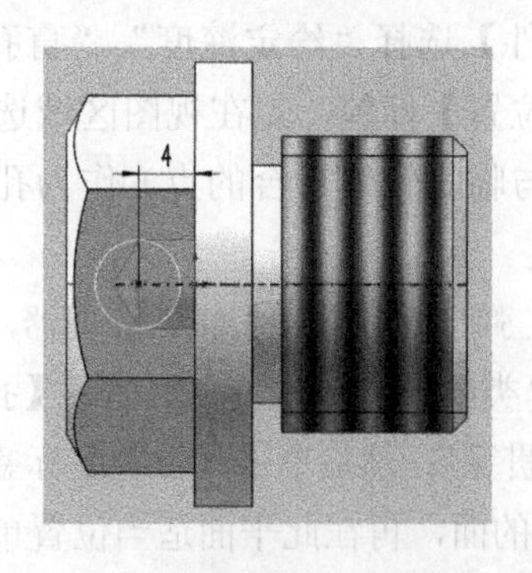

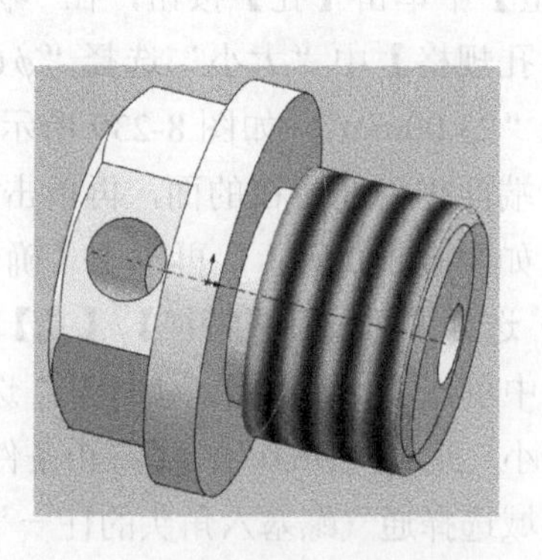

图 8-241　通气螺塞六角头的孔位置　　　　图 8-242　通气螺塞的实体模型

（10）起盖螺钉的建模

① 采用与（2）六角头螺栓的建模相同方法从设计库里调出“六角头螺栓全螺纹 GB/T5783-2000”，弹出【配置零部件】属性管理器，在【属性】中“大小”选择“M10”，“长度”选择“20”，其他设置相同，保存为零件。

② 打开保存的起盖螺钉文件，在螺钉端面拉伸生成一段ϕ7mm、长 4mm 的圆柱体。

③ 对拉伸生成的圆柱体端面进行圆角处理，选择圆柱体端面边线作为圆角边线，如图 8-243 所示；在【圆角】属性管理器中设置圆角半径为 2mm，“轮廓”选择“圆形”，如图 8-244 所示，再单击【确定】按钮。

生成的起盖螺钉实体模型如图 8-245 所示。

图 8-243　圆角的边线

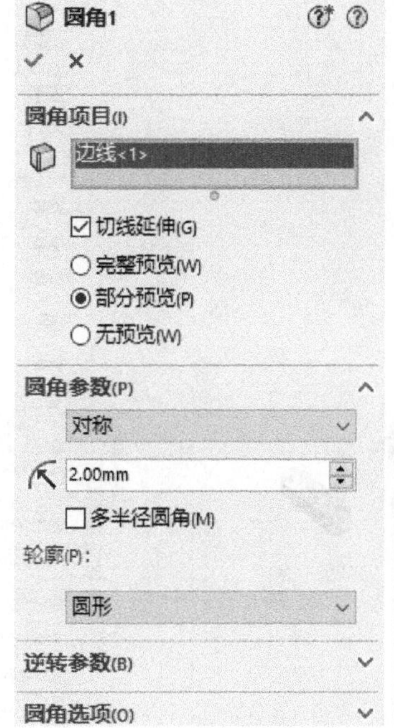

图 8-244　【圆角】属性管理器

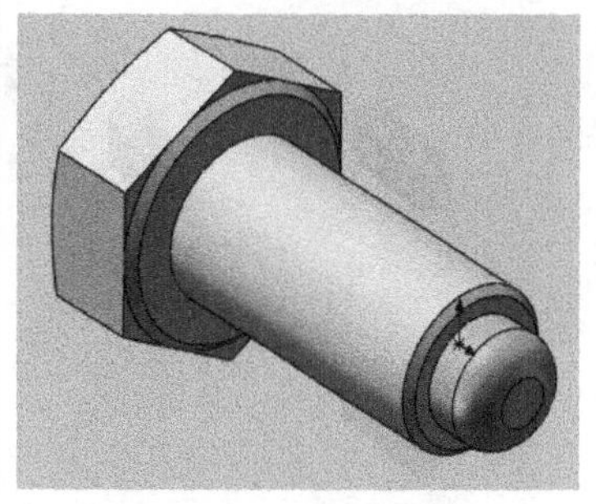

图 8-245　起盖螺钉的实体模型

（11）普通平键的建模

选择【文件】/【新建】/【装配体】命令，从“工具箱”里找到“国标”文件夹，然后双击，在弹出的窗口中浏览到“销和键”文件夹并双击，在弹出的窗口中双击“平行键”文件夹，将会弹出如图 8-246 所示的各种标准平行键。单击【普通平键 GB1096-79】图标不放，将其拖动到视图区后放开鼠标左键，弹出【配置零部件】属性管理器，在【属性】中“大小”选择“8”，“长度”选择“45”，“类型”选择“A”，如图 8-247 所示；然后单击【配置零部件】属性管理器中的【确定】按钮，在弹出的【插入零部件】管理器中单击【取消】按钮，完成普通平键的创建，将文件以“键 8×45”命名，保存为零件。

采用同样的方法创建相同类型，大小 10mm、长度 50mm 的键和大小 14mm、长 50mm 的键，分别以文件“键 10×50”“键 14×50”命名，保存为零件。

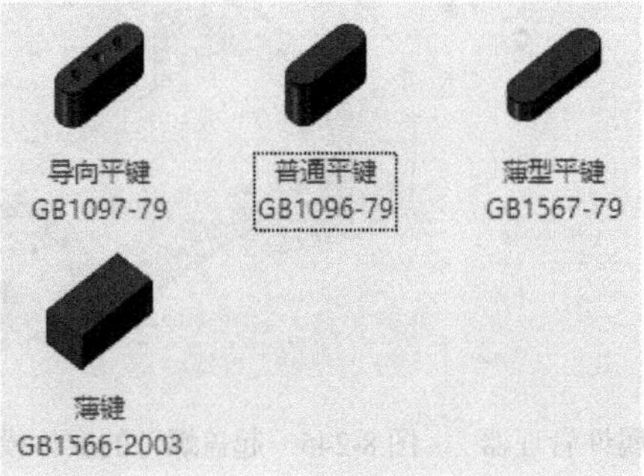

导向平键
GB1097-79
普通平键
GB1096-79
薄型平键
GB1567-79
薄键
GB1566-2003

图 8-246　各种标准平行键

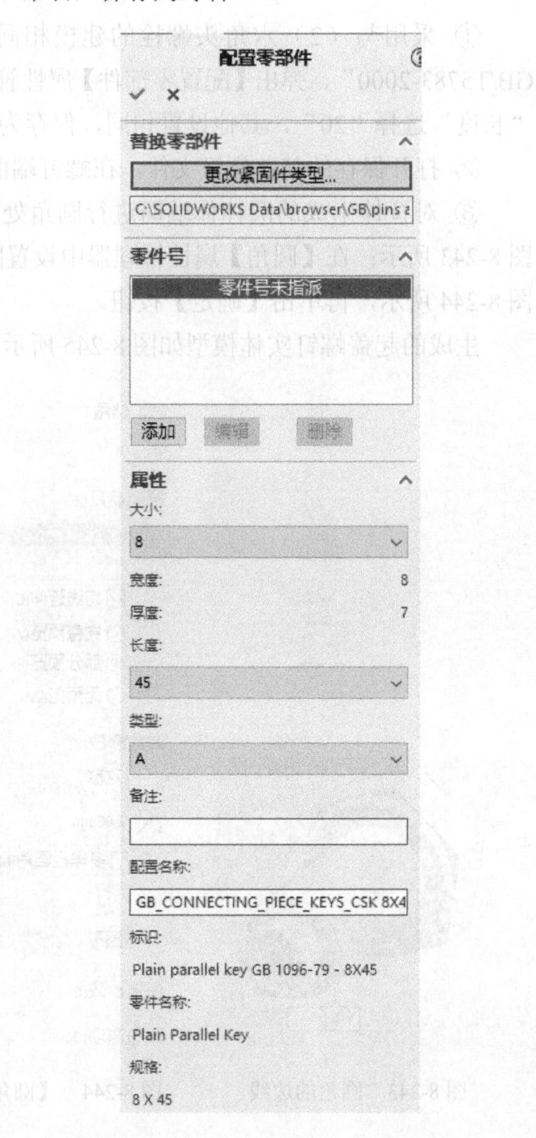

图 8-247 【配置零部件】属性管理器

（12）油塞封油垫的建模

选择菜单【文件】/【新建】命令，弹出【SOLIDWORKS 文件】对话框，单击【零件】按钮，然后单击【确定】按钮，进入创建零件界面。

选择【插入】/【凸台】/【旋转】命令，在视图区域中选择【前视基准面】作为绘图平面，进入草图绘制；通过油塞封油垫中心线的横截面的封闭图形及一条点画线绘制如图 8-248 所示草图，点画线用作油塞封油垫的旋转中心线，绘制完成单击【确定】按钮，退出草图。

系统弹出【旋转】属性管理器，先在视图区域选择中心线，所选中心线出现在【旋转轴】下面的显示框中，在【方向 1】下面“旋转类型”中选择“给定深度”，在“角度”输入框中输入 360°，如图 8-249 所示，单击【确定】按钮，完成油塞封油垫的旋转实体创建，文件以“油塞封油垫”命名。

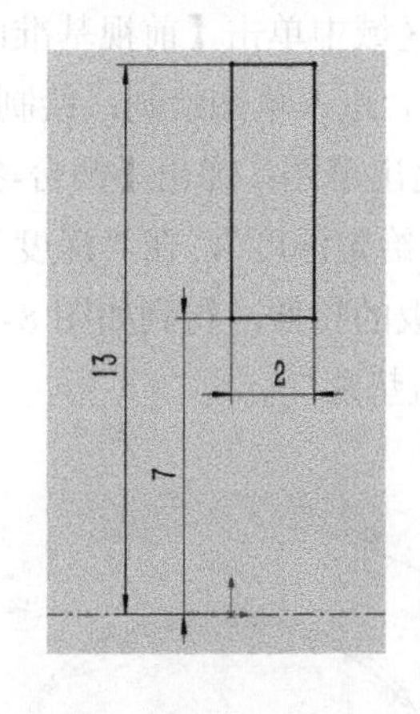

图 8-248　油塞封油垫的草图

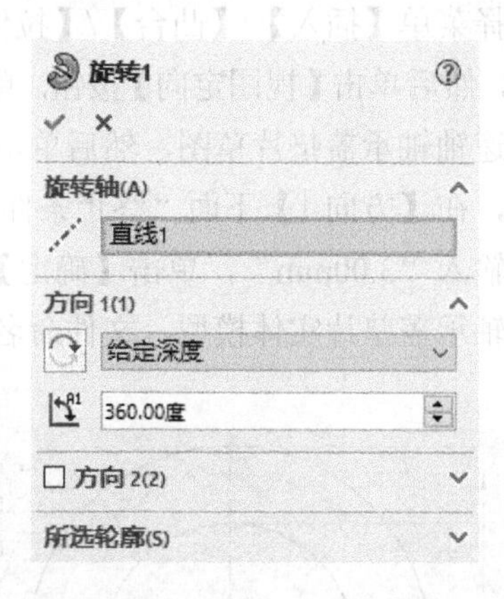

图 8-249　【旋转】属性管理器

（13）窥视孔垫片的建模

选择菜单【文件】/【新建】命令，弹出【SOLIDWORKS 文件】对话框，单击【零件】按钮，然后单击【确定】按钮，进入创建零件界面。选择菜单【插入】/【凸台】/【拉伸】命令，在视图区域中单击【前视基准面】作为绘图平面，然后单击【视图定向】按钮，单击【正视于】按钮，进入草图绘制；绘制如图 8-250 所示草图，然后单击【确定】按钮，退出草图；弹出【凸台-拉伸】属性管理器（图 8-251），在【方向 1】下面“终止条件”选择框中选择“给定深度”，在“深度”右面输入框中输入“2.00mm”，单击【确定】按钮，完成窥视孔垫片的拉伸，将零件保存为“窥视孔垫片”。

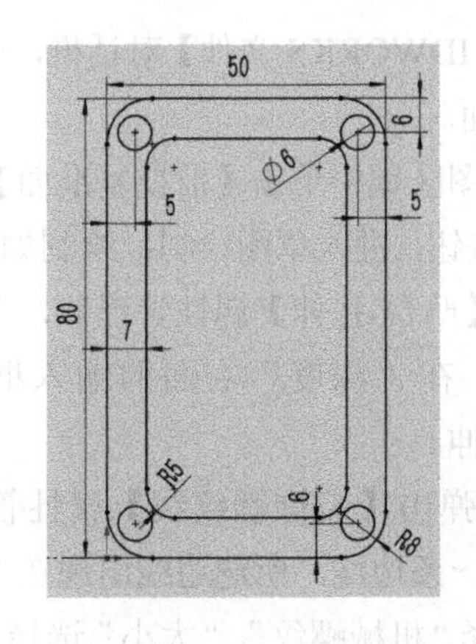

图 8-250　窥视孔垫片的草图

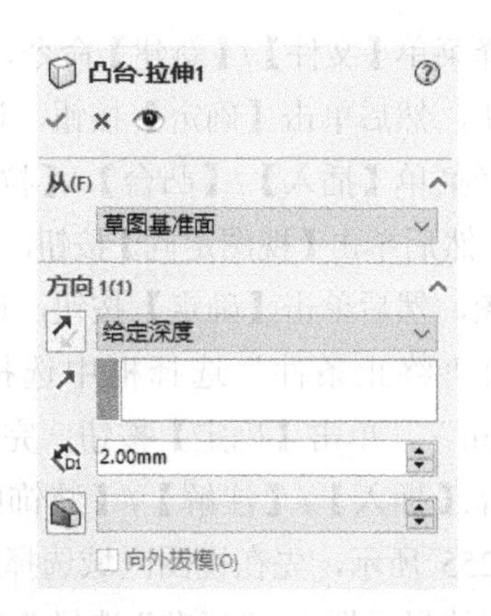

图 8-251　【凸台-拉伸】属性管理器

（14）轴承盖垫片的建模

选择菜单【文件】/【新建】命令，弹出【新建 SOLIDWORKS 文件】对话框，单击【零件】按钮，然后单击【确定】按钮，进入创建零件界面。

选择菜单【插入】/【凸台】/【拉伸】命令，在视图区域中单击【前视基准面】作为绘图平面，然后单击【视图定向】按钮，单击【正视于】按钮，进入草图绘制；绘制如图 8-252 所示高速轴轴承盖垫片草图，然后单击【确定】按钮，退出草图；弹出【凸台-拉伸】属性管理器，在【方向 1】下面“终止条件”选择框中选择“给定深度”，在“深度”右面的输入框中输入“3.00mm”，单击【确定】按钮，完成连接板的拉伸，得到如图 8-253 所示的高速轴轴承盖垫片实体模型，文件命名为“高速轴轴承盖垫片”。

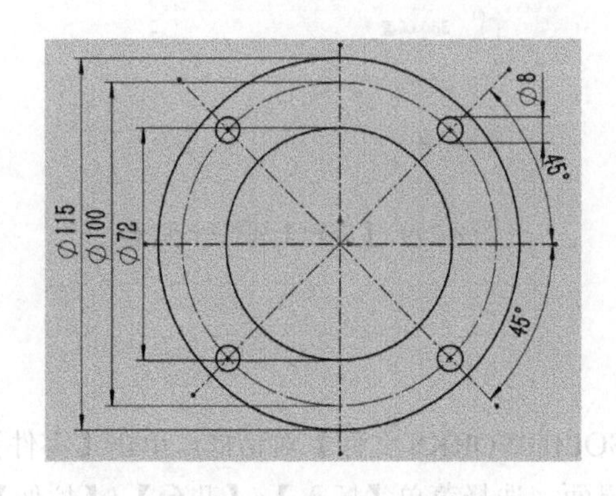

图 8-252 高速轴轴承盖垫片的草图

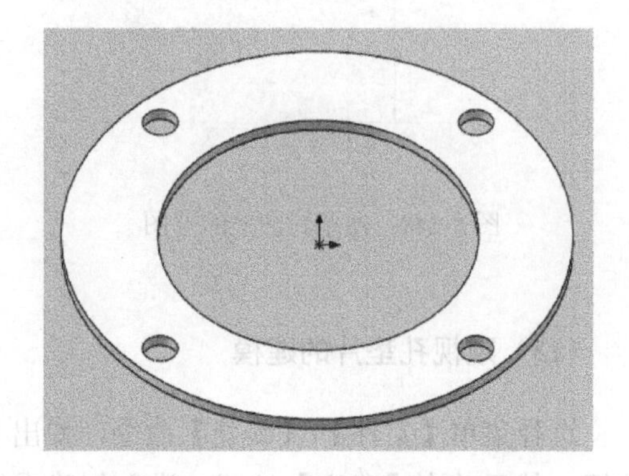

图 8-253 高速轴轴承盖垫片的实体模型

采用同样的方法创建低速轴轴承盖垫片实体模型，以文件“低速轴轴承盖垫片”命名，保存为零件。

（15）窥视孔盖 1 的建模

选择菜单【文件】/【新建】命令，弹出【新建 SOLIDWORKS 文件】对话框，单击【零件】按钮，然后单击【确定】按钮，进入创建零件界面。

选择菜单【插入】/【凸台】/【拉伸】命令，在视图区域中单击【前视基准面】作为绘图平面，然后单击【视图定向】按钮，单击【正视于】按钮，进入草图绘制；绘制如图 8-254 所示草图，然后单击【确定】按钮，退出草图；弹出【凸台-拉伸】属性管理器，在【方向 1】下面“终止条件”选择框中选择“给定深度”，在“深度”右面的输入框中输入“15.00mm”，单击【确定】按钮，完成窥视孔盖的拉伸。

选择【插入】/【注解】/【装饰螺纹线】命令，弹出【装饰螺纹线】属性管理器，如图 8-255 所示，先在视图区域选择窥视孔盖内孔的一条边线，所选边线出现在【螺纹设定】下面的显示框中，“标准”选择“GB”，“类型”选择“机械螺纹”，“大小”选择“M24”，螺纹“终止条件”选择“成形到下一面”，单击【确定】按钮，完成窥视孔盖 1 的实体模型

创建，如图 8-256 所示，文件命名为“窥视孔盖 1”。

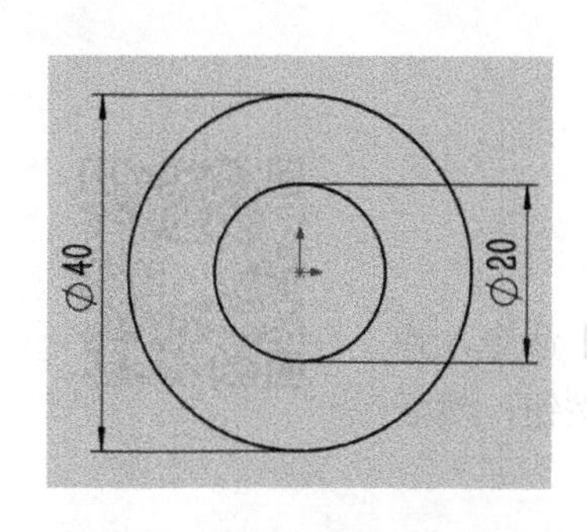

图 8-254　窥视孔盖的草图

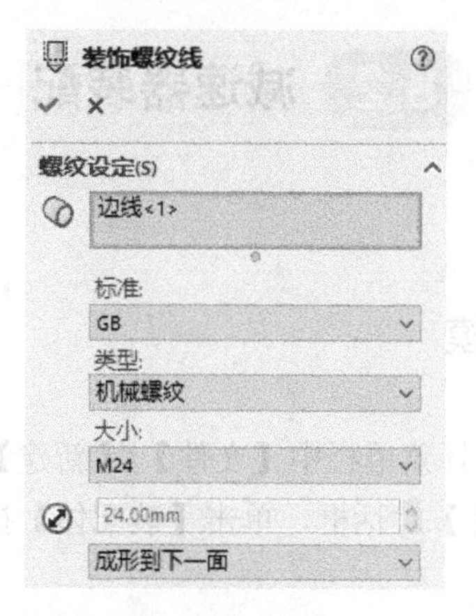

图 8-255 【装饰螺纹线】属性管理器

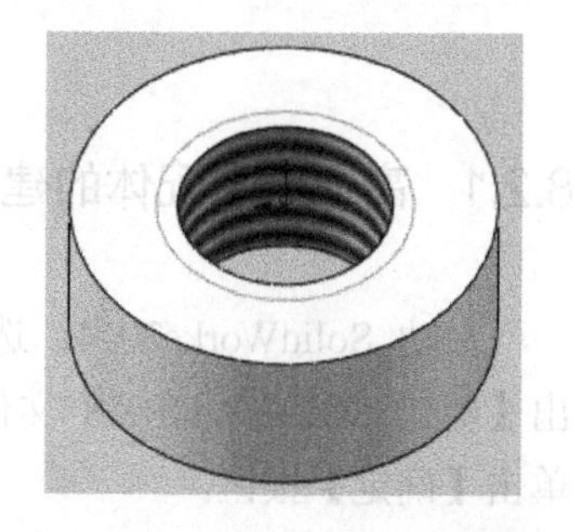

图 8-256　窥视孔盖 1 的实体模型

（16）连接板的建模

选择菜单【文件】/【新建】命令，弹出【新建 SOLIDWORKS 文件】对话框，单击【零件】按钮，然后单击【确定】按钮，进入创建零件界面。

选择菜单【插入】/【凸台】/【拉伸】命令，在视图区域中单击【前视基准面】作为绘图平面，然后单击【视图定向】按钮，单击【正视于】按钮，进入草图绘制；绘制如图 8-257 所示草图，然后单击【确定】按钮，退出草图；弹出【凸台-拉伸】属性管理器，在【方向 1】下面“终止条件”选择框中选择“给定深度”，在“深度”右面的输入框中输入“3.00mm”，单击【确定】按钮，完成连接板的拉伸，得到连接板的实体模型，如图 8-258 所示，文件命名为“连接板”。

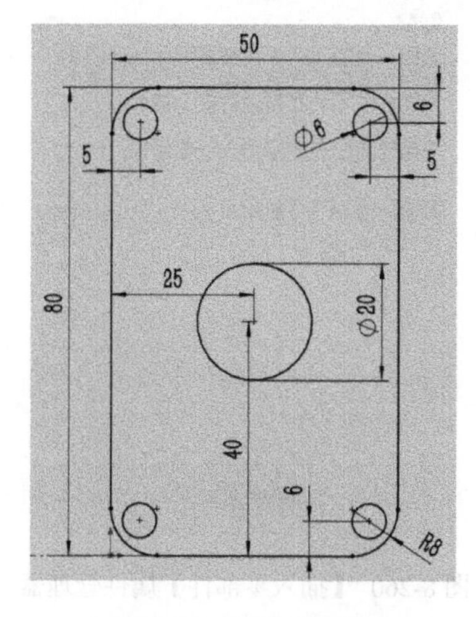

图 8-257　连接板的草图

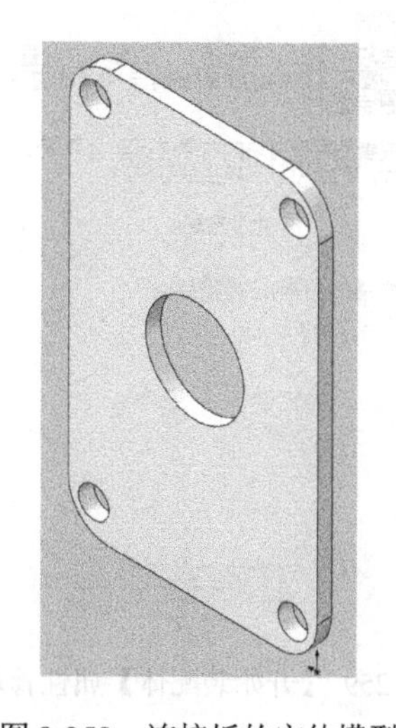

图 8-258　连接板的实体模型

8.2 减速器装配

8.2.1 高速轴装配体的建模

启动 SolidWorks2014，选择菜单栏中【文件】/【新建】命令，弹出【新建 SOLIDWORKS 文件】对话框，单击【装配体】按钮，然后单击【确定】按钮。

（1）插入高速轴

在弹出的【开始装配体】属性管理器中单击【浏览】按钮（图 8-259），弹出【打开】对话框，在文件夹中找到“高速齿轮轴”零件，然后单击【打开】按钮，在视图区域任选位置单击插入高速轴。

（2）插入并安装挡油盘

单击【装配体命令】管理器中的【插入零部件】按钮，在弹出的【插入零部件】属性管理器中单击【浏览】按钮（图 8-260），弹出【打开】对话框，在文件夹中找到“高速轴挡油盘”零件，然后单击【打开】按钮，在视图区域合适位置单击插入挡油盘。

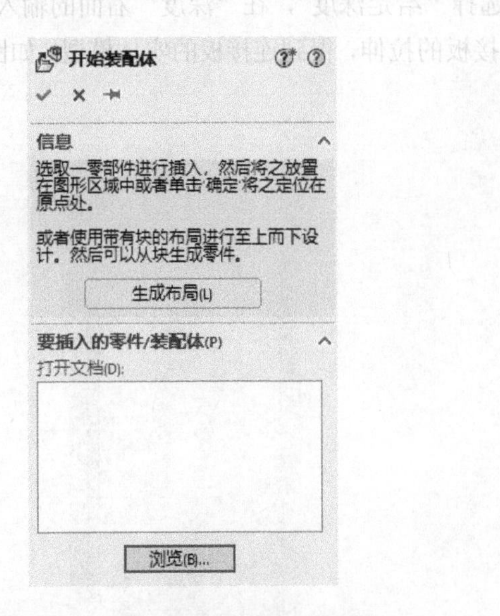

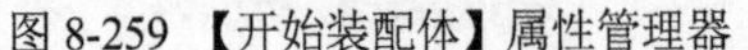

图 8-259 【开始装配体】属性管理器

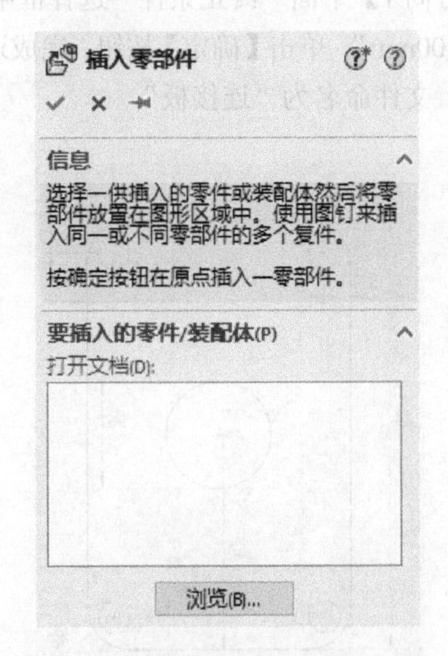

图 8-260 【插入零部件】属性管理器

为便于装配，可先通过单击【装配体命令】管理器中【移动零部件】按钮和【旋转

零部件】按钮来调整挡油盘的位置，将挡油盘放置在轴的左侧，挡油盘直径较大一侧朝向轴。

单击【配合】按钮，弹出【配合】属性管理器，在视图区域中选择高速轴左端轴段的圆柱面与挡油盘的圆柱孔，如图 8-261 所示，所选面将出现在【配合选择】中“要配合的实体”右侧的显示框中，在【标准配合】中单击【同轴心】按钮，如图 8-262 所示，单击【确定】按钮，定义了轴与挡油盘的轴线重合。

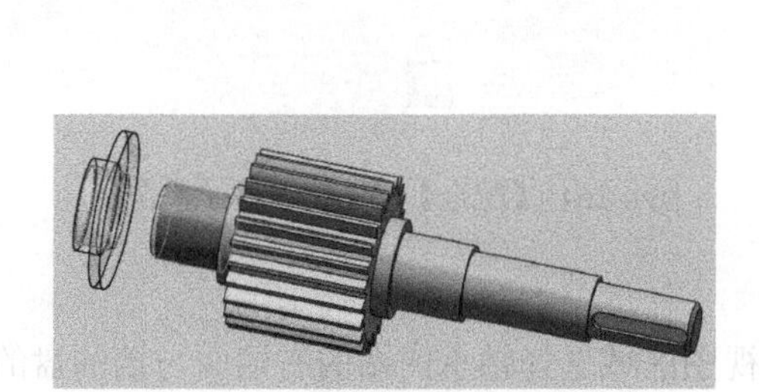

图 8-261　高速轴左端轴段的圆柱面与挡油盘的圆柱孔的选择

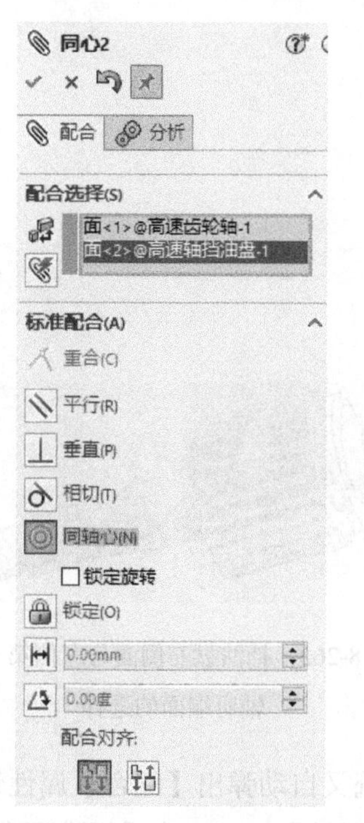

图 8-262【配合】属性管理器（同轴心）

系统又自动弹出【配合】属性管理器，在视图区域选择挡油盘的右侧面与轴左侧第一个轴肩端面，如图 8-263 所示，所选面将出现在【配合选择】中“要配合的实体”右侧的显示框中，在【标准配合】中单击【重合】按钮，如图 8-264 所示，单击【确定】按钮，完成挡油盘的安装。

（3）插入并安装轴承

单击【装配体命令】管理器中【插入零部件】按钮，在弹出的【插入零部件】属性管理器中单击【浏览】按钮，弹出【打开】对话框，在文件夹中找到“高速轴轴承”（深沟球轴承 6207）零件，然后单击【打开】按钮，在视图区域合适位置单击插入高速轴轴承。

为便于装配，可先通过单击【装配体命令】管理器中【移动零部件】按钮和【旋转零部件】按钮来调整轴承的位置，将深沟球轴承放置在轴的左侧。

单击【配合】按钮，弹出【配合】属性管理器，在视图区域中选择高速轴左端轴段的圆柱面与轴承孔的圆柱面，如图 8-265 所示，在【标准配合】中单击【同轴心】按钮，单击【确定】按钮，定义了轴与轴承间的轴线重合。

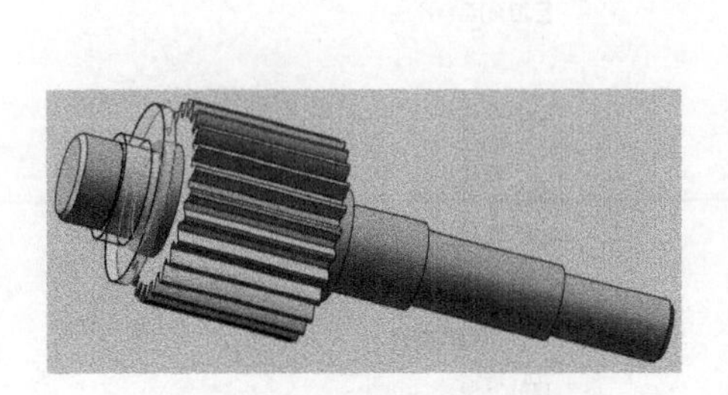

图 8-263　挡油盘右侧面与左侧第一个轴肩端面的选择

图 8-264　【配合】属性管理器（重合）

系统又自动弹出【配合】属性管理器，在视图区域选择轴承内圈的右端面与挡油盘的左端面，见图 8-266，在【标准配合】中单击【重合】按钮，单击【确定】按钮，完成左侧轴承的装配。

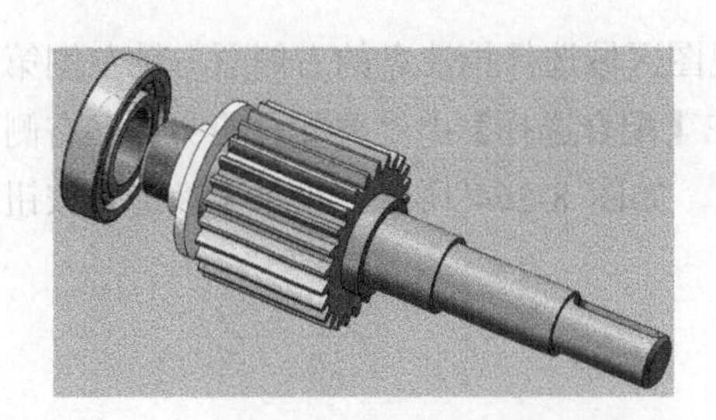

图 8-265　高速轴左端轴段的圆柱面与轴承孔的圆柱面的选择

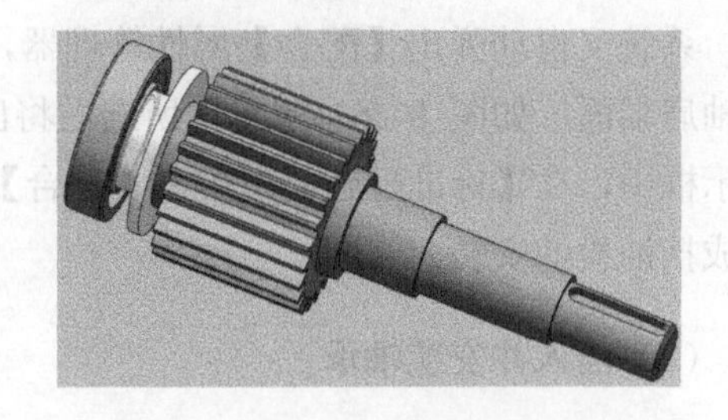

图 8-266　轴承内圈的右端面与挡油盘的左端面的选择

（4）插入并安装另一挡油盘

单击【插入零部件】按钮，在文件夹中找到“高速轴挡油盘”零件，在视图区域合适位置单击插入挡油盘。

为便于装配，可先通过单击【装配体命令】管理器中【移动零部件】按钮和【旋转零部件】按钮来调整挡油盘的位置，将挡油盘放置在轴的右侧，挡油盘直径较大一侧朝向轴。

单击【配合】按钮，弹出【配合】属性管理器，在视图区域中选择高速轴中间轴段的圆柱面与挡油盘的圆柱孔，如图 8-267 所示，在【标准配合】中单击【同轴心】按钮，如图 8-262 所示，单击【确定】按钮，定义了轴与挡油盘的轴线重合。

系统又自动弹出【配合】属性管理器，在视图区域选择挡油盘的左端面与轴中间段轴肩的端面，如图 8-268 所示，在【标准配合】中单击【重合】按钮，单击【确定】按钮，完成了右侧挡油盘安装。

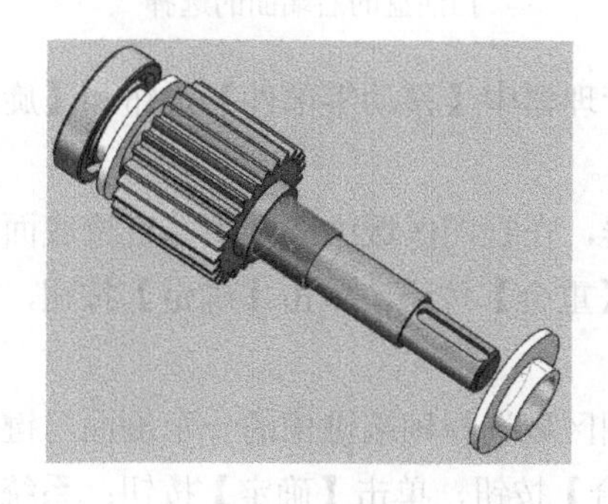

图 8-267　高速轴中间轴段的圆柱面与挡油盘的圆柱孔的选择

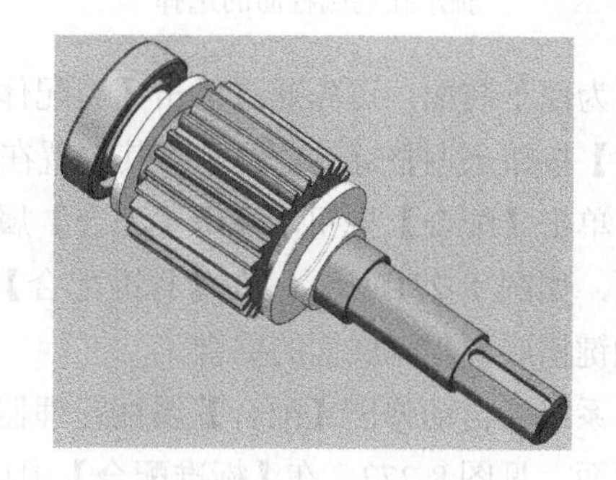

图 8-268　挡油盘的左端面与轴中间段轴肩的端面的选择

（5）插入并安装另一轴承

单击【插入零部件】按钮，在文件夹中找到“高速轴轴承”（深沟球轴承 6207）零件，在视图区域合适位置单击插入高速轴轴承。

为便于装配，可先通过单击【装配体命令】管理器中【移动零部件】按钮和【旋转零部件】按钮来调整轴承的位置，将深沟球轴承放置在轴的右侧。

单击【配合】按钮，弹出【配合】属性管理器，在视图区域中选择高速轴中间轴段的圆柱面与轴承孔的圆柱面，如图 8-269 所示，在【标准配合】中单击【同轴心】按钮，单击【确定】按钮，定义了轴与轴承间的轴线重合。

系统又自动弹出【配合】属性管理器，在视图区域选择轴承内圈的左端面与挡油盘的右端面，见图 8-270，在【标准配合】中单击【重合】按钮，单击【确定】按钮，完成右侧轴承的装配。

（6）插入并安装轴端平键

单击【插入零部件】按钮，在文件夹中找到“键 8×45”零件，在视图区域合适位置单击插入键。

图 8-269　高速轴中间轴段的圆柱面与轴承孔的圆柱面的选择

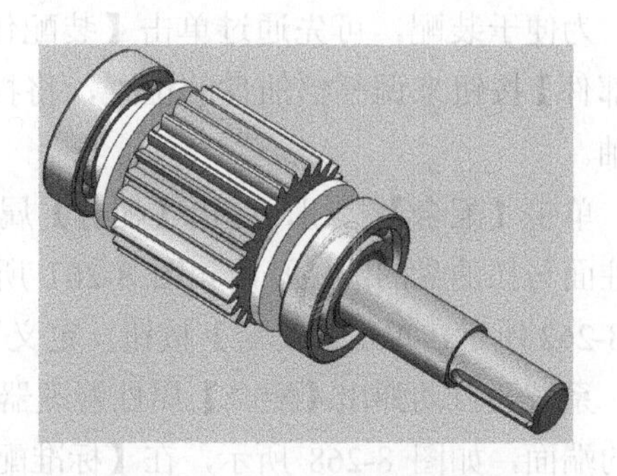

图 8-270　轴承内圈的左端面与挡油盘的右端面的选择

为便于装配，可先通过单击【装配体命令】管理器中【移动零部件】按钮和【旋转零部件】按钮来调整键的位置，将其放置在轴的右侧。

单击【配合】按钮，弹出【配合】属性管理器，在视图区域中选择轴端键槽底面与键底面，如图 8-271 所示，在【标准配合】中单击【重合】按钮，单击【确定】按钮，定义了轴键槽底面与键底面的重合。

系统又自动弹出【配合】属性管理器，在视图区域选择轴端键槽的一个侧面与键的一个侧面，见图 8-272，在【标准配合】中单击【重合】按钮，单击【确定】按钮；系统又自动弹出【配合】属性管理器，在视图区域选择轴端键槽半圆柱面与键半圆柱面，如图 8-273 所示，在【标准配合】中单击【重合】按钮，单击【确定】按钮，完成轴端平键的安装。

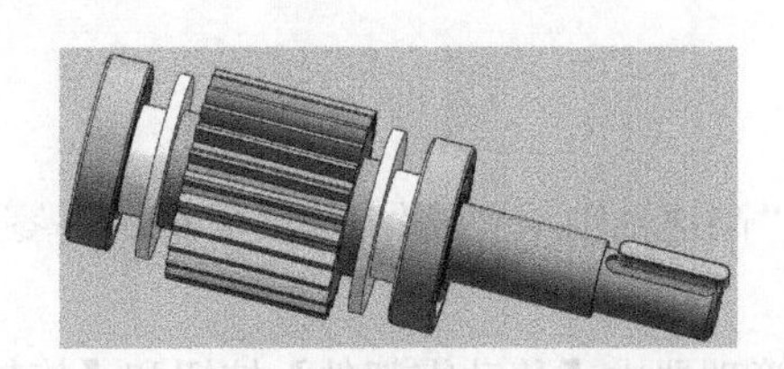

图 8-271　轴端键槽底面与键底面的选择

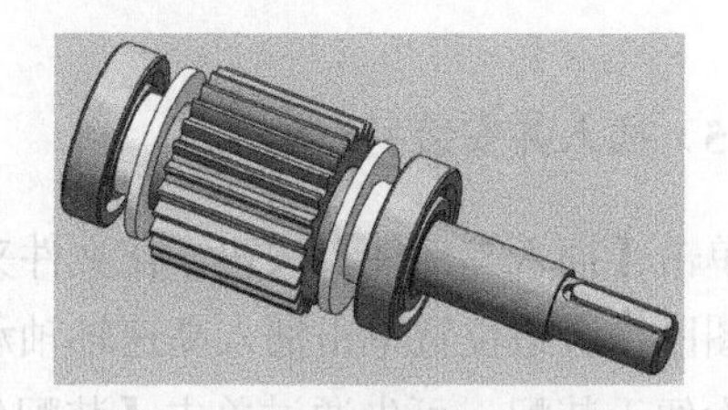

图 8-272　轴端键槽的一个侧面与键的一个侧面的选择

最后完成高速轴装配体如图 8-274 所示。

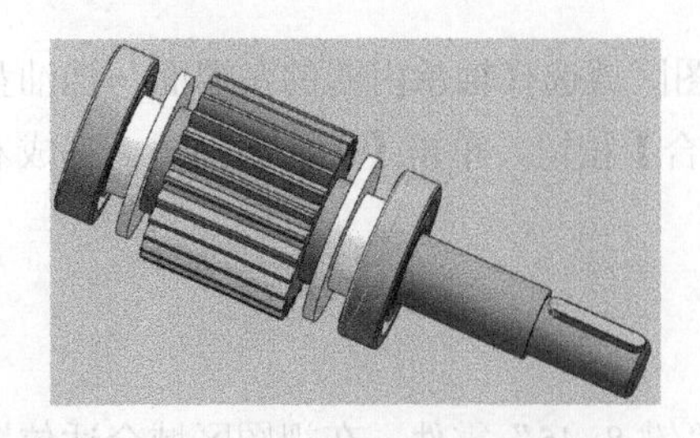

图 8-273　轴端键槽半圆柱面与键半圆柱面的选择

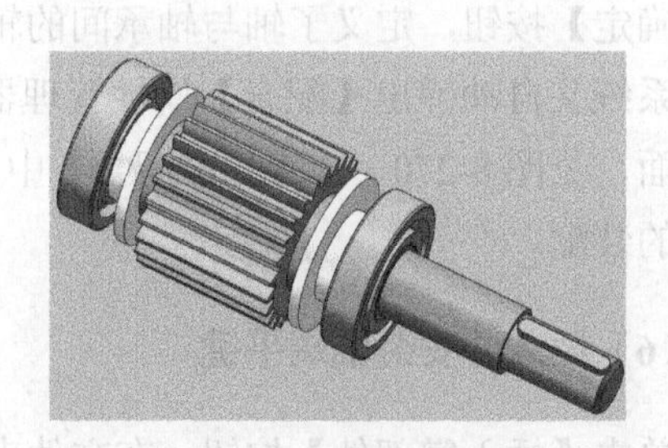

图 8-274　高速轴装配体

8.2.2　低速轴装配体的建模

启动 SolidWorks2014，选择菜单栏中【文件】/【新建】命令，弹出【新建 SOLIDWORKS 文件】对话框，单击【装配体】按钮，然后单击【确定】按钮。

（1）插入低速轴

在弹出的【开始装配体】属性管理器中单击【浏览】按钮，弹出【打开】对话框，在文件夹中找到“低速轴”零件，然后单击【打开】按钮，在视图区域任选位置单击插入低速轴。

（2）插入并安装平键（连接齿轮用）

在【装配体命令】管理器中单击【插入零部件】按钮，在弹出的【插入零部件】属性管理器中单击【浏览】按钮，弹出【打开】对话框，在文件夹中找到“低速轴键”零件，然后单击【打开】按钮，在视图区域合适位置单击插入低速轴键。

为便于装配，可先通过单击【装配体命令】管理器中【移动零部件】按钮和【旋转零部件】按钮来调整键的位置。

单击【配合】按钮，弹出【配合】属性管理器（图 8-275），在视图区域中选择低速轴键槽侧面及键的一个侧面（图 8-276），所选实体将出现在【配合选择】中“要配合的实体”右侧的显示框中，在【标准配合】中单击【重合】按钮，单击【确定】按钮，定义了键与轴键槽间的一个重合面。

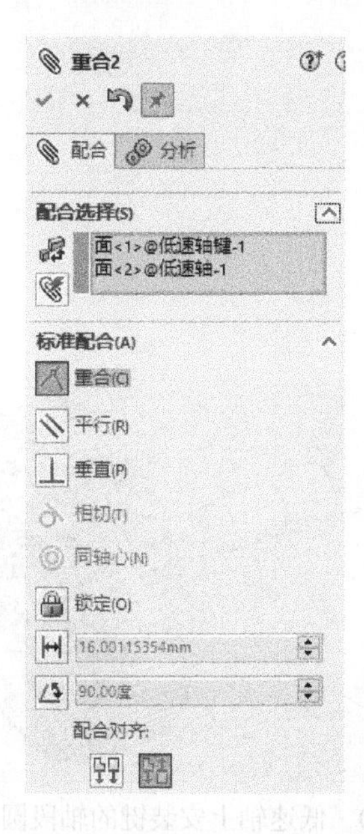

图 8-275　【配合】属性管理器（重合）

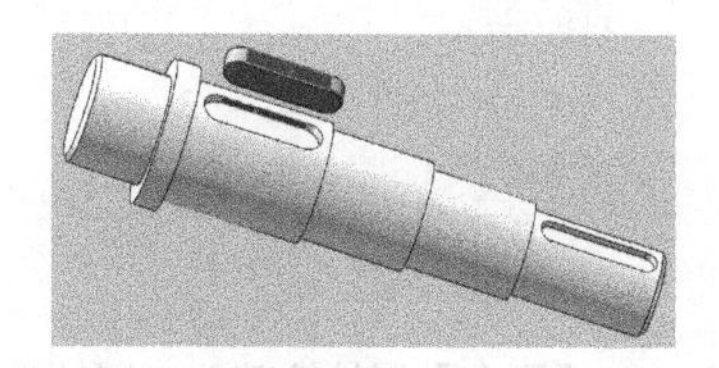

图 8-276　低速轴键槽侧面与键的一个侧面的选择

系统又自动弹出【配合】属性管理器，在视图区域选择低速轴键槽底面与键底面（图 8-277），所选实体将出现在【配合选择】中“要配合的实体”右侧的显示框中，在【标准配合】中单击【重合】按钮，单击【确定】按钮，定义了键与轴键槽间的另一个重合面。

系统又自动弹出【配合】属性管理器，在视图区域选择轴键槽一端半圆柱面与键一端半圆柱面（图 8-278），在【标准配合】中单击【重合】按钮，单击【确定】按钮，这时键自动进入轴键槽对应位置，键与轴装配完毕。

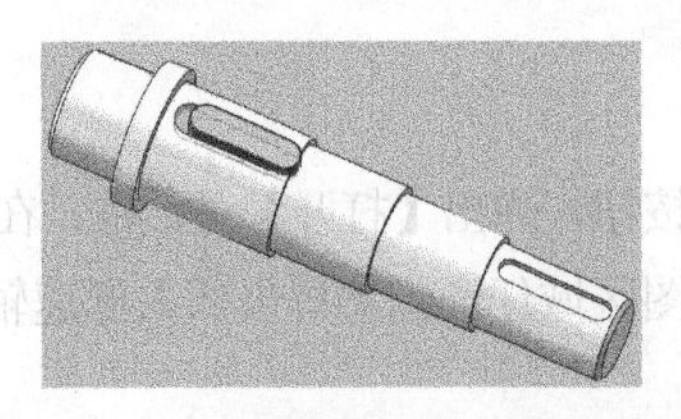

图 8-277　低速轴键槽底面与键底面的选择

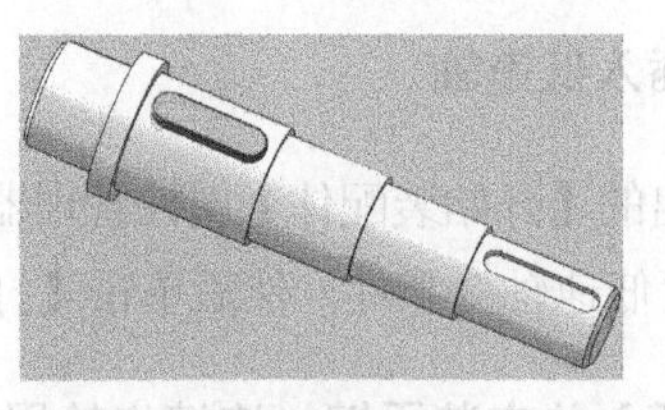

图 8-278　轴键槽一端半圆柱面与键一端半圆柱面的选择

（3）插入并安装齿轮

在【装配体命令】管理器中单击【插入零部件】按钮，在弹出的【插入零部件】属性管理器中单击【浏览】按钮，弹出【打开】对话框，在文件夹中找到“低速轴直齿轮”零件，然后单击【打开】按钮，在视图区域合适位置单击插入低速轴直齿轮。

单击【配合】按钮，弹出【配合】属性管理器（图 8-279），在视图区域中选择低速轴上安装键的轴段圆柱面与齿轮孔圆柱面（图 8-280），所选实体将出现在【配合选择】中“要配合的实体”右侧的显示框中，在【标准配合】中单击【同轴心】按钮，单击【确定】按钮，定义了轴与齿轮间的轴线重合。

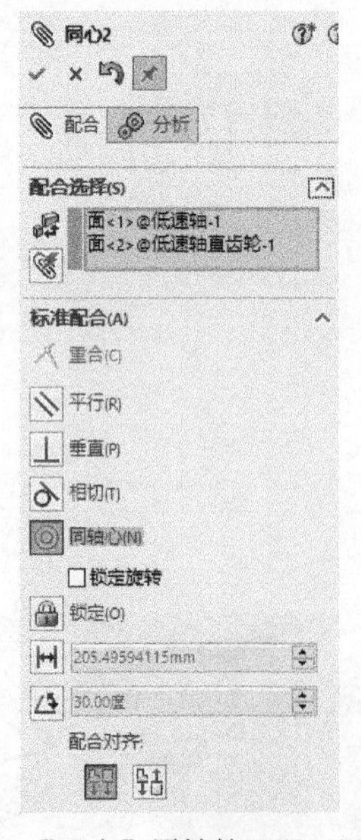

图 8-279　【配合】属性管理器（同轴心）

图 8-280　低速轴上安装键的轴段圆柱面与齿轮孔圆柱面的选择

系统又自动弹出【配合】属性管理器，在视图区域选择齿轮键槽侧面与键的一个侧面，如图 8-281 所示，在【标准配合】中单击【重合】按钮，单击【确定】按钮。

系统又自动弹出【配合】属性管理器，在视图区域选择齿轮轮毂的左侧端面与轴环的右侧面，如图 8-282 所示，在【标准配合】中单击【重合】按钮，单击【确定】按钮，这时齿轮自动安装到轴上相应位置，完成齿轮的装配。

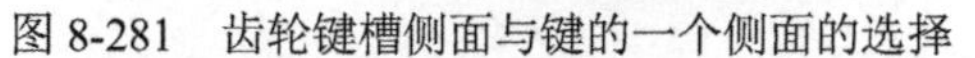

图 8-281　齿轮键槽侧面与键的一个侧面的选择　　图 8-282　齿轮轮毂左侧端面与轴环右侧面的选择

（4）插入并安装套筒 1

单击【插入零部件】按钮，在弹出的【插入零部件】属性管理器中单击【浏览】按钮，弹出【打开】对话框，在文件夹中找到“低速轴套筒 1”零件，然后单击【打开】按钮，在视图区域合适位置单击插入套筒。

为便于装配，可先通过单击【装配体命令】管理器中【移动零部件】按钮和【旋转零部件】按钮来调整套筒的位置，将套筒放置在轴的左侧，套筒直径较大一侧朝向轴。

单击【配合】按钮，弹出【配合】属性管理器，在视图区域中选择低速轴左端轴段的圆柱面与套筒孔的圆柱孔，如图 8-283 所示，在【标准配合】中单击【同轴心】按钮，单击【确定】按钮，定义了轴与套筒间的轴线重合。

系统又自动弹出【配合】属性管理器，在视图区域选择低速轴左侧第一个轴肩的左端面与套筒的右端面，如图 8-284 所示，在【标准配合】中单击【重合】按钮，单击【确定】按钮，完成套筒 1 的安装。

图 8-283　低速轴左端轴段的圆柱面与套筒孔的圆柱孔的选择

图 8-284　低速轴左侧第一个轴肩左端面与套筒的右端面的选择

（5）插入并安装滚动轴承

单击【插入零部件】按钮，在弹出的【插入零部件】属性管理器中单击【浏览】按钮，弹出【打开】对话框，在文件夹中找到“低速轴轴承”（深沟球轴承 6009）零件，然后单击【打开】按钮，在视图区域合适位置单击插入低速轴轴承。

为便于装配，可先通过单击【装配体命令】管理器中【移动零部件】按钮和【旋转零部件】按钮来调整轴承的位置，将深沟球轴承放置在轴的左侧。

单击【配合】按钮，弹出【配合】属性管理器，在视图区域中选择低速轴左端轴段的圆柱面与轴承内孔的圆柱面（图 8-285），在【标准配合】中单击【同轴心】按钮，单击【确定】按钮，定义了轴与轴承间的轴线重合。

系统又自动弹出【配合】属性管理器，在视图区域选择轴承内圈的右端面与轴左侧第一个轴肩端面（图 8-286），在【标准配合】中单击【重合】按钮，单击【确定】按钮，完成左轴承的装配。

图 8-285 低速轴左端轴段的圆柱面与轴承内孔的圆柱面的选择

图 8-286 轴承内圈的右端面与轴左侧第一个轴肩端面的选择

（6）插入并安装套筒 2

单击【插入零部件】按钮，在弹出的【插入零部件】属性管理器中单击【浏览】按钮，弹出【打开】对话框，在文件夹中找到“低速轴套筒 2”零件，然后单击【打开】按钮，在视图区域合适位置单击插入套筒。

为便于装配，可先通过单击【装配体命令】管理器中【移动零部件】按钮和【旋转零部件】按钮来调整套筒的位置，将套筒放置在轴的右侧，套筒直径较大一侧朝向轴。

单击【配合】按钮，弹出【配合】属性管理器，在视图区域中选择低速轴中间轴段的圆柱面与套筒孔的圆柱孔，如图 8-287 所示，在【标准配合】中单击【同轴心】按钮，单击【确定】按钮，定义了轴与套筒间的轴线重合。

系统又自动弹出【配合】属性管理器，在视图区域选择齿轮轮毂的右端面与套筒的左端面，如图 8-288 所示，在【标准配合】中单击【重合】按钮，单击【确定】按钮，完成

套筒 2 的安装。

图 8-287　低速轴中间轴段的圆柱面与套筒孔的圆柱孔的选择

图 8-288　齿轮轮毂的右端面与套筒的左端面的选择

（7）插入并安装另一滚动轴承

单击【插入零部件】按钮，在弹出的【插入零部件】属性管理器中单击【浏览】按钮，弹出【打开】对话框，在文件夹中找到“低速轴轴承”（深沟球轴承 6009）零件，然后单击【打开】按钮，在视图区域合适位置单击插入低速轴轴承。

为便于装配，可先通过单击【装配体命令】管理器中【移动零部件】按钮和【旋转零部件】按钮来调整轴承的位置，将深沟球轴承放置在轴的右侧。

单击【配合】按钮，弹出【配合】属性管理器，在视图区域中选择低速轴中间段的圆柱面与轴承内孔的圆柱面（图 8-289），在【标准配合】中单击【同轴心】按钮，单击【确定】按钮，定义了轴与轴承间的轴线重合。

系统又自动弹出【配合】属性管理器，在视图区域选择套筒的右端面与轴承内圈的左端面（图 8-290），在【标准配合】中单击【重合】按钮，单击【确定】按钮，完成右侧轴承的装配。

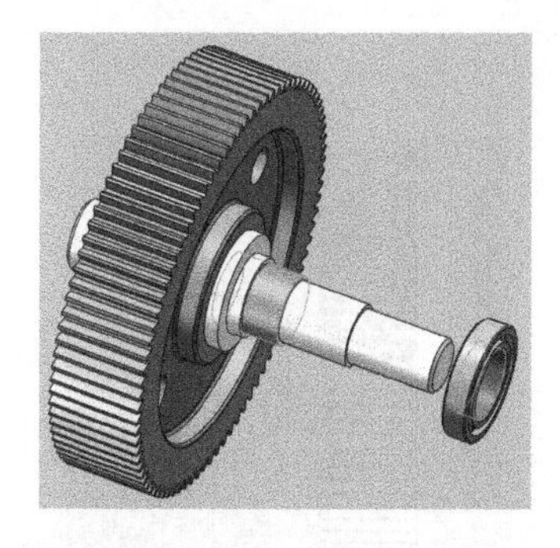

图 8-289　低速轴中间段的圆柱面与轴承内孔的圆柱面的选择

图 8-290　套筒的右端面与轴承内圈的左端面的选择

（8）插入并安装轴端平键

单击【插入零部件】按钮，在弹出的【插入零部件】属性管理器中单击【浏览】按钮，

弹出【打开】对话框，在文件夹中找到“键 10×50”零件，然后单击【打开】按钮，在视图区域合适位置单击插入键。

为便于装配，可先通过单击【装配体命令】管理器中【移动零部件】按钮和【旋转零部件】按钮来调整键的位置，将键放在轴的右侧。

单击【配合】按钮，弹出【配合】属性管理器，在视图区域中选择轴端键槽底面与键底面（图 8-291），在【标准配合】中单击【重合】按钮，单击【确定】按钮，定义了轴端键槽底面与键底面的重合。

系统又自动弹出【配合】属性管理器，在视图区域选择轴端键槽的一个侧面与键的一个侧面，在【标准配合】中单击【重合】按钮，如图 8-292 所示，单击【确定】按钮。

图 8-291　轴端键槽底面与键底面的选择

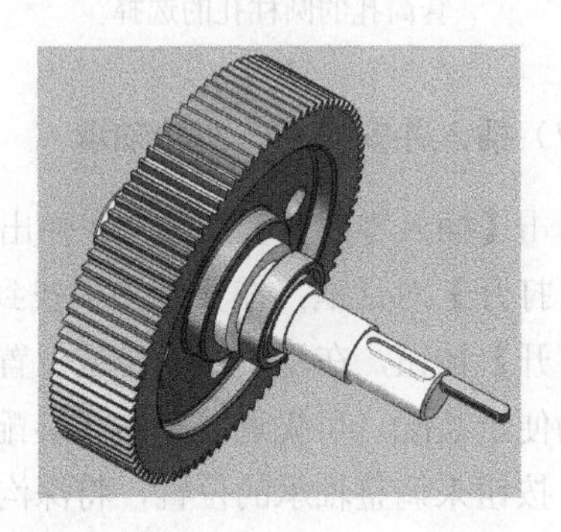

图 8-292　轴端键槽的一个侧面与键的一个侧面的选择

系统又自动弹出【配合】属性管理器，在视图区域选择轴端键槽的半圆柱面与键的半圆柱面（图 8-293），在【标准配合】中单击【重合】按钮，单击【确定】按钮，完成轴端键的安装。

最后完成的低速轴装配体如图 8-294 所示。

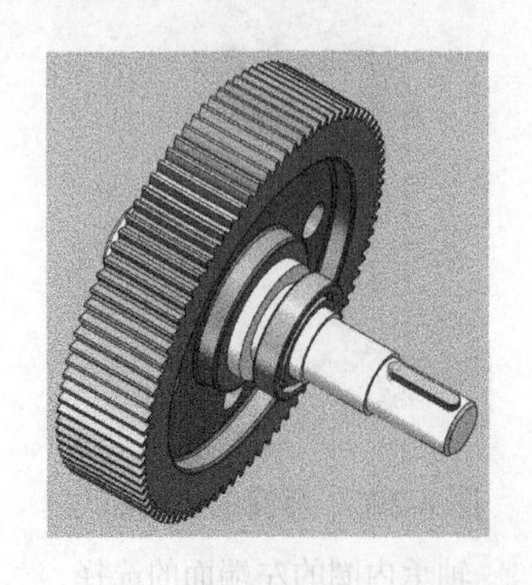

图 8-293　轴端键槽的半圆柱面与键的半圆柱面的选择

图 8-294　低速轴的装配体

8.2.3 减速器装配体的建模

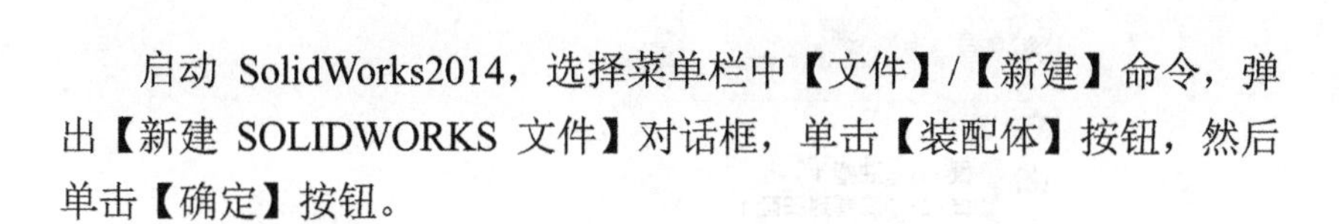

启动 SolidWorks2014，选择菜单栏中【文件】/【新建】命令，弹出【新建 SOLIDWORKS 文件】对话框，单击【装配体】按钮，然后单击【确定】按钮。

（1）插入箱座

在弹出的【开始装配体】属性管理器中单击【浏览】按钮，弹出【打开】对话框，在文件夹中找到“减速器箱座”零件，然后单击【打开】按钮，在视图区域任选位置单击插入箱座。

（2）安装油塞与封油垫

单击【插入零部件】按钮，在弹出的【插入零部件】属性管理器中单击【浏览】按钮，弹出【打开】对话框，在文件夹中找到“油塞”零件，然后单击【打开】按钮，在视图区域合适位置单击插入油塞。

为便于装配，可先通过单击【装配体命令】管理器中【移动零部件】按钮和【旋转零部件】按钮来调整油塞的位置。

单击【插入零部件】按钮，在弹出的【插入零部件】属性管理器中单击【浏览】按钮，弹出【打开】对话框，在文件夹中找到“油塞封油垫”零件，然后单击【打开】按钮，在视图区域合适位置单击插入油塞封油垫。

单击【配合】按钮，弹出【配合】属性管理器，在视图区域中选择油塞的圆柱面与封油垫的圆柱孔面（图 8-295），在【标准配合】中单击【同轴心】按钮，如图 8-296 所示，单击【确定】按钮。系统又自动弹出【配合】属性管理器，在视图区域选择油塞凸缘右端面与封油垫左端面，如图 8-297 所示，在【标准配合】中单击【重合】按钮，则封油垫安装到油塞上。

系统又自动弹出【配合】属性管理器，在视图区域选择油塞的圆柱螺纹面与箱座下方的油塞螺纹孔，如图 8-298 所示，在【标准配合】中单击【同轴心】按钮，单击【确定】按钮；系统又自动弹出【配合】属性管理器，在视图区域选择封油垫右端面与箱座油塞凸台端面，如图 8-299 所示，在【标准配合】中单击【重合】按钮，单击【确定】按钮，则油塞安装到箱座上。

（3）安装油标尺

单击【插入零部件】按钮，在弹出的【插入零部件】属性管理器中单击【浏览】按钮，弹出【打开】对话框，在文件夹中找到“油标尺”零件，然后单击【打开】按钮，在视图区域合适位置单击插入油标尺。

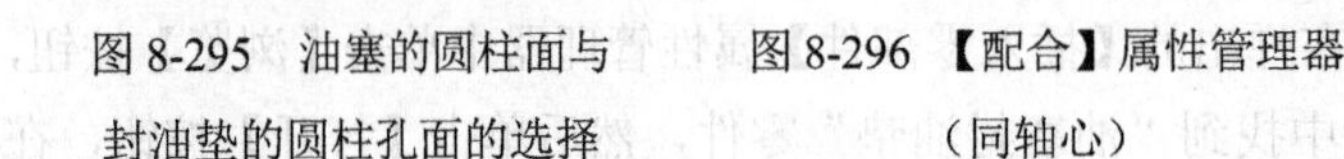

图 8-295 油塞的圆柱面与封油垫的圆柱孔面的选择　　图 8-296 【配合】属性管理器（同轴心）　　图 8-297 油塞凸缘右端面与封油垫左端面的选择

图 8-298 油塞的圆柱螺纹面与箱座下方的油塞螺纹孔的选择　　图 8-299 封油垫右端面与箱座油塞凸台端面的选择

单击【配合】按钮，弹出【配合】属性管理器，在视图区域中选择油标尺的圆柱螺纹面与箱座的油标尺螺纹孔（图 8-300），在【标准配合】中单击【同轴心】按钮，单击【确定】按钮，定义了油标尺与孔的轴线重合。系统又自动弹出【配合】属性管理器，在视图区域选择箱座油标尺凸台沉孔表面及油标尺凸缘下端面，如图 8-301 所示，在【标准配合】中单击【重合】，单击【确定】按钮，完成油标尺的安装。

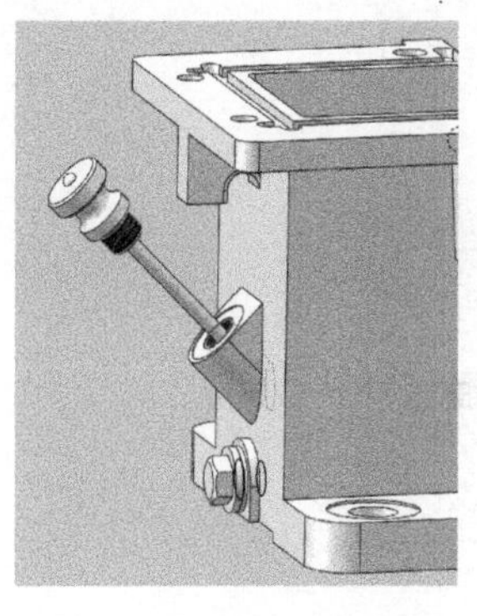

图 8-300　油标尺的圆柱螺纹面与箱座的油标尺螺纹孔的选择

图 8-301　箱座油标尺凸台沉孔表面及油标尺凸缘下端面的选择

（4）安装高速轴装配体

单击【插入零部件】按钮，在弹出的【插入零部件】属性管理器中单击【浏览】按钮，弹出【打开】对话框，在文件夹中找到“高速轴装配体”部件，然后单击【打开】按钮，在视图区域合适位置单击插入高速轴装配体。

为便于装配，可先通过单击【装配体命令】管理器中【移动零部件】按钮和【旋转零部件】按钮来调整高速轴装配体的位置。将高速轴装配体放置在箱座的左侧，大致平行于轴承座孔轴线，轴的外伸段向里。

单击【配合】按钮，弹出【配合】属性管理器，在视图区域中选择高速轴左端轴承外圈圆柱面与箱座轴承孔的圆柱面（图 8-302），在【标准配合】中单击【同轴心】按钮，单击【确定】按钮，定义了轴承与座孔的轴线重合。

系统又自动弹出【配合】属性管理器，在视图区域选择轴上挡油盘右端面与箱座内壁面（图 8-303），在【标准配合】中单击【距离】按钮，在其右面的输入框中输入“0.50mm”，勾选“反转尺寸”复选框，如图 8-304 所示，单击【确定】按钮，完成高速轴装配体的安装。

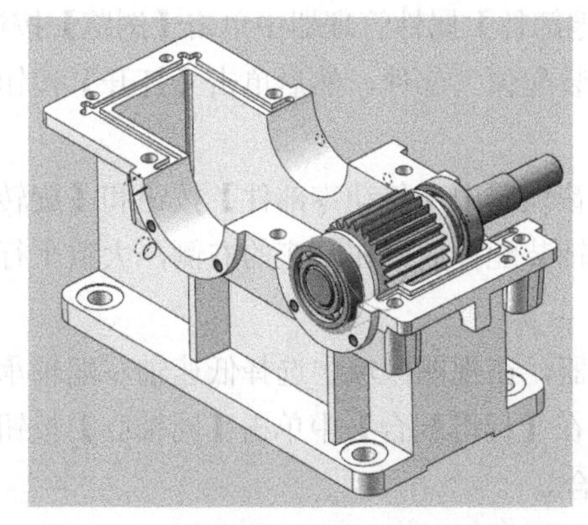

图 8-302　高速轴左端轴承外圈的圆柱面与箱座轴承孔的圆柱面的选择

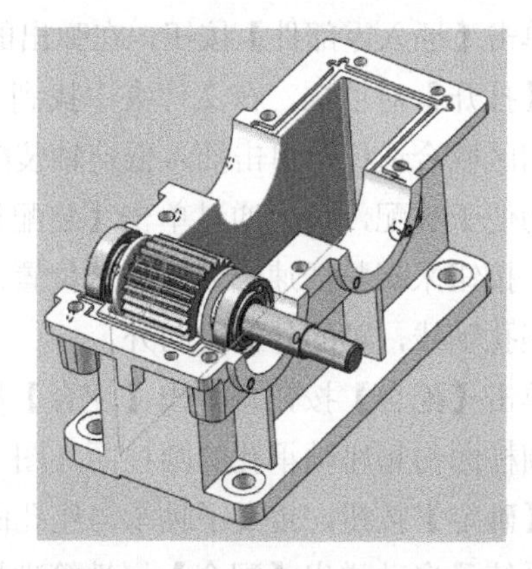

图 8-303　轴上挡油盘右端面与箱座内壁面的选择

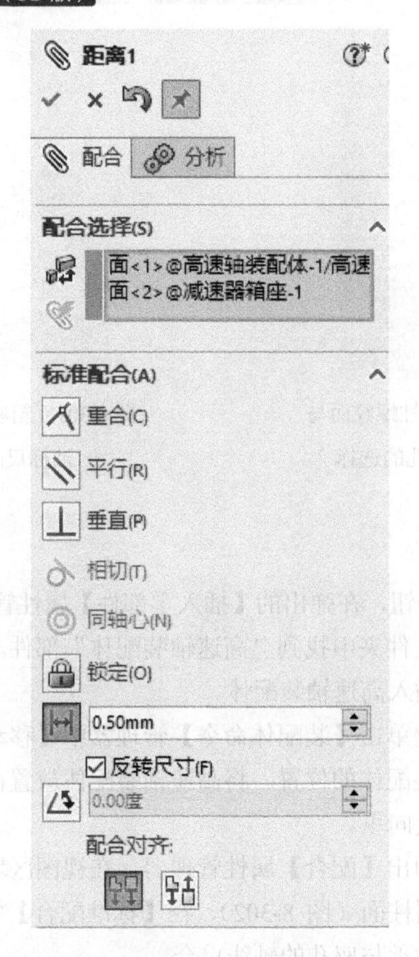

图 8-304 【配合】属性管理器（距离）

（5）安装低速轴装配体

单击【插入零部件】按钮，在弹出的【插入零部件】属性管理器中单击【浏览】按钮，弹出【打开】对话框，在文件夹中找到“低速轴装配体”部件，然后单击【打开】按钮，在视图区域合适位置单击插入低速轴装配体。

为便于装配，可先通过单击【装配体命令】管理器中【移动零部件】按钮和【旋转零部件】按钮来调整低速轴装配体的位置。将低速轴装配体放置在箱座的右侧，大致平行于轴承座孔轴线，轴的外伸段向外。

单击【配合】按钮，弹出【配合】属性管理器，在视图区域中选择低速轴左端轴承外圈的圆柱面与箱座轴承孔的圆柱面（图 8-305），在【标准配合】中单击【同轴心】按钮，单击【确定】按钮，定义了轴承与座孔的轴线重合。

系统又自动弹出【配合】属性管理器，在视图区域选择低速轴上左端轴承的内端面与高速轴上左端轴承的内端面（图 8-306），在【标准配合】中单击【距离】按钮，输入“9.50mm”，勾选“反转尺寸”复选框，单击【确定】按钮，完成低速轴装配体的安装。

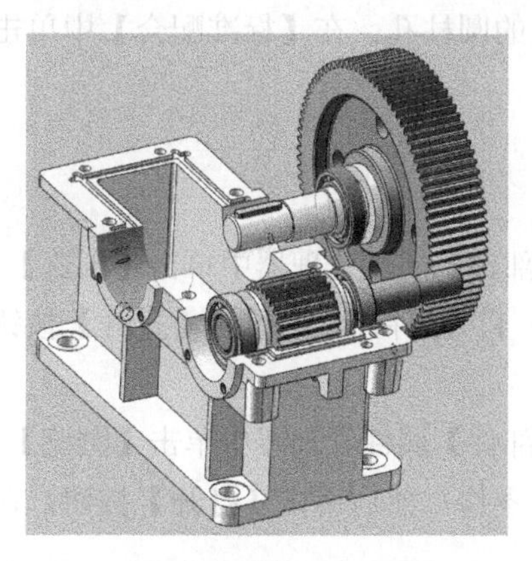

图 8-305　低速轴左端轴承外圈的圆柱面与箱座轴承孔的圆柱面的选择

图 8-306　低速轴上左端轴承的内端面与低速轴上左端轴承内端面的选择

（6）插入减速器箱盖

单击【插入零部件】按钮，在弹出的【插入零部件】属性管理器中单击【浏览】按钮，弹出【打开】对话框，在文件夹中找到“减速器箱盖”零件，然后单击【打开】按钮，在视图区域合适位置单击插入减速器箱盖。

（7）安装窥视孔垫片

单击【插入零部件】按钮，在弹出的【插入零部件】属性管理器中单击【浏览】按钮，弹出【打开】对话框，在文件夹中找到“窥视孔垫片”零件，然后单击【打开】按钮，在视图区域合适位置单击插入。

单击【配合】按钮，弹出【配合】属性管理器，在视图区域中选择箱盖上部窥视孔凸台表面与窥视孔垫片下表面（图 8-307），在【标准配合】中单击【重合】按钮，单击【确定】按钮。系统又自动弹出【配合】属性管理器，在视图区域选择窥视孔凸台的一个螺纹孔与垫片对应位置的圆柱孔（图 8-308），在【标准配合】中单击【同轴心】按钮，单击【确定】按钮，完成垫片的安装。系统又自动弹出【配合】属性管理器，在视图区域选择窥视

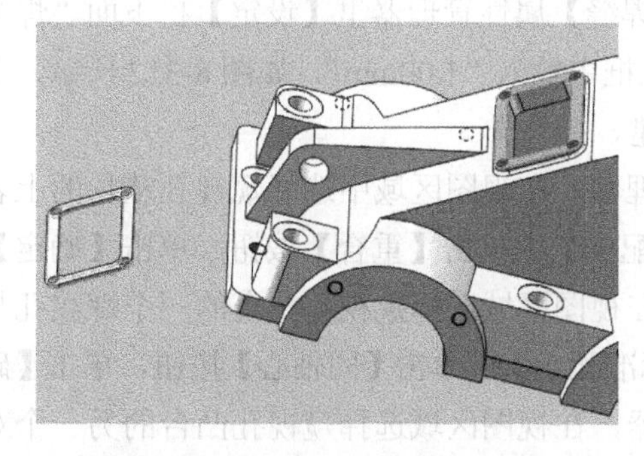

图 8-307　箱盖上部窥视孔凸台表面与窥视孔垫片下表面的选择

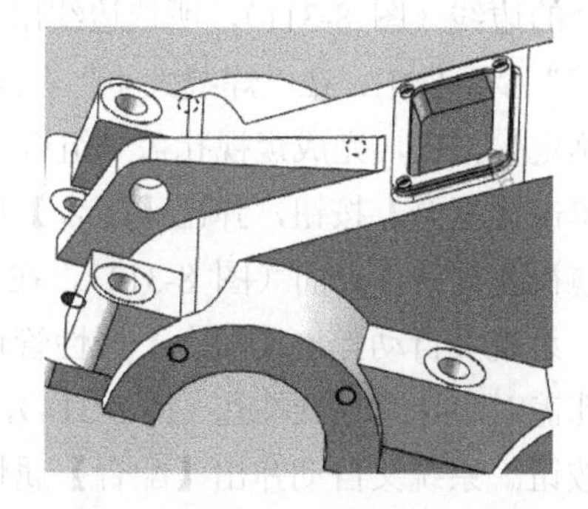

图 8-308　窥视孔凸台的一个螺纹孔与垫片对应位置的圆柱孔的选择

孔凸台另一对角线上的一个螺纹孔与垫片对应位置的圆柱孔，在【标准配合】中单击【同轴心】按钮，单击【确定】按钮。

（8）安装窥视孔盖（组合件）

单击【插入零部件】按钮，在弹出的【插入零部件】属性管理器中单击【浏览】按钮，弹出【打开】对话框，在文件夹中找到“窥视孔盖 1”零件，然后单击【打开】按钮，在视图区域合适位置单击插入。

单击【插入零部件】按钮，在弹出的【插入零部件】属性管理器中单击【浏览】按钮，弹出【打开】对话框，在文件夹中找到“连接板”零件，然后单击【打开】按钮，在视图区域合适位置单击插入连接板。

单击【配合】按钮，弹出【配合】属性管理器，在视图区域中选择窥视孔盖中间的孔与连接板的螺纹孔（图 8-309），在【标准配合】中单击【同轴心】按钮，单击【确定】按钮。系统又自动弹出【配合】属性管理器，在视图区域选择窥视孔盖上表面与连接板下表面（图 8-310），在【标准配合】中单击【重合】按钮，单击【确定】按钮。

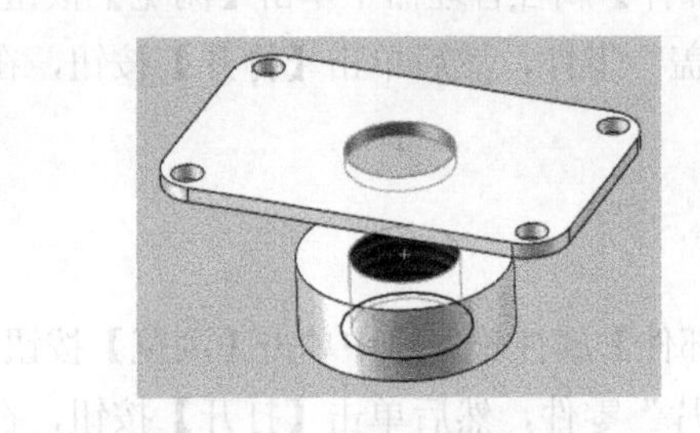

图 8-309 窥视孔盖中间的孔与连接板的螺纹孔的选择

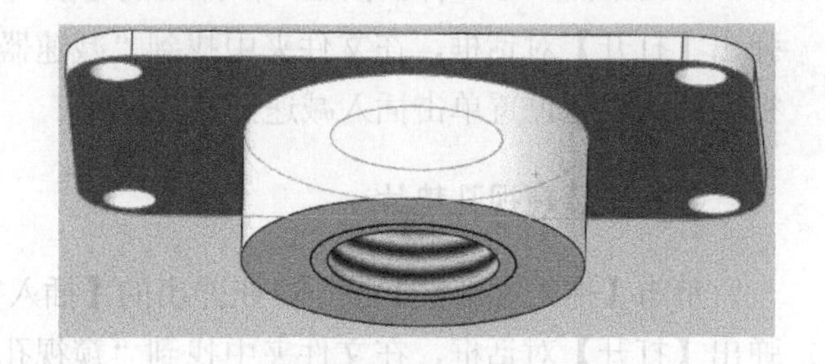

图 8-310 窥视孔盖的上表面与连接板下表面的选择

单击装配体工具栏中【装配体特征】按钮，选择【焊缝】命令，弹出【焊缝】属性管理器，选择“焊接几何体”单选项。先在视图区域选择连接板的下表面，所选面出现在【焊缝】属性管理器里【设定】栏下面的“焊缝起始点”显示框中；选择连接板上与窥视孔盖接触处的边线（图 8-311），所选边线出现在【焊缝】属性管理器里【设定】栏下面“焊缝终止点”显示框中，在“焊缝大小”右面的输入框中输入“1.00mm”，如图 8-312 所示，单击【确定】按钮，完成窥视孔盖（组合件）创建。

单击【配合】按钮，弹出【配合】属性管理器，在视图区域中选择窥视孔垫片的上表面与窥视孔盖的下表面（图 8-313），在【标准配合】中单击【重合】按钮，单击【确定】按钮。系统又自动弹出【配合】属性管理器，在视图区域选择窥视孔凸台的一个螺纹孔与窥视孔盖对应位置的圆柱孔（图 8-314），在【标准配合】中单击【同轴心】按钮，单击【确定】按钮。系统又自动弹出【配合】属性管理器，在视图区域选择窥视孔凸台的另一个对角线上的螺纹孔及窥视孔盖对应位置的圆柱孔，在【标准配合】中单击【同轴心】按钮，单击【确定】按钮，完成窥视孔盖的安装。

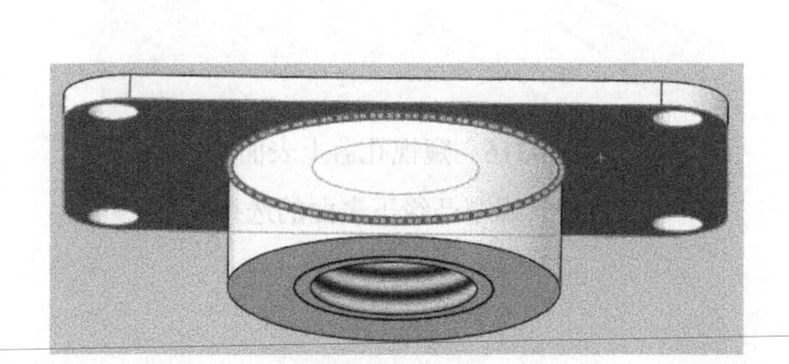

图 8-311　焊缝的选择

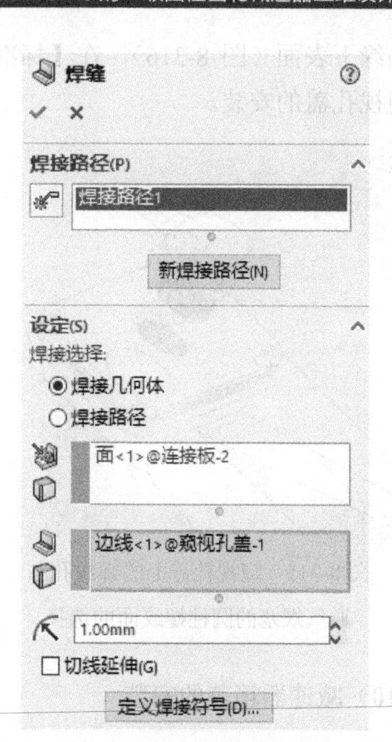

图 8-312　【焊缝】属性管理器

图 8-313　窥视孔垫片的上表面与窥视孔盖的下表面的选择

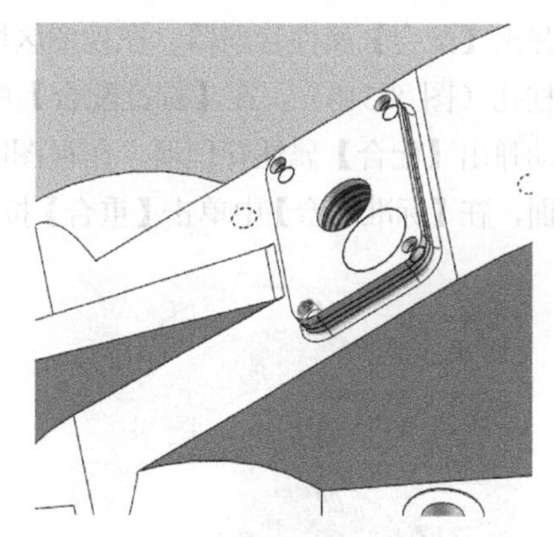

图 8-314　窥视孔凸台的一个螺纹孔与窥视孔盖对应位置的圆柱孔的选择

（9）安装通气螺塞

单击【插入零部件】按钮，在弹出的【插入零部件】属性管理器中单击【浏览】按钮，弹出【打开】对话框，在文件夹中找到“通气螺塞”零件，然后单击【打开】按钮，在视图区域合适位置单击插入。

单击【配合】按钮，弹出【配合】属性管理器，在视图区域中选择窥视孔盖上的螺纹孔与通气螺塞的圆柱螺纹面（图 8-315），在【标准配合】中单击【同轴心】按钮，单击【确定】按钮。系统又自动弹出【配合】属性管理器，在视图区域选择窥视孔盖上表面与通气螺塞凸缘下表面（图 8-316），在【标准配合】中单击【重合】按钮，单击【确定】按钮，完成窥视孔盖的安装。

图 8-315 窥视孔盖上的螺纹孔与通气螺塞的圆柱螺纹面的选择

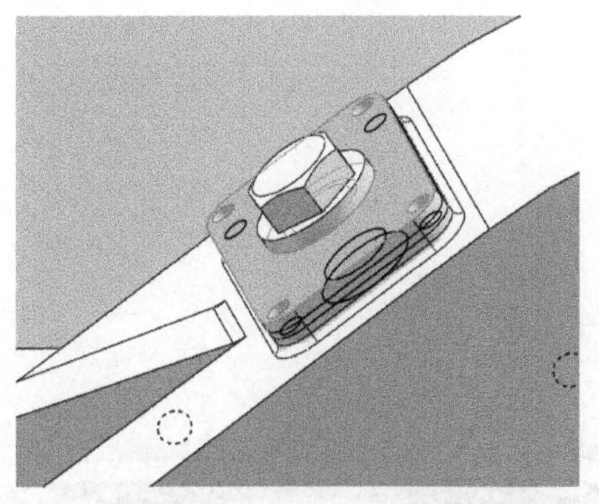

图 8-316 窥视孔盖上表面与通气螺塞凸缘下表面的选择

（10）减速器箱盖的安装

单击【配合】按钮，弹出【配合】属性管理器，在视图区域中选择箱座凸缘上表面与箱盖凸缘下表面（图 8-317），在【标准配合】中单击【重合】，单击【确定】按钮。系统又自动弹出【配合】属性管理器，在视图区域选择箱座凸缘的一个圆柱孔与箱盖凸缘对应位置的圆柱孔（图 8-318），在【标准配合】中单击“同轴心”按钮，单击【确定】按钮。系统又自动弹出【配合】属性管理器，在视图区域选择箱座凸缘的一个侧面与箱盖凸缘对应位置的侧面，在【标准配合】中单击【重合】按钮，单击【确定】按钮，完成减速器箱盖的安装。

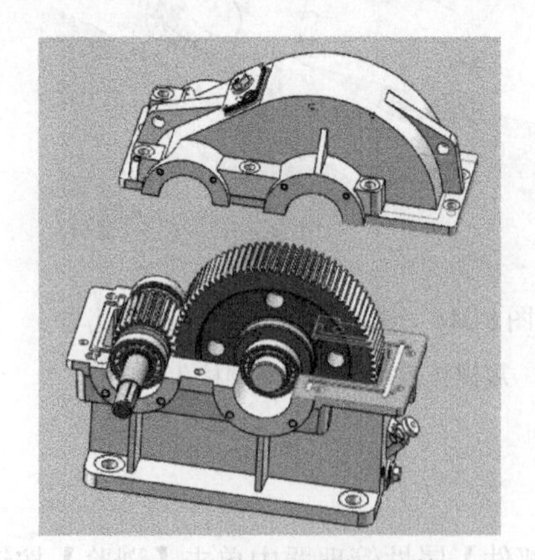

图 8-317 箱座凸缘上表面与箱盖凸缘下表面的选择

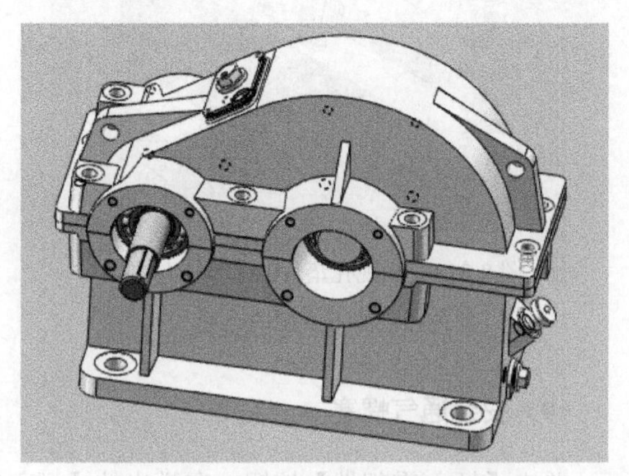

图 8-318 箱座凸缘的一个圆柱孔与箱盖凸缘对应位置的圆柱孔的选择

（11）轴承盖与其垫片的安装

单击【插入零部件】按钮，在弹出的【插入零部件】属性管理器中单击【浏览】按钮，

弹出【打开】对话框，在文件夹中找到“高速轴闷盖”零件，然后单击【打开】按钮，在视图区域合适位置单击插入。

为便于装配，可先通过单击【装配体命令】管理器中【移动零部件】按钮和【旋转零部件】按钮来调整高速轴闷盖的位置。

单击【插入零部件】按钮，在弹出的【插入零部件】属性管理器中单击【浏览】按钮，弹出【打开】对话框，在文件夹中找到“高速轴轴承盖垫片”零件，然后单击【打开】按钮，在视图区域合适位置单击插入。

单击【配合】按钮，弹出【配合】属性管理器，在视图区域中选择轴承盖外圆柱面与垫片的圆柱孔面（图 8-319），在【标准配合】中单击【同轴心】按钮，单击【确定】按钮。系统又自动弹出【配合】属性管理器，在视图区域选择轴承盖凸缘的一个圆柱孔与垫片的一个圆柱孔（图 8-320），在【标准配合】中单击【同轴心】按钮，单击【确定】按钮。系统又自动弹出【配合】属性管理器，在视图区域选择轴承盖凸缘内端面与垫片左侧面（图 8-321），在【标准配合】中单击【重合】按钮，单击【确定】按钮，完成垫片安装。

图 8-319　轴承盖外圆柱面与垫片的圆柱孔面的选择

图 8-320　轴承盖凸缘的一个圆柱孔与垫片的一个圆柱孔的选择

单击【配合】按钮，弹出【配合】属性管理器，在视图区域中选择轴承盖外圆柱面与箱座轴承座孔圆柱面（图 8-322），在【标准配合】中单击【同轴心】按钮，单击【确定】按钮。系统又自动弹出【配合】属性管理器，在视图区域选择轴承盖凸缘的一个圆柱孔与箱盖的一个螺纹孔（图 8-323），在【标准配合】中单击【同轴心】按钮，单击【确定】按钮。系统又自动弹出【配合】属性管理器，在视图区域选择垫片右端面与箱座轴承座外端面（图 8-324），在【标准配合】中单击【重合】按钮，单击【确定】按钮，完成轴承盖安装。

图 8-321　轴承盖凸缘内端面与垫片左侧面的选择

图 8-322　轴承盖外圆柱面与箱座轴承座孔圆柱面的选择

高速轴上轴承透盖及其垫片安装、低速轴两端轴承盖安装方法与高速轴闷盖类似，在此不再赘述。需要注意的是高速轴、低速轴的轴承盖里需要安装密封圈。

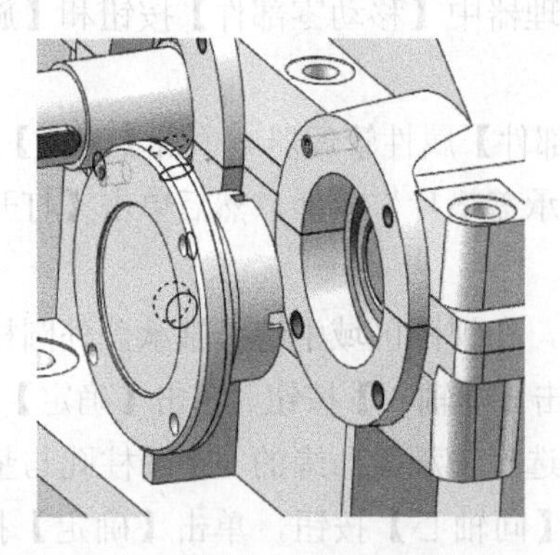

图 8-323　轴承盖凸缘的一个圆柱孔与箱盖的一个螺纹孔的选择

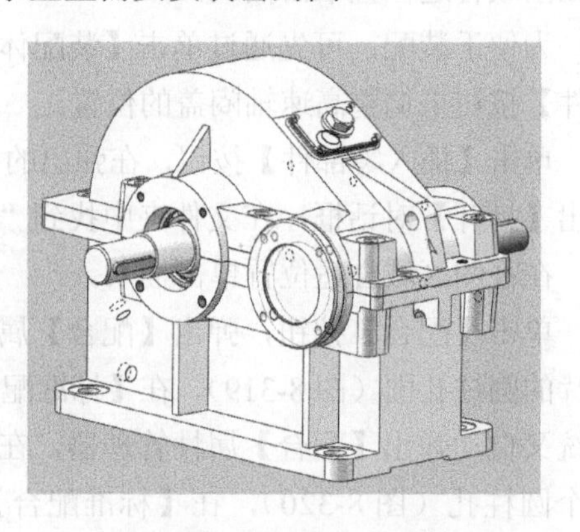

图 8-324　垫片右端面与箱座轴承座外端面的选择

（12）安装轴承座旁的连接螺栓

单击【插入零部件】按钮，在弹出的【插入零部件】属性管理器中单击【浏览】按钮，弹出【打开】对话框，在文件夹中找到“六角头螺栓 M12”零件，然后单击【打开】按钮，在视图区域合适位置单击插入。

为便于装配，可先通过单击【装配体命令】管理器中【移动零部件】按钮和【旋转零部件】按钮来调整螺栓的位置，使螺栓轴线处于接近垂直、螺栓头朝上放置。

单击【配合】按钮，弹出【配合】属性管理器，在视图区域中选择轴承座旁凸台的圆柱孔与螺杆圆柱面（图 8-325），在【标准配合】中单击【同轴心】按钮，单击【确定】按钮。系统又自动弹出【配合】属性管理器，在视图区域选择轴承座旁凸台沉孔表面与螺栓头下表面（图 8-326），在【标准配合】中单击【重合】，单击【确定】按钮。

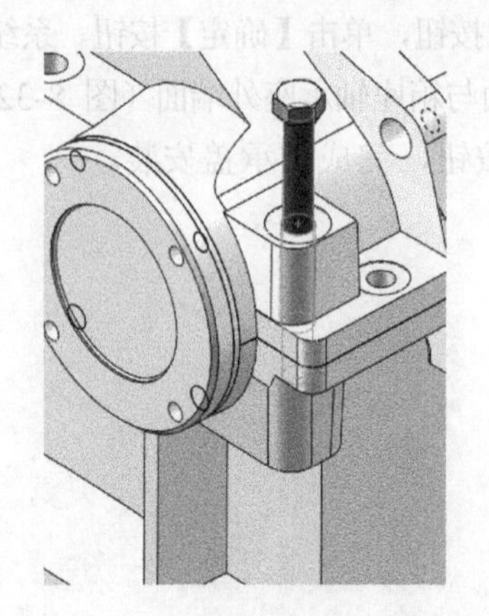

图 8-325　轴承座旁凸台的圆柱孔与螺杆圆柱面的选择

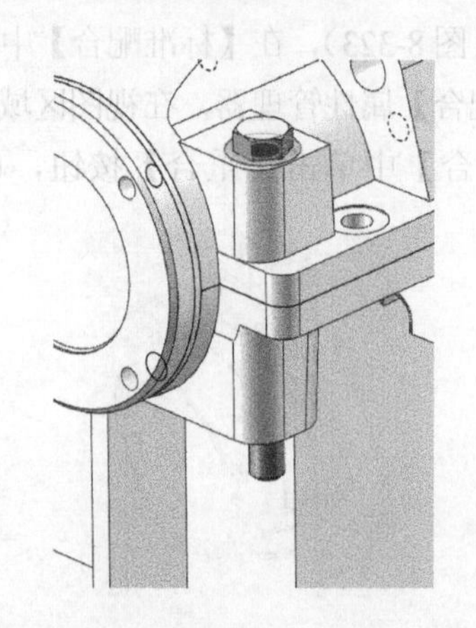

图 8-326　轴承座旁凸台沉孔表面与螺栓头下表面的选择

（13）安装弹性垫圈

单击【插入零部件】按钮，在弹出的【插入零部件】属性管理器中单击【浏览】按钮，弹出【打开】对话框，在文件夹中找到“弹性垫圈 12”零件，然后单击【打开】按钮，在视图区域合适位置单击插入。

为便于装配，可先通过单击【装配体命令】管理器中【移动零部件】按钮和【旋转零部件】按钮来调整弹性垫圈的位置，使弹性垫圈轴线处于接近垂直、开口处朝前放置。

单击【配合】按钮，弹出【配合】属性管理器，在视图区域中选择弹性垫圈的孔与螺杆圆柱面（图 8-327），在【标准配合】中单击【同轴心】按钮，单击【确定】按钮。系统又自动弹出【配合】属性管理器，在视图区域选择轴承座旁凸台沉孔表面与弹性垫圈上表面（图 8-328），在【标准配合】中单击【重合】按钮，单击【确定】按钮。

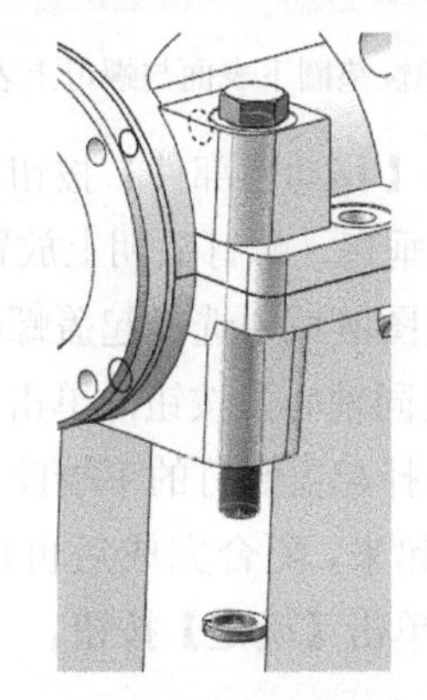

图 8-327　弹性垫圈的孔与螺杆圆柱面的选择

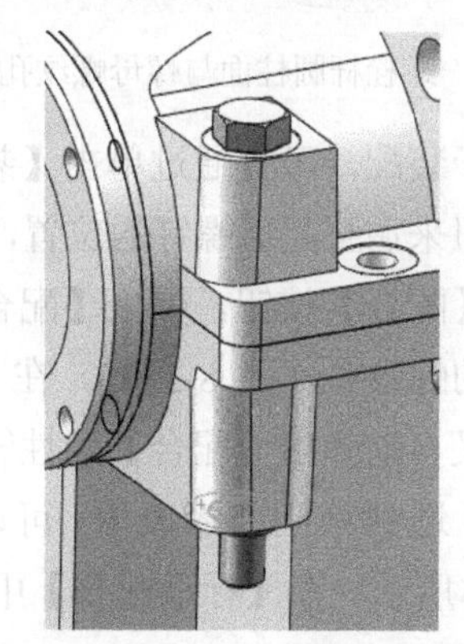

图 8-328　轴承座旁凸台沉孔表面与弹性垫圈上表面的选择

（14）安装螺母

单击【插入零部件】按钮，在弹出的【插入零部件】属性管理器中单击【浏览】按钮，弹出【打开】对话框，在文件夹中找到“螺母 M12”零件，然后单击【打开】按钮，在视图区域合适位置单击插入。

为便于装配，可先通过单击【装配体命令】管理器中【移动零部件】按钮和【旋转零部件】按钮来调整螺母的位置，使螺母轴线处于接近垂直位置。

单击【配合】按钮，弹出【配合】属性管理器，在视图区域中选择螺栓杆圆柱面与螺母螺纹孔（图 8-329），在【标准配合】中单击【同轴心】按钮，单击【确定】按钮。系统又自动弹出【配合】属性管理器，在视图区域选择弹性垫圈下表面与螺母上表面（图 8-330），在【标准配合】中单击【重合】按钮，单击【确定】按钮。

箱座与箱盖凸缘的连接螺栓 M10、弹性垫圈 10 及螺母 M10 参照上述方法安装。

（15）起盖螺钉安装

单击【插入零部件】按钮，在弹出的【插入零部件】属性管理器中单击【浏览】按钮，

弹出【打开】对话框，在文件夹中找到“起盖螺钉”零件，然后单击【打开】按钮，在视图区域合适位置单击插入。

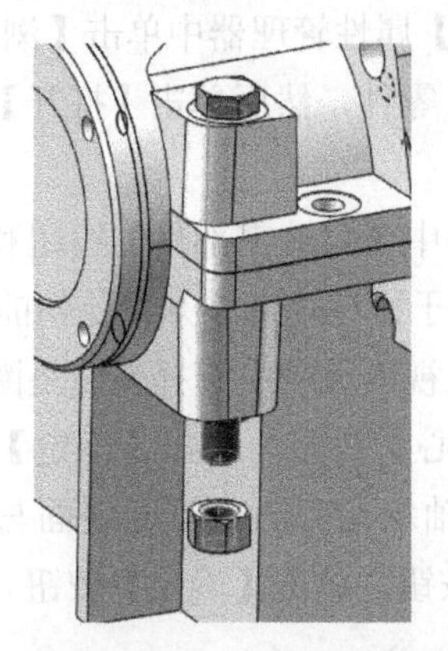

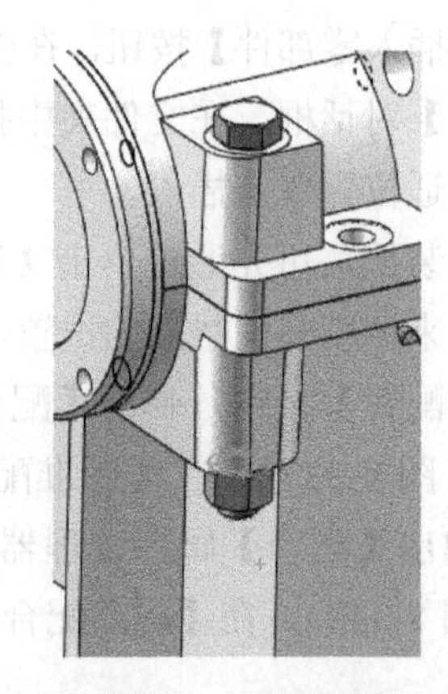

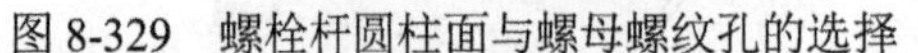

图 8-329　螺栓杆圆柱面与螺母螺纹孔的选择　　　图 8-330　弹性垫圈下表面与螺母上表面的选择

为便于装配，可先通过单击【装配体命令】管理器中【移动零部件】按钮和【旋转零部件】按钮来调整起盖螺钉的位置，使螺钉轴线处于接近垂直、螺钉头朝上放置。

单击【配合】按钮，弹出【配合】属性管理器，在视图区域中选择起盖螺钉圆柱面与箱盖相应的螺纹孔（图 8-331），在【标准配合】中单击【同轴心】按钮，单击【确定】按钮。系统又自动弹出【配合】属性管理器，在视图区域选择起盖螺钉的下端面与箱座凸缘表面（为了选到箱座凸缘表面，可以先把箱盖暂时隐藏起来，配合完成后再恢复显示），如图 8-332 所示，在【标准配合】中单击【重合】按钮，单击【确定】按钮。

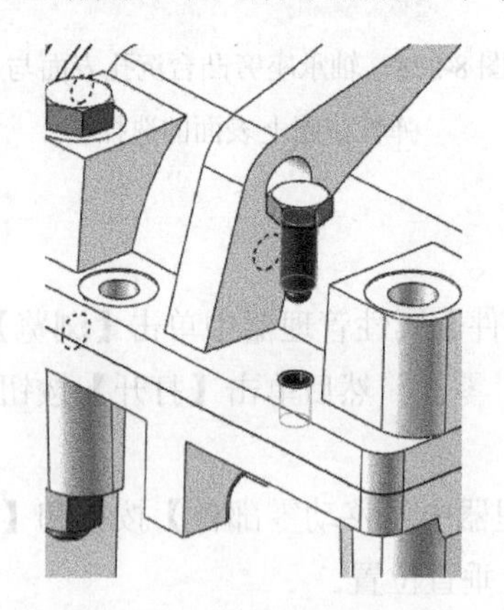

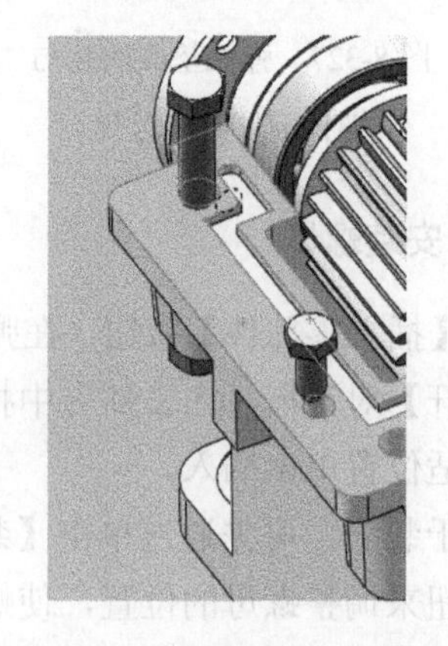

图 8-331　起盖螺钉圆柱面与箱盖相应的螺纹孔的选择　　　图 8-332　起盖螺钉的下端面与箱座凸缘表面的选择

（16）安装固定轴承盖的螺钉

单击【插入零部件】按钮，在弹出的【插入零部件】属性管理器中单击【浏览】按钮，弹出【打开】对话框，在文件夹中找到“六角头螺钉 M8”零件，然后单击【打开】按钮，在视图区域合适位置单击插入。

为便于装配，可先通过单击【装配体命令】管理器中【移动零部件】按钮和【旋转零部件】按钮来调整螺钉的位置，使螺钉轴线处于接近水平、螺钉头朝外放置。

单击【配合】按钮，弹出【配合】属性管理器，在视图区域中选择螺钉圆柱面与轴承盖螺纹孔（图 8-333），在【标准配合】中单击【同轴心】按钮，单击【确定】按钮。系统又自动弹出【配合】属性管理器，在视图区域选择螺钉头端面与轴承盖凸缘表面（图 8-334），在【标准配合】中单击【重合】按钮，单击【确定】按钮。

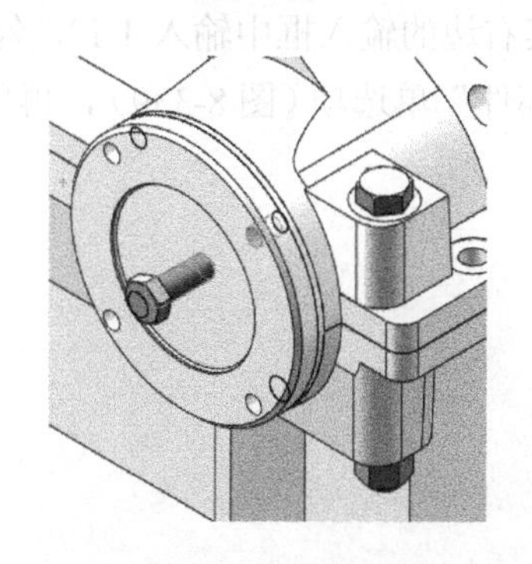

图 8-333　螺钉圆柱面与轴承盖螺纹孔的选择

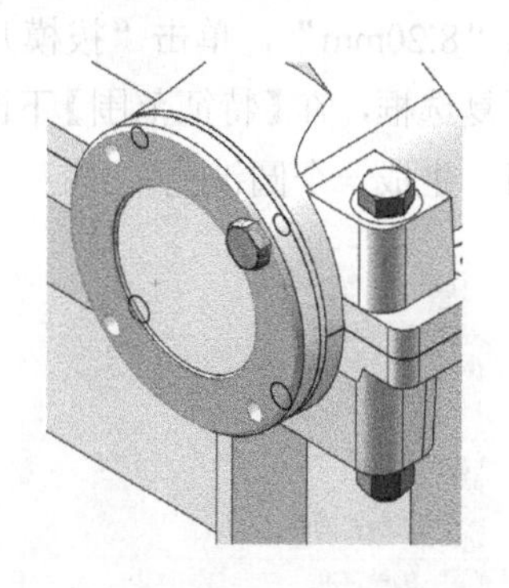

图 8-334　螺钉头端面与轴承盖凸缘表面的选择

（17）安装固定窥视孔盖的螺钉

单击【插入零部件】按钮，在弹出的【插入零部件】属性管理器中单击【浏览】按钮，弹出【打开】对话框，在文件夹中找到“六角头螺钉 M6”零件，然后单击【打开】按钮，在视图区域合适位置单击插入。

为便于装配，可先通过单击【装配体命令】管理器中【移动零部件】按钮和【旋转零部件】按钮来调整螺钉的位置，使螺钉轴线处于接近垂直、螺钉头朝上放置。

单击【配合】按钮，弹出【配合】属性管理器，在视图区域中选择螺钉圆柱面与窥视孔盖螺纹孔（图 8-335），在【标准配合】中单击【同轴心】按钮，单击【确定】按钮。系统又自动弹出【配合】属性管理器，在视图区域选择螺钉头下表面与窥视孔盖上表面（图 8-336），在【标准配合】中单击【重合】按钮，单击【确定】按钮。

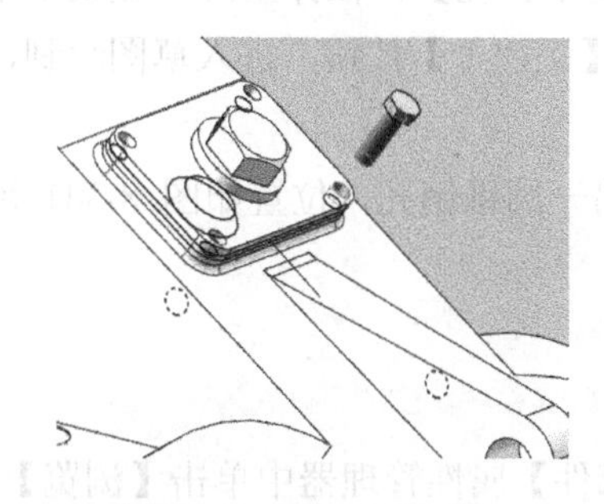

图 8-335　螺钉圆柱面与窥视孔盖螺纹孔的选择

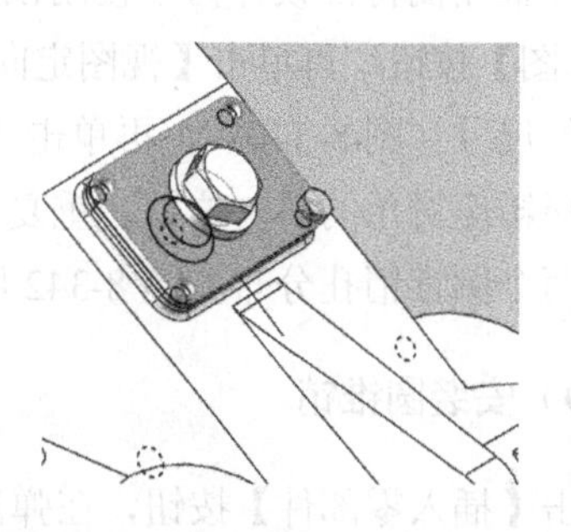

图 8-336　螺钉头下表面与窥视孔盖上表面的选择

（18）箱座与箱盖配作圆锥销孔

单击装配体工具栏中【装配体特征】按钮，弹出下拉菜单（图 8-337），单击【简单直孔】按钮，弹出【孔】信息属性管理器，在绘图区域单击箱座凸缘下表面适当位置作为孔所在的面（图 8-338），弹出【孔】属性管理器，在【方向 1】下面的“终止条件”选择框中选择“给定深度”，在“距离”右边的输入框中输入“24.00mm”，在“孔直径”输入框中输入“8.20mm”，单击“拔模开关”按钮，在其右边的输入框中输入 1.1°，勾选“向外拔模”复选框，在【特征范围】下面选择“所有零部件”单选项（图 8-339），再单击【确定】按钮，生成一个圆锥孔。

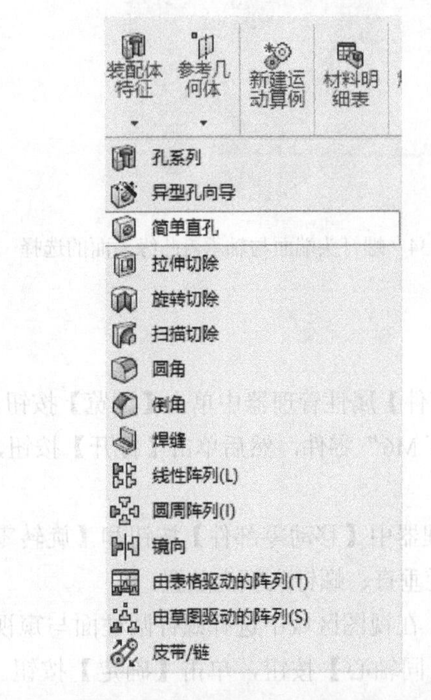

图 8-337　装配体特征的下拉菜单

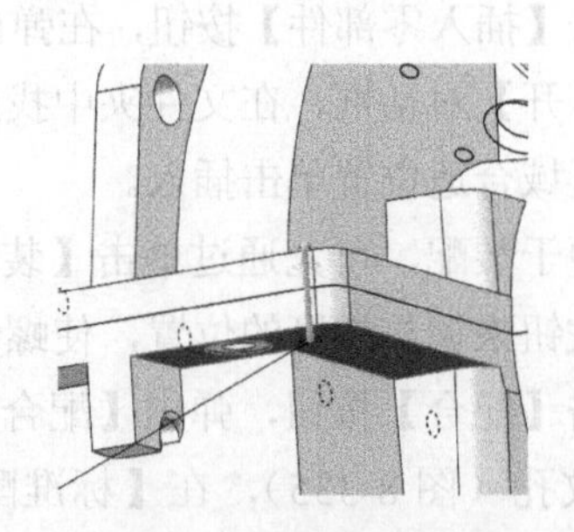

图 8-338　圆锥销孔所在的面

在屏幕左侧特征设计树中使用鼠标右键单击【简单直孔】，在弹出的快捷菜单中单击【编辑草图】按钮，再单击【视图定向】按钮，单击【正视于】按钮，进入草图绘制，修改孔的定位尺寸（图 8-340），再单击【确定】按钮。

选择箱座对角的另一位置，重复上述步骤生成另一圆锥销孔，位置如图 8-341 所示。生成的两个圆锥销孔分布如图 8-342 所示。

（19）安装圆锥销

单击【插入零部件】按钮，在弹出的【插入零部件】属性管理器中单击【浏览】按钮，弹出【打开】对话框，在文件夹中找到“圆锥销 8”零件，然后单击【打开】按钮，在视图区域合适位置单击插入。

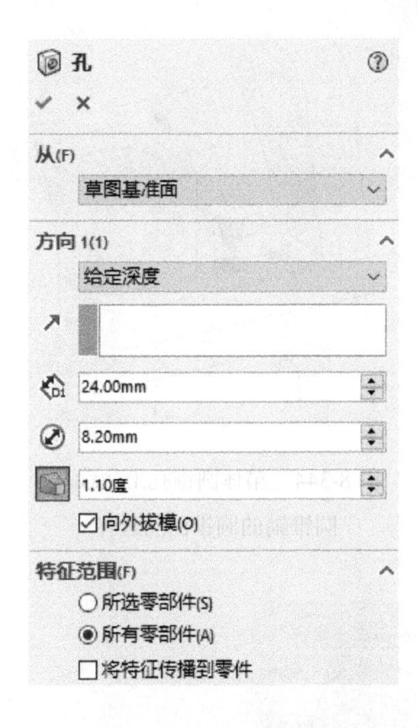

图 8-339 【孔】属性管理器

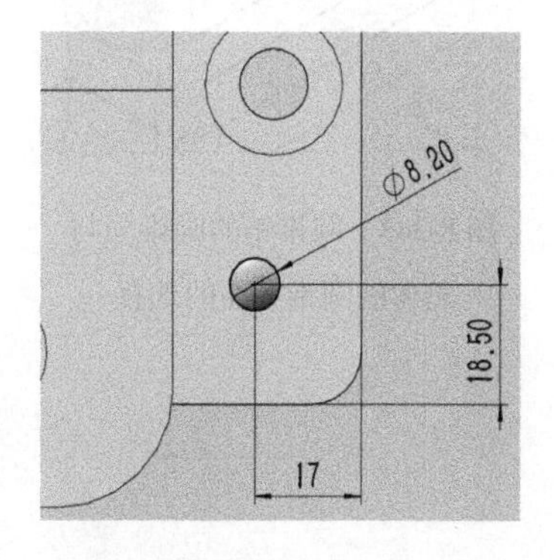

图 8-340 圆锥销孔 1 的位置

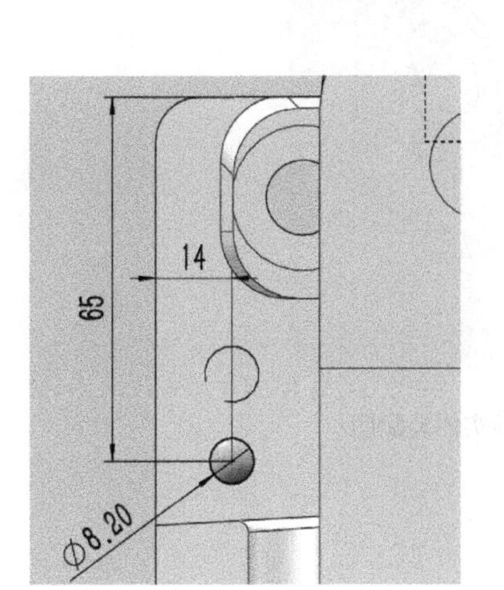

图 8-341 圆锥销孔 2 的位置

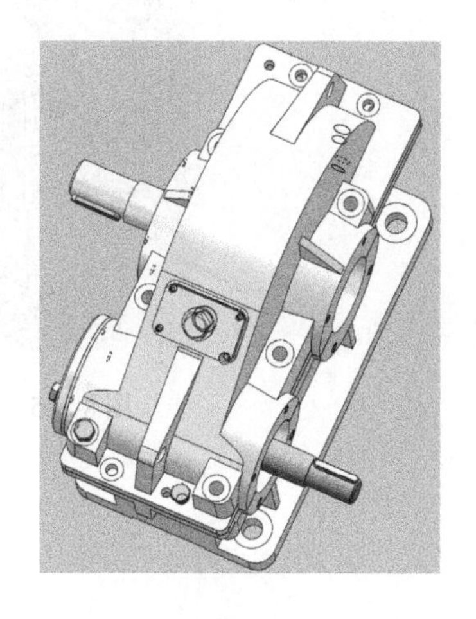

图 8-342 配作圆锥销孔后的减速器

为便于装配，可先通过单击【装配体命令】管理器中【移动零部件】按钮和【旋转零部件】按钮来调整销的位置，使销轴线处于接近垂直、大头朝上放置。

单击【配合】按钮，弹出【配合】属性管理器，在视图区域中选择圆锥销的圆锥面与箱体的圆锥孔面（图 8-343），在【标准配合】中单击【同轴心】按钮，单击【确定】按钮。系统又自动弹出【配合】属性管理器，在视图区域选择箱体圆锥孔上边线与圆锥销的圆锥面（图 8-344），在【标准配合】中单击【重合】按钮，单击“确定”按钮。

完成后的减速器三维实体装配图如图 8-345 所示。

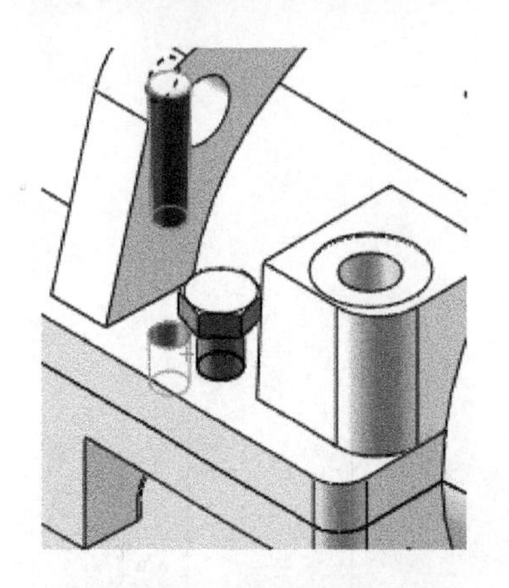

图 8-343　圆锥销的圆锥面与箱体的圆锥孔面的选择

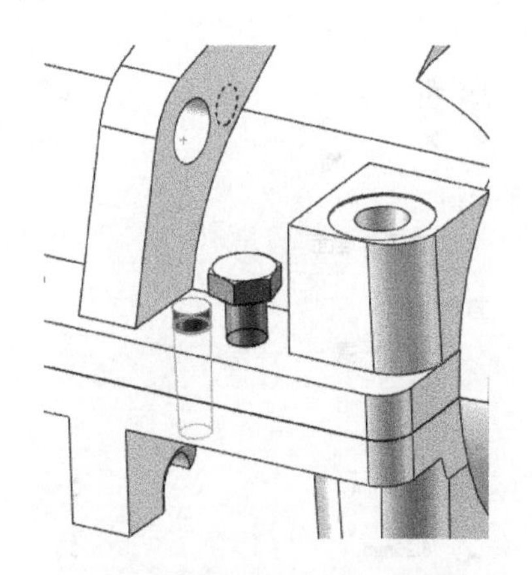

图 8-344　箱体圆锥孔上边线与圆锥销的圆锥面的选择

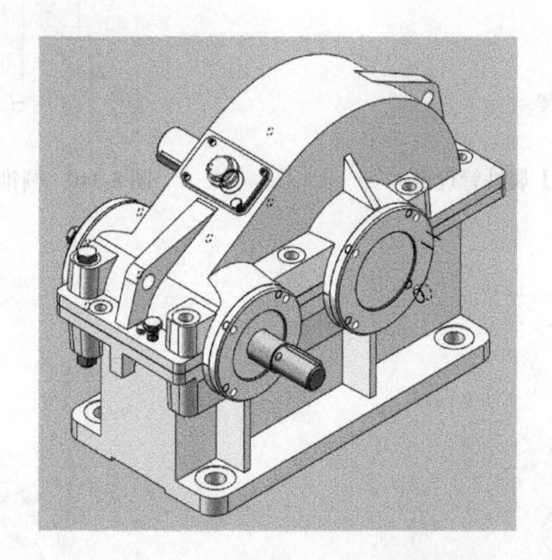

图 8-345　减速器的三维实体装配图

第 9 章　典型案例：带式输送机用一级圆柱齿轮减速器设计

设计用于输送散粒粮食的带式输送机传动装置。已知输送带工作拉力 F=2000N，输送带速度 v=1.3m/s，滚筒直径 D=180mm，输送机连续单向运转，载荷平稳，粉尘较少，两班制工作（8 小时/班），工作寿命 10 年（年生产日为 300 天），小批量生产。

9.1 传动装置的总体设计

9.1.1 确定传动方案

所确定的带式输送机传动装置简图如图 9-1 所示。

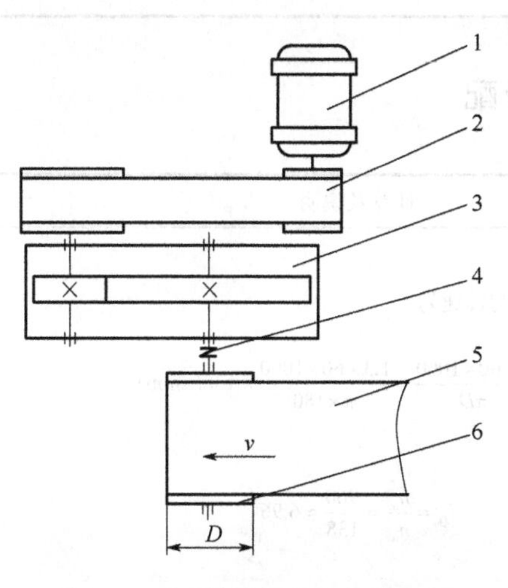

图 9-1　带式输送机传动装置简图

1—电动机；2—带传动；3—一级圆柱齿轮减速器；4—联轴器；5—输送带；6—滚筒

9.1.2 电动机的选择

计算及说明	计算结果

（1）选择电动机类型

根据用途选用 Y 系列三相异步电动机。

（2）选择电动机功率

由式（2-1）可得工作装置（输送带）功率 P_w 为

$$P_w = \frac{F_w v_w}{1000} = \frac{2000 \times 1.3}{1000} = 2.6(\text{kW})$$

计算结果：$P_w = 2.6\text{kW}$

查表 2-2，取带传动效率 $\eta_{带}$=0.96，轴承效率 $\eta_{轴承}$=0.99，直齿圆柱齿轮传动效率 $\eta_{齿轮}$=0.97，联轴器效率 $\eta_{联}$=0.99，输送机滚筒效率 $\eta_{滚筒}$=0.94，得电动机所需功率 P_d 为

$$P_d = \frac{P_w}{\eta} = \frac{P_w}{\eta_{带}\eta_{齿轮}\eta_{轴承}^2\eta_{联}\eta_{滚筒}} = \frac{2.6}{0.96 \times 0.97 \times 0.99^2 \times 0.99 \times 0.94} = 3.06(\text{kW})$$

因为所需电动机额定功率 $P_e = (1 \sim 1.3)P_d$，在此取定 $P_e = 1.2P_d = 3.672(\text{kW})$

由附录 7（电动机）中的附表 7-1，可选取电动机额定功率 $P_{ed} = 4\text{kW}$。

计算结果：$P_d = 3.06\text{kW}$，$P_{ed} = 4\text{kW}$

（3）电动机转速确定

因为同一功率的异步电动机有同步转速 3000r/min、1500r/min、1000r/min、750r/min 等几种。从成本和结构尺寸考虑，在此选用同步转速为 1000r/min 的电动机进行试算，电动机型号为 Y132M1-6，满载转速 n_m=960r/min，根据附表 7-1 和附表 7-3，可知 Y132M1-6 电动机的主要性能参数，见下表。

Y132M1-6 电动机的主要性能参数

型号	额定功率/kW	满载转速/（r/min）	轴伸直径/mm	轴伸长度/mm
Y132M1-6	4	960	38	80

计算结果：电动机型号为 Y132M1-6，n_m=960r/min

9.1.3 传动比计算及分配

计算及说明	计算结果

（1）总传动比

由 $v = \frac{n_w \pi D}{60 \times 1000}$，得输送带滚筒的转速为

$$n_w = \frac{v \times 60 \times 1000}{\pi D} = \frac{1.3 \times 60 \times 1000}{\pi \times 180} \approx 138(\text{r/min})$$

总传动比为

$$i_{总} = \frac{n_m}{n_w} = \frac{960}{138} \approx 6.96$$

计算结果：$i_{总} \approx 6.96$

（2）分配传动比

取带传动的传动比 $i_1 = i_{带} = 2$，则一级齿轮传动的传动比为

$$i_{齿轮} = i_2 = \frac{i_{总}}{i_1} = \frac{6.96}{2} = 3.48$$

计算结果：$i_1 = i_{带} = 2$，$i_{齿轮} = i_2 = 3.48$

9.1.4　传动装置运动和动力参数的计算

计算及说明	计算结果
（1）各轴转速 $n_0 = n_m = 960(\text{r/min})$ $n_1 = \dfrac{n_m}{i_1} = \dfrac{960}{2} = 480(\text{r/min})$ $n_2 = \dfrac{n_1}{i_2} = \dfrac{480}{3.48} = 137.93(\text{r/min})$ $n_w = n_2 = 137.93(\text{r/min})$	$n_0 = 960\text{r/min}$ $n_1 = 480\text{r/min}$ $n_2 = 137.93\text{r/min}$ $n_w = 137.93\text{r/min}$
（2）各轴功率 $P_1 = P_0\eta_{带} = 3.06 \times 0.96 = 2.94(\text{kW})$ $P_2 = P_1\eta_{轴承}\eta_{齿轮} = 2.94 \times 0.99 \times 0.97 = 2.82(\text{kW})$ $P_w = P_2\eta_{轴承}\eta_{联} = 2.82 \times 0.99 \times 0.99 = 2.76(\text{kW})$	$P_1 = 2.94\text{kW}$ $P_2 = 2.82\text{kW}$ $P_w = 2.76\text{kW}$
（3）各轴转矩 $T_0 = 9550\dfrac{P_0}{n_0} = 9550 \times \dfrac{3.06}{960} = 30.44(\text{N} \cdot \text{m})$ $T_1 = 9550\dfrac{P_1}{n_1} = 9550 \times \dfrac{2.94}{480} = 58.49(\text{N} \cdot \text{m})$ $T_2 = 9550\dfrac{P_2}{n_2} = 9550 \times \dfrac{2.82}{137.93} = 195.25(\text{N} \cdot \text{m})$ $T_w = 9550\dfrac{P_w}{n_w} = 9550 \times \dfrac{2.76}{137.93} = 191.10(\text{N} \cdot \text{m})$	$T_0 = 30.44\text{N} \cdot \text{m}$ $T_1 = 58.49\text{N} \cdot \text{m}$ $T_2 = 195.25\text{N} \cdot \text{m}$ $T_w = 191.10\text{N} \cdot \text{m}$
将上述数据列入下表。	

运动和动力参数

轴号	输入功率/kW	转速 /(r/min)	输入转矩 /N • m	传动比	效率
0（电机轴）	3.06（输出）	960	30.44（输出）	2	0.96
Ⅰ	2.94	480	58.49	3.48	0.96
Ⅱ	2.82	137.93	195.25	1	0.98
Ⅲ（卷筒轴）	2.76	137.93	191.10		

9.2　带传动设计计算

计算及说明	计算结果
（1）确定设计功率 由附表 11-9，查得工作情况系数 K_A=1.1，则设计功率为 $P_c = K_A P_0 = 1.1 \times 3.06 = 3.37(\text{kW})$	$P_c = 3.37\text{kW}$
（2）选择带型 根据 n_0=960r/min，P_c=3.37kW，由附图 11-1 选择 A 型 V 带。 （3）确定带轮基准直径	选择 A 型 V 带

续表

<table>
<tr><th>计算及说明</th><th>计算结果</th></tr>
<tr><td>由附表 11-10 采用最小带轮基准直径，可选小带轮直径 d_{d1}=100mm，则大带轮直径为
$$d_{d2}=i_{带}d_{d1}=2\times100=200(\text{mm})$$</td><td>d_{d1}=100mm
d_{d2}=200mm</td></tr>
<tr><td>（4）验算带的速度
$$v_{带}=\frac{\pi d_{d1}n_0}{60\times1000}=\frac{\pi\times100\times960}{60\times1000}=5.02(\text{m/s}),\ 5.02\text{m/s}<25\text{m/s}$$</td><td>带速符合要求</td></tr>
<tr><td>（5）确定中心距和 V 带长度
根据 $0.7(d_{d1}+d_{d2})<a_0<2(d_{d1}+d_{d2})$，初步确定中心距，即
$$0.7\times(100+200)=210(\text{mm})<a_0<2\times(100+200)=600(\text{mm})$$
为使结构紧凑，取偏小值，在此取 a_0=300mm。
V 带计算基准长度为
$$L_0=2a_0+\frac{\pi}{2}(d_{d1}+d_{d2})+\frac{(d_{d2}-d_{d1})^2}{4a_0}$$
$$=2\times300+\frac{\pi}{2}\times(100+200)+\frac{(200-100)^2}{4\times300}=1079.33(\text{mm})$$
由附表 11-2 选 V 带基准长度 L_d=1100mm，则实际中心距为
$$a=a_0+\frac{L_d-L_0}{2}=300+\frac{1100-1079.33}{2}=310.34(\text{mm})$$</td><td>a_0=300mm
$a=310.34\text{mm}$</td></tr>
<tr><td>（6）计算小轮包角
$$\alpha_1=180°-\left(\frac{d_{d2}-d_{d1}}{a}\right)\times57.3°$$
$$=180°-\left(\frac{200-100}{310.34}\right)\times57.3°=161.54°,\ 161.54°>120°$$</td><td>合适</td></tr>
<tr><td>（7）确定 V 带根数
根据公式 $z=\frac{P_c}{(P_0+\Delta P_0)K_\alpha K_L}$ 来确定 V 带根数。
由 $n_1=960\text{r/min}$，d_{d1}=100mm，根据附表 11-4，可得 $P_0=0.96\text{kW}$。
由传动比 $i=\frac{d_{d2}}{d_{d1}(1-\varepsilon)}=\frac{200}{100\times(1-0.02)}=2.04$，$n_1=960\text{r/min}$，根据附表 11-6，可得 ΔP_0=0.109kW。
根据附表 11-2，可得带长修正系数 K_L=0.91。
由 α_1=161.54°，根据附表 11-8，可得包角修正系数 K_α=0.955。
则带的根数
$$z=\frac{P_c}{(P_0+\Delta P_0)K_\alpha K_L}=\frac{3.37}{(0.96+0.109)\times0.955\times0.91}=3.63$$
取 z=4 根。</td><td>z =4</td></tr>
<tr><td>（8）计算初拉力
查附表 11-1，得 V 带质量 q=0.105kg/m，则初拉力为
$$F_0=\frac{500P_c}{zv_{带}}\left(\frac{2.5}{K_\alpha}-1\right)+qv_{带}^2$$
$$=\frac{500\times3.37}{4\times5.02}\times\left(\frac{2.5}{0.955}-1\right)+0.105\times5.02^2=138.40(\text{N})$$</td><td>F_0=138.40N</td></tr>
<tr><td>（9）计算作用在轴上的压力
$$F_Q=2zF_0\sin\frac{\alpha_1}{2}=2\times4\times138.40\times\sin\frac{161.54°}{2}=1092.86(\text{N})$$</td><td>F_Q=1092.86N</td></tr>
<tr><td>（10）带轮结构设计
①小带轮结构。小带轮采用实心式结构。由 9.1.2 节内容可知电动机 Y132M1-6 的轴伸直径 D_0=38mm。
由附表 11-11 及附图 11-3 可得：e=15mm±0.3mm；f_{min}= 9mm，取 f= 10mm；轮毂宽 L=(1.5～2) d_s= (1.5～2) D_0= (1.5～2) ×38=57～76(mm)，取 L=60mm；轮缘宽 $B=(z-1)e+2f$= (4−1)×15+2×10 = 65(mm)。
②大带轮结构。大带轮采用腹板式结构。其轮缘宽度与小带轮相同。轮毂宽度可与轴结构设计同步进行。
绘制带轮零件图（略）</td><td>小带轮采用实心式结构
大带轮采用腹板式结构</td></tr>
</table>

9.3 齿轮传动设计计算

减速器采用直齿圆柱齿轮传动，其设计计算如下。

计算及说明	计算结果
（1）选择齿轮材料、热处理方式和公差等级 考虑带式输送机为一般机械，故大、小齿轮均选用45钢。为制造方便均采用软齿面，小齿轮调质处理，大齿轮正火处理。 根据附录9（渐开线圆柱齿轮传动精度）中的附表9-1和附表9-2，大、小齿轮均选用8级精度。 由附表3-9得： 小齿轮齿面硬度为197～286HBS，取硬度值为240HBS进行计算； 大齿轮齿面硬度为156～217HBS，取硬度值为200HBS进行计算。	45钢 采用软齿面， 小齿轮调质处理 大齿轮正火处理 8级精度
（2）确定许用应力 由附表3-9得： 小齿轮接触疲劳极限为 $\sigma_{\mathrm{Hlim1}}=550\sim620\mathrm{MPa}$，取 $\sigma_{\mathrm{Hlim1}}=585\mathrm{MPa}$ 进行计算，弯曲疲劳极限为 $\sigma_{\mathrm{FE1}}=410\sim480\mathrm{MPa}$，取 $\sigma_{\mathrm{FE1}}=445\mathrm{MPa}$ 进行计算； 大齿轮接触疲劳极限为 $\sigma_{\mathrm{Hlim2}}=350\sim400\mathrm{MPa}$，取 $\sigma_{\mathrm{Hlim2}}=375\mathrm{MPa}$ 进行计算，弯曲疲劳极限为 $\sigma_{\mathrm{FE2}}=280\sim340\mathrm{MPa}$，取 $\sigma_{\mathrm{FE2}}=310\mathrm{MPa}$ 进行计算。 采用一般可靠度，由附表10-5查得安全系数 $S_{\mathrm{H}}=1$、$S_{\mathrm{F}}=1.25$。因此，许用应力为	
$[\sigma_{\mathrm{H1}}]=\dfrac{\sigma_{\mathrm{Hlim1}}}{S_{\mathrm{H}}}=\dfrac{585}{1}=585(\mathrm{MPa})$	$[\sigma_{\mathrm{H1}}]=585\mathrm{MPa}$
$[\sigma_{\mathrm{H2}}]=\dfrac{\sigma_{\mathrm{Hlim2}}}{S_{\mathrm{H}}}=\dfrac{375}{1}=375(\mathrm{MPa})$	$[\sigma_{\mathrm{H2}}]=375\mathrm{MPa}$
$[\sigma_{\mathrm{F1}}]=\dfrac{\sigma_{\mathrm{FE1}}}{S_{\mathrm{F}}}=\dfrac{445}{1.25}=356(\mathrm{MPa})$	$[\sigma_{\mathrm{F1}}]=356\mathrm{MPa}$
$[\sigma_{\mathrm{F2}}]=\dfrac{\sigma_{\mathrm{FE2}}}{S_{\mathrm{F}}}=\dfrac{310}{1.25}=248(\mathrm{MPa})$	$[\sigma_{\mathrm{F2}}]=248\mathrm{MPa}$
（3）初步计算传动的主要尺寸 因为是软齿面闭式传动，故按齿面接触强度进行计算，则有 $d_1\geqslant 2.32\sqrt[3]{\dfrac{KT_1}{\phi_{\mathrm{d}}}\times\left(\dfrac{u+1}{u}\right)\times\left(\dfrac{Z_{\mathrm{E}}}{[\sigma_{\mathrm{H}}]}\right)^2}$ 小齿轮传递转矩为 $T_1=58.49\mathrm{N\cdot m}=58490\mathrm{N\cdot mm}$。 工作机载荷平稳，由附表10-3取载荷系数 K=1.1。 齿轮相对轴承采用对称布置，由附表10-6取齿宽系数 $\phi_{\mathrm{d}}=0.8$。 由附表10-4得弹性系数 $Z_{\mathrm{E}}=189.8\sqrt{\mathrm{MPa}}$。 齿数比 $u=i_2=3.48$。 则小齿轮的分度圆直径为 $d_1\geqslant 2.32\sqrt[3]{\dfrac{KT_1}{\phi_{\mathrm{d}}}\times\left(\dfrac{u+1}{u}\right)\times\left(\dfrac{Z_{\mathrm{E}}}{[\sigma_{\mathrm{H}}]}\right)^2}$ $=2.32\times\sqrt[3]{\dfrac{1.1\times58490}{0.8}\times\left(\dfrac{3.48+1}{3.48}\right)\times\left(\dfrac{189.8}{375}\right)^2}=69.19(\mathrm{mm})$	
（4）确定传动尺寸 ①确定齿数。取小齿轮齿数 z_1=25，则大齿轮齿数 $z_2=i_2z_1=3.48\times25=87$，取 z_2=87，则实际传动比为 $i_{齿轮}=i_2=\dfrac{z_2}{z_1}=\dfrac{87}{25}=3.48$ ②确定模数。	z_1=25 z_2=87

续表

计算及说明	计算结果
$m=\dfrac{d_1}{z_1}=\dfrac{69.187}{25}=2.77(\text{mm})$	
按附表10-1，取模数m=3mm。	m=3mm
③计算传动尺寸。 分度圆直径为 $d_1=mz_1=3\times25=75(\text{mm})$ $d_2=mz_2=3\times87=261(\text{mm})$	d_1=75mm d_2=261mm
中心距 $a=\dfrac{d_1+d_2}{2}=\dfrac{75+261}{2}=168(\text{mm})$	a=168mm
齿宽 $b=\phi_d d_1=0.8\times75=60(\text{mm})$，取$b_2$=60mm。 $b_1=b_2+(5\sim10)=60+(5\sim10)(\text{mm})$，取$b_1$=65mm。	b_1=65mm b_2=60mm
（5）验算轮齿弯曲强度 根据公式$\sigma_F=\dfrac{2KT_1Y_{Fa}Y_{Sa}}{bm^2z_1}\leqslant[\sigma_F]$进行轮齿弯曲强度校核。 由附图10-1得齿形系数$Y_{Fa1}$=2.74，$Y_{Fa2}$=2.23。 由附图10-2得应力修正系数$Y_{Sa1}$=1.59，$Y_{Sa2}$=1.77。 上式中其他参数值见前述内容。 故 $\sigma_{F1}=\dfrac{2KT_1Y_{Fa1}Y_{Sa1}}{bm^2z_1}=\dfrac{2\times1.1\times58490\times2.74\times1.59}{60\times3^2\times25}=41.53(\text{MPa})$ $[\sigma_{F1}]=356(\text{MPa})$ $\sigma_{F1}<[\sigma_{F1}]$ $\sigma_{F2}=\sigma_{F1}\dfrac{Y_{Fa2}Y_{Sa2}}{Y_{Fa1}Y_{Sa1}}=41.53\times\dfrac{2.23\times1.77}{2.74\times1.59}=37.63(\text{MPa})$ $[\sigma_{F2}]=248(\text{MPa})$ $\sigma_{F2}<[\sigma_{F2}]$ 满足轮齿弯曲强度条件。	满足轮齿弯曲强度条件
（6）齿轮的圆周速度 $v=\dfrac{\pi d_1n_1}{60\times1000}=\dfrac{\pi\times75\times480}{60\times1000}=1.88(\text{m/s})$ 对照附表10-2可知，齿轮选用8级精度是合适的。	
（7）计算齿轮传动其他几何尺寸 齿顶高 $h_a=h_a^*m=1\times3=3(\text{mm})$	$h_a=3\text{mm}$
齿根高 $h_f=(h_a^*+c^*)m=(1+0.25)\times3=3.75(\text{mm})$	$h_f=3.75\text{mm}$
全齿高 $h=h_a+h_f=3+3.75=6.75(\text{mm})$	$h=6.75\text{mm}$
顶隙 $c=c^*m=0.25\times3=0.75(\text{mm})$	$c=0.75\text{mm}$
齿顶圆直径 $d_{a1}=d_1+2h_a=75+2\times3=81(\text{mm})$ $d_{a2}=d_2+2h_a=261+2\times3=267(\text{mm})$	$d_{a1}=81\text{mm}$ $d_{a2}=267\text{mm}$
齿根圆直径 $d_{f1}=d_1-2h_f=75-2\times3.75=67.5(\text{mm})$ $d_{f2}=d_2-2h_f=261-2\times3.75=253.5(\text{mm})$	$d_{f1}=67.5\text{mm}$ $d_{f2}=253.5\text{mm}$

9.4 齿轮上作用力计算

计算齿轮上作用力，可为后续轴的设计及校核、键的选择与验算、轴承的选择与校核提供数据。齿轮上作用力计算如下。

计算及说明	计算结果
（1）已知条件 根据前述内容可知：高速轴传递的转矩为 T_1=58490N·mm，转速为 n_1=480r/min，小齿轮分度圆直径 d_1=75mm。 （2）小齿轮 1 上的作用力 ①圆周力。 $$F_{t1}=\frac{2T_1}{d_1}=\frac{2\times 58490}{75}=1559.73(\text{N})$$ 其方向与力作用点圆周速度方向相反。 ②径向力。 $$F_{r1}=F_{t1}\tan\alpha_n=1559.73\times\tan 20°=567.70(\text{N})$$ （3）大齿轮 2 上的作用力 从动齿轮 2（大齿轮）上的圆周力、径向力与主动齿轮 1（小齿轮）上相应力的大小相等，作用方向相反。	$F_{t1}=1559.73\text{N}$ $F_{r1}=567.70\text{N}$

9.5 减速器装配草图设计

9.5.1 合理布置图面

选择 A0 图纸绘制减速器装配图。根据图纸幅面大小与减速器齿轮传动的中心距确定绘图比例为 1∶1，采用三视图表达装配图的结构。

9.5.2 绘出齿轮的轮廓

根据前面相关计算数据，在俯视图上绘出齿轮传动的轮廓图，如图 9-2 所示。

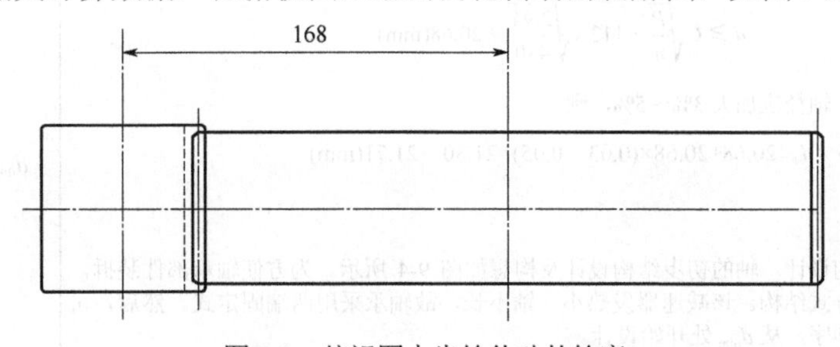

图 9-2　俯视图中齿轮传动的轮廓

9.5.3 绘出箱体内壁

在齿轮轮廓的基础上，在俯视图上绘出箱体的内壁，如图 9-3 所示。

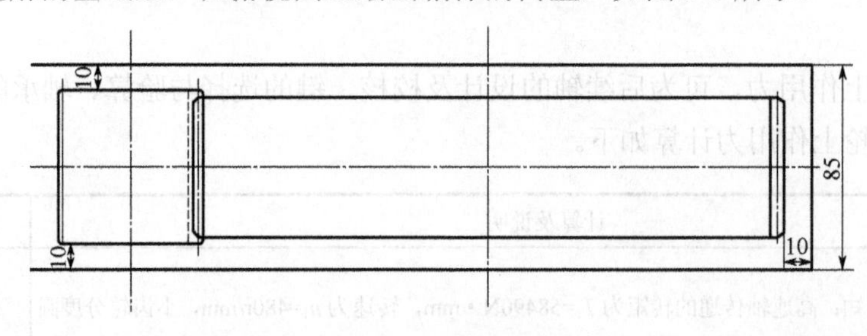

图 9-3 箱体内壁

9.6 轴的设计计算

轴的设计计算与轴上齿轮轮毂孔内径及宽度、滚动轴承的选择与校核，键的选择与验算，与轴连接的带轮及半联轴器的选择同步进行。

9.6.1 高速轴设计计算

计算及说明	计算结果
（1）已知条件 根据前述内容可知：高速轴传递的功率为 P_1=2.94kW，转速为 n_1=480r/min，小齿轮分度圆直径 d_1=75mm，齿轮宽度 b_1=65mm，转矩 T_1=58490N·mm。 （2）选择轴的材料 因传递的功率不大，并对重量及结构尺寸无特殊要求，故由附表 3-10 查得，轴选用常用材料 45 钢，调质处理。 （3）初算轴径 因为高速轴外伸段上安装带轮，所以轴径可按式（3-1）求得，由表 3-1 取 C=113，则 $$d \geqslant C\sqrt[3]{\frac{P}{n}} = 113\times\sqrt[3]{\frac{2.94}{480}} = 20.68(\text{mm})$$ 考虑轴上有键槽，轴径应加大 3%～5%，则 $$d \geqslant 20.68+20.68\times(0.03\sim0.05)=21.30\sim21.71(\text{mm})$$ 取 d_{min}=22mm。 （4）结构设计 ①轴承部件的结构设计。轴的初步结构设计及构想如图 9-4 所示。为方便轴承部件装拆，减速器箱体采用剖分式结构。该减速器发热小、轴不长，故轴承采用两端固定式。然后，可按轴上零件的安装顺序，从 d_{min} 处开始设计。	45 钢，调质处理 d_{min}=22mm

续表

计算及说明	计算结果
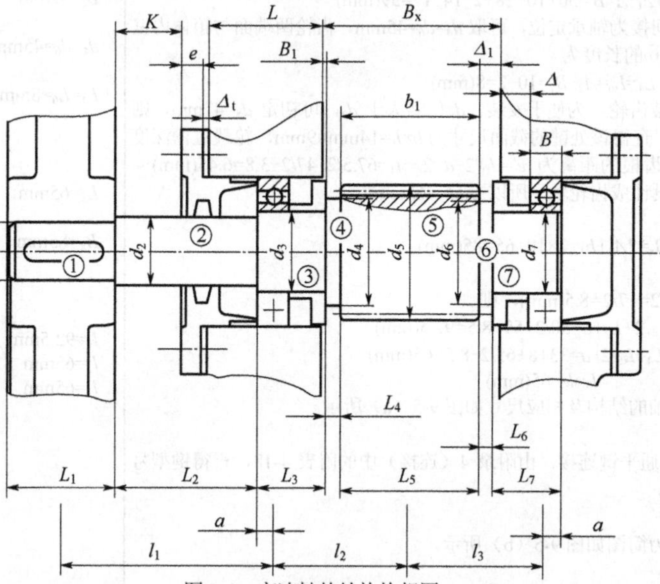 图 9-4　高速轴的结构构想图	
②轴段①的设计。轴段①上安装带轮，此段设计应与带轮设计同步进行。由最小直径 d_{min} 可初定轴段①的轴径 d_1=25mm，带轮轮毂的宽度为 $(1.5\sim2)d_1=(1.5\sim2)\times25=37.5\sim50$(mm)，取为 50mm，则轴段①的长度略小于带轮轮毂宽度，取 L_1=48mm。	d_1=25mm
③轴段②的轴径设计。考虑带轮轴向固定及密封圈的尺寸，带轮用轴肩定位，轴肩高度 $h=(0.07\sim0.1)\,d_1=(0.07\sim0.1)\times25=1.75\sim2.5$(mm)。	L_1=48mm
轴段②的轴径 $d_2=d_1+2h=28.5\sim30$(mm)，该处轴的圆周速度 $v=\dfrac{\pi dn}{60\times1000}=\dfrac{\pi\times30\times480}{60\times1000}=0.75$(m/s)，$v<4\sim5$(m/s)，可选用毡圈密封。由表 4-19 可知，选用毡圈 30 JB/ZQ 4606—1997，则 d_2=30mm。	
由于轴段的长度 L_2 涉及因素较多，稍后再确定 L_2。	d_2=30mm
④轴段③和⑦的设计。轴段③和⑦安装轴承，考虑齿轮只受径向力和圆周力，所以选用深沟球轴承即可，其直径既便于轴承安装，又应符合轴承内径系列。	
根据附录 5（滚动轴承）中的附表 5-1，选用轴承 6207 GB/T 276—2013，该轴承内径 $d=35$mm，外径 $D=72$mm，宽度 $B=17$mm，内圈定位轴肩直径 d_a=42mm，外圈定位轴肩直径 D_a=65mm，故 d_3=35mm。	轴承 6207 d_3=35mm
该减速器齿轮的圆周速度小于 2m/s，故轴承采用润滑脂润滑，需要加挡油盘，取挡油盘端面至内壁距离 B_1=2mm，为补偿箱体的铸造误差及安装挡油盘，靠近箱体内壁的轴承端面至箱体内壁距离取 Δ=14mm，则 $L_3=B+\Delta+B_1=17+14+2=33$(mm)。	L_3=33mm
同一轴上的两个轴承取相同型号，则 $d_5=d_3$=35mm，$L_7=L_3$=33mm。	
⑤轴段②的长度设计。轴段②的长度 L_2 除与轴上零件有关外，还与轴承座宽度及轴承端盖等零件有关。	d_5=35mm L_7=33mm
由表 4-1 可知：箱座壁厚由公式 $\delta\approx0.025a+1$ 计算，则 $\delta\approx0.025\times168+1=5.2$(mm)，取 δ=8mm；箱盖壁厚由公式 $\delta_1=0.85\delta$ 计算，则 $\delta_1=0.85\times8=6.8$(mm)，取 δ_1=8mm；由于中心距 a=168mm＜300mm，可确定轴承旁连接螺栓直径 M12，相应的 c_1=18mm，c_2=16mm；上下箱连接螺栓直径 M10；地脚螺栓直径 M16；轴承盖连接螺栓直径 M10，由附录 4（连接）中的附表 4-2，轴承盖连接螺栓 d_3 取为 GB/T 5782—2016　M10×25。	
由表 4-11 可计算轴承盖的凸缘厚度 $e=(1\sim1.2)\,d_3=(1\sim1.2)\times10=10\sim12$(mm)，取 e=10mm。则轴承座宽度为 $L=\delta+c_1+c_2+(5\sim8)=8+18+16+(5\sim8)=47\sim50$(mm)，取 L=50mm。	
取轴承盖与轴承座间调整垫片厚度为 Δ_t=2mm；为在不拆卸带轮的条件下，方便装拆轴承盖连接螺栓，取带轮凸缘至轴承盖的距离 K=28mm，带轮采用腹板式，螺栓的装拆空间足够，则有	

续表

计算及说明	计算结果
$L_2=L+e+K+\Delta_t-\Delta-B=50+10+28+2-14-17=59(\text{mm})$	L_2=59mm
⑥轴段④和⑥的设计。该轴段间接为轴承定位，可取 $d_4=d_6$=45mm，齿轮两端面与箱体内壁距离取为 Δ_2=10mm，则轴段④和⑥的长度为	$d_4=d_6$=45mm
$L_4=L_6=\Delta_2-B_1=10-2=8(\text{mm})$	$L_4=L_6$=8mm
⑦轴段⑤的设计。轴段⑤上安装齿轮，为便于安装，d_5 应略大于 d_3，可初定 d_5=47mm，则由附录 4（连接）中的附表 4-18，查得该处键的截面尺寸为 $b\times h$=14mm×9mm，轮毂键槽深度 t_1=3.8mm，该处齿轮轮毂键槽到齿根的距离为 $e'=d_{f1}/2-d_5/2-t_1=67.5/2-47/2-3.8=6.45(\text{mm})<2.5m=2.5\times3=7.5(\text{mm})$，故该轴应设计成齿轮轴，所以 $L_5=b_1$=65mm。	L_5=65mm
⑧箱体内壁之间的距离。 $B_x=2\Delta_2+b_1=2\times10+65=85(\text{mm})$	B_x=85mm
⑨力作用点间的距离。 轴承力作用点距外圈距离 $a=B/2=17/2=8.5(\text{mm})$，则 $l_1=B_{带轮}/2+L_2+a=50/2+59+8.5=92.5(\text{mm})$ $l_2=L_3+L_4+L_5/2-a=33+8+65/2-8.5=65(\text{mm})$ $l_3=l_2=65(\text{mm})$	l_1=92.5mm l_2=65mm l_3=65mm
⑩画出轴的结构及相应尺寸。轴的结构及相应尺寸如图 9-5（a）所示。 （5）键连接 带轮与轴段①之间采用 A 型普通平键连接，由附录 4（连接）中的附表 4-18，查得键型号为“键 8×45 GB/T 1096—2003”。 （6）轴的受力分析 ①画出轴的受力简图。轴的受力简图如图 9-5（b）所示。 ②支承反力。在水平面上为 $R_{AH}=\dfrac{-F_Q(l_1+l_2+l_3)+F_{r1}l_3}{l_2+l_3}$ $=\dfrac{-1092.86\times(92.5+65+65)+567.70\times65}{65+65}=-1586.62(\text{N})$	$R_{AH}=-1586.62\text{N}$
式中，“-”为与图中所示力的方向相反（以下同）。 $R_{BH}=-F_Q-R_{AH}+F_{r1}=-1092.86+1586.62+567.7=1061.46(\text{N})$	$R_{BH}=1061.46\text{N}$
在垂直面上为 $R_{AV}=R_{BV}=-\dfrac{F_{t1}l_3}{l_2+l_3}=-\dfrac{1559.73\times65}{65+65}=-779.87(\text{N})$	$R_{AV}=-779.87\text{N}$ $R_{BV}=-779.87\text{N}$
轴承 A 的总支承反力为 $R_A=\sqrt{R_{AH}^2+R_{AV}^2}=\sqrt{(-1586.62)^2+(-779.87)^2}=1767.93(\text{N})$	$R_A=1767.93\text{N}$
轴承 B 的总支承反力为 $R_B=\sqrt{R_{BH}^2+R_{BV}^2}=\sqrt{1061.46^2+(-779.87)^2}=1317.15(\text{N})$	$R_B=1317.15\text{N}$
③弯矩计算。在水平面上弯矩为 $M_{AH}=F_Ql_1=1092.86\times92.5=101089.55(\text{N}\cdot\text{mm})$ $M_{1H}=R_{BH}l_3=1061.46\times65=68994.90(\text{N}\cdot\text{mm})$ 在垂直面上弯矩为 $M_{1V}=R_{AV}l_2=-779.87\times65=-50691.55(\text{N}\cdot\text{mm})$ 合成弯矩 $M_A=M_{AH}=101089.55(\text{N}\cdot\text{mm})$ $M_1=\sqrt{M_{1H}^2+M_{1V}^2}=\sqrt{68994.90^2+50691.55^2}=85615(\text{N}\cdot\text{mm})$	$M_A=101089.55\text{N}\cdot\text{mm}$ $M_1=85615\text{N}\cdot\text{mm}$
④画弯矩图。弯矩图如图 9-5（c）～（e）所示。 ⑤转矩和转矩图。 转矩为 T_1=58490N·mm。 转矩图如图 9-5（f）所示。 （7）校核轴的强度 由图 9-5 可知，齿轮轴与 A 处弯矩较大，且轴颈较小，故 A 剖面为危险截面。 其抗弯截面系数为 $W=\dfrac{\pi d_3^3}{32}=\dfrac{\pi\times35^3}{32}=4207.11(\text{mm}^3)$	

续表

计算及说明	计算结果
抗扭截面系数为 $W_T=\dfrac{\pi d_3^3}{16}=\dfrac{\pi\times 35^3}{16}=8414.22(\text{mm}^3)$ 最大弯曲应力为 $\sigma_A=\dfrac{M_A}{W}=\dfrac{101089.55}{4207.11}=24.03(\text{MPa})$ 扭剪应力为 $\tau=\dfrac{T_1}{W_T}=\dfrac{58490}{8414.22}=6.95(\text{MPa})$ 按弯扭合成强度进行校核计算，对单向转动的轴，转矩按脉动循环处理，取折合系数 α=0.6，则当量应力为 $\sigma_e=\sqrt{\sigma_A^2+4(\alpha\tau)^2}=\sqrt{24.03^2+4\times(0.6\times 6.95)^2}=25.44(\text{MPa})$ 由附表 3-10 查得 45 钢（调质处理）抗拉强度极限 σ_B= 650MPa，由附表 3-11 用插值法查得轴的许用弯曲应力$[\sigma_{-1b}]$= 60MPa，显然 $\sigma_e<[\sigma_{-1b}]$，表明轴的强度满足要求。	轴的强度满足要求
（8）校核键连接的强度 带轮处键连接的挤压应力为 $\sigma_p=\dfrac{4T}{dhl}=\dfrac{4\times 58490}{25\times 7\times(45-8)}=36.13(\text{MPa})$ 取键、轴及带轮材料均为钢，由附录 4（连接）中的附表 4-22，查得$[\sigma_p]$=125～150MPa，显然 $\sigma_p<[\sigma_p]$，表明键的强度足够。	键的强度满足要求
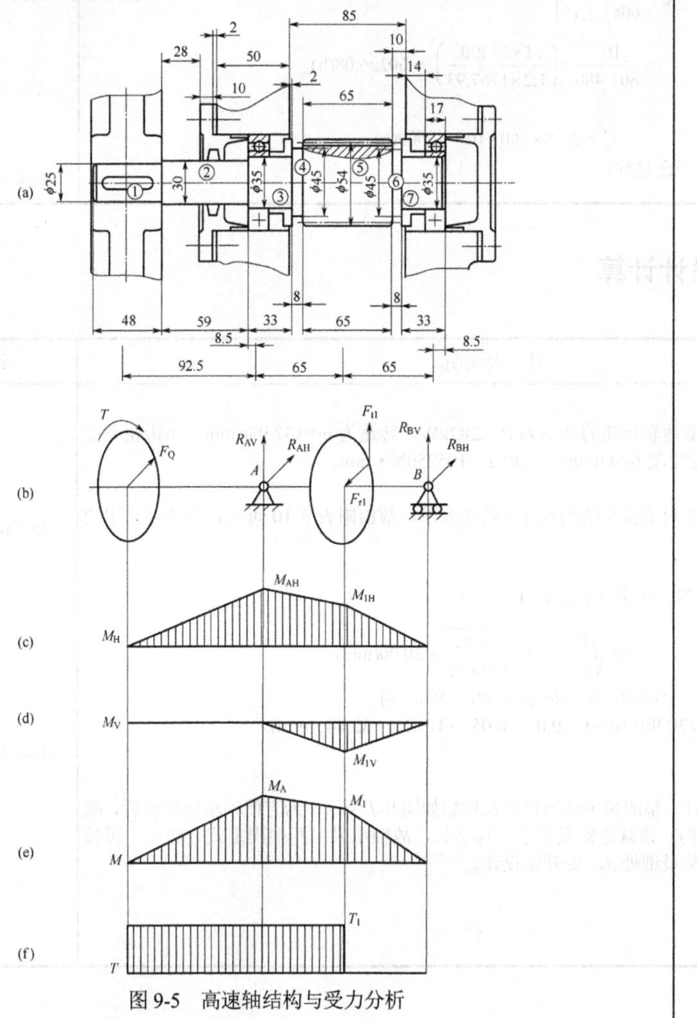 图 9-5　高速轴结构与受力分析	

续表

计算及说明	计算结果
（9）校核轴承寿命	
①当量动载荷。由附录 5（滚动轴承）中的附表 5-1，查得轴承 6207 的 C=25500N，C_0=15200N，轴承受力图如图 9-6 所示。因为轴承不受轴向力，轴承 A、B 的当量动载荷为 $P_A = R_A = 1767.93(N)$ $P_B = R_B = 1317.15(N)$	
R_A R_B 图 9-6　高速轴轴承的布置及受力	
②轴承寿命。因 $P_A > P_B$，故只需校核轴承 A，$P=P_A$。轴承在 100℃以下工作，由附录 5（滚动轴承）中的附表 5-6 查得温度系数 f_t=1；由附录 5（滚动轴承）中的附表 5-7 查得载荷系数 f_p=1.2，则该轴承寿命为（对球轴承，下式中 ε=3） $L_h = \frac{10^6}{60n}\left(\frac{f_t C}{f_p P}\right)^{\varepsilon} = \frac{10^6}{60\times 480}\times\left(\frac{1\times 25500}{1.2\times 1767.93}\right)^3 = 60296.08(h)$	
轴承预期寿命为 $L'_h = 2\times 8\times 300\times 10 = 48000(h)$	
显然 $L_h > L'_h$，故轴承寿命足够。	轴承寿命足够

9.6.2　低速轴设计计算

计算及说明	计算结果
（1）已知条件 根据前述内容可知：低速轴传递的功率为 P_2=2.82kW，转速为 n_2=137.93r/min，小齿轮分度圆直径 d_2=261mm，齿轮宽度 b_2=60mm，转矩 T_2=195250N·mm。	
（2）选择轴的材料 因传递的功率不大，并对重量及结构尺寸无特殊要求，故由附表 3-10 可得，轴选用常用的材料 45 钢，调质处理。	45 钢，调质处理
（3）初算轴径 轴径可按式（3-1）求得，由表 3-1 取 C=113，则 $d \geqslant C\sqrt[3]{\frac{P}{n}} = 113\times\sqrt[3]{\frac{2.82}{137.93}} = 30.90(mm)$ 轴与联轴器相连，有一个键槽，轴径应加大 3%～5%，则 $d \geqslant 30.90+30.90\times(0.03\sim 0.05) = 31.827\sim 32.445(mm)$ 圆整，取 d_{min}=33mm。	d_{min}=33mm
（4）结构设计 ①轴承部件的结构设计。轴的初步结构设计及构想如图 9-7 所示。为方便轴承部件装拆，减速器箱体采用剖分式结构。该减速器发热小、轴不长，故轴承采用两端固定式。然后，可按轴上零件的安装顺序，从最细处 d_{min} 处开始设计。	

续表

计算及说明	计算结果
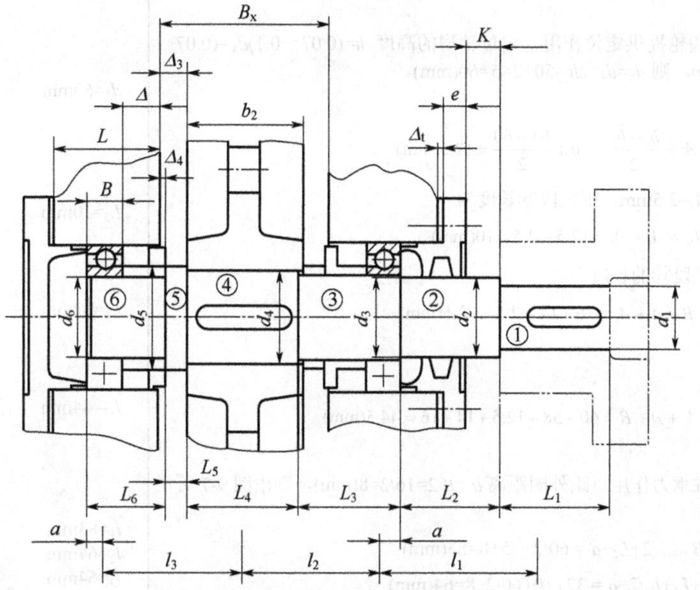 图 9-7 低速轴的结构构想图	
②轴段①的设计。轴段①上安装联轴器，此段设计应与联轴器的选择设计同步进行。为补偿联轴器所连接两轴的安装误差、隔离振动，选用弹性柱销联轴器。由附录 6（联轴器）中的附表 6-6 选取工作情况系数 K_A=1.5，则计算转矩为 $T_c = K_A T = K_A T_2 = 1.5\times195250 = 292875(\mathrm{N\cdot mm})$	
由附录 6（联轴器）中的附表 6-4 查得 GB/T 5014—2017 中的 HL2 型联轴器符合要求：公称转矩为 315N·m，许用转速 5600r/min，轴孔范围是 20～35mm。结合低速轴伸出段直径，取联轴器毂孔直径为 35mm，轴孔长度 60mm，J 型轴孔，A 型键，联轴器主动端代号为“HL2 联轴器 J35×60 GB/T 5014—2017”，相应的轴段①的轴径 d_1=35mm，轴段①的长度略小于联轴器轮毂宽度，取 L_1=58mm。	d_1=35mm L_1=58mm
③轴段②的轴径设计。在确定轴段②的轴径时，应考虑联轴器的轴向固定及密封圈的尺寸两个方面问题。联轴器用轴肩定位，轴肩高度 $h=(0.07\sim0.1)d_1=(0.07\sim0.1)\times35=2.45\sim3.5(\mathrm{mm})$。 轴段②的轴径 $d_2=d_1+2h=39.9\sim42\mathrm{mm}$，该处轴的圆周速度 $v=\frac{\pi dn}{60\times1000}=\frac{\pi\times42\times137.93}{60\times1000}=0.30(\mathrm{m/s})$, $0.3\mathrm{m/s}<4\sim5\mathrm{m/s}$，可选用毡圈密封。由表 4-19，选用毡圈 40 JB/ZQ 4606—1997，则 d_2=40mm。 由于轴段的长度 L_2 涉及因素较多，稍后再确定 L_2。	d_2=40mm
④轴段③和⑥的轴径设计。轴段③和⑥安装轴承，考虑齿轮只受径向力和圆周力，所以选用深沟球轴承即可，其直径既便于轴承安装，又应符合轴承内径系列。	轴承 6009
根据附录 5（滚动轴承）章中的附表 5-1，选用轴承 6009 GB/T 276—2013，该轴承内径 d=45mm，外径 D=75mm，宽度 B=16mm，内圈定位轴肩直径 d_a=51mm，外圈定位轴肩直径 D_a= 69mm，故 d_3= 45mm。 同一轴上的两个轴承取相同型号，则 $d_6=d_3$= 45mm。	d_3=45mm d_6=45mm
⑤轴段④的设计。轴段④上安装齿轮，为便于安装，d_4 应略大于 d_3，可初定 d_4=50mm。由图 5-9 可知齿轮 2 轮毂的宽度范围是$(1.2\sim1.5)d_4=60\sim75\mathrm{mm}$，取其轮毂宽度等于齿轮宽度，其左端采用轴肩定位，右端采用套筒固定。为使套筒端面能够顶到齿轮端面，轴段④的长度应比齿轮轮毂宽度略短，由于 b_2=60mm，故取 L_4=58mm。	d_4=50mm L_4=58mm
⑥轴段②的长度设计。轴段②的长度 L_2 除与轴上零件有关外，还与轴承座宽度及轴承盖等零件有关。轴承座宽度 L、轴承盖的凸缘厚度 e、轴承盖连接螺栓、轴承靠近箱体内壁的端面距箱体内壁距离 Δ、轴承盖与轴承座间调整垫片厚度为 Δ_t 均同高速轴。为避免联轴器轮毂外径与端盖螺栓的拆装发生干涉，联轴器轮毂端面与轴承盖外端面的距离取 K=13mm，则有 $L_2=L+\Delta_t+e+K-B-\Delta=50+2+10+13-16-14=45(\mathrm{mm})$	L_2=45mm

续表

计算及说明	计算结果
⑦轴段⑤的设计。轴段⑤为齿轮提供定位作用，定位轴肩的高度 $h=(0.07\sim0.1)d_4=(0.07\sim0.1)\times50=3.5\sim5(\text{mm})$，取 h=5mm，则 $d_5=d_4+2h=50+2\times5=60(\text{mm})$。 齿轮端面距箱体内壁距离为 $\varDelta_3=\varDelta_2+\dfrac{b_1-b_2}{2}=10+\dfrac{65-60}{2}=12.5(\text{mm})$	d_5=60mm
取挡油盘端面到内壁距离为 $\varDelta_4$=2.5mm，则轴段⑤长度为 $L_5=\varDelta_3-\varDelta_4=12.5-2.5=10(\text{mm})$	L_5=10mm
⑧轴段③和⑥的长度设计。轴段⑥的长度为 $L_6=B+\varDelta+\varDelta_4=16+14+2.5=32.5(\text{mm})$ 圆整，取 L_6=32mm。	L_6=32mm
轴段③的长度为 $L_3=b_2-L_4+\varDelta_3+\varDelta+B=60-58+12.5+14+16=44.5(\text{mm})$ 圆整，取 L_3=44mm。	L_3=44mm
⑨轴上力作用点间的距离。轴承力作用点距外圈距离 $a=B/2=16/2=8(\text{mm})$，则由图 9-7 可得轴的支点及受力点间的距离为 $l_1=B_{联轴器}/2+L_2+a=60/2+45+8=83(\text{mm})$ $l_3=L_6+L_5+b_2/2-a=32+10+60/2-8=64(\text{mm})$ $l_2=l_3=64(\text{mm})$	l_1=83mm l_2=64mm l_3=64mm
⑩画出轴的结构及相应尺寸。轴的结构及相应尺寸如图 9-8（a）所示。 （5）键连接 联轴器与轴段①及齿轮与轴段④间均采用 A 型普通平键连接，由附录 4（连接）中的附表 4-18，查得键型号分别为“键 10×50 GB/T 1096—2003”“键 14×50 GB/T 1096—2003”。 （6）轴的受力分析 ①画出轴的受力简图。轴的受力简图如图 9-8（b）所示。	
②支承反力。在水平面上支承反力为 $R_{\text{AH}}=R_{\text{BH}}=-\dfrac{F_{\text{r2}}l_2}{l_2+l_3}=-\dfrac{567.70\times64}{64+64}=-283.85(\text{N})$ 式中，“—”为与图中所示力的方向相反（以下同）。	$R_{\text{AH}}=R_{\text{BH}}$ $=-283.85\text{N}$
在垂直面上支承反力为 $R_{\text{AV}}=R_{\text{BV}}=\dfrac{F_{\text{t2}}l_2}{l_2+l_3}=\dfrac{1559.73\times64}{64+64}=779.87(\text{N})$	$R_{\text{AV}}=R_{\text{BV}}$ $=779.87\text{N}$
轴承 A、B 的总支承反力为 $R_{\text{A}}=R_{\text{B}}=\sqrt{R_{\text{AH}}^2+R_{\text{AV}}^2}=\sqrt{(-283.85)^2+779.87^2}=829.92(\text{N})$	$R_{\text{A}}=R_{\text{B}}=829.92\text{N}$
③弯矩计算。在水平面上，齿轮所在轴截面的弯矩为 $M_{2\text{H}}=R_{\text{AH}}l_3=-283.85\times64=-18166.4(\text{N}\cdot\text{mm})$	$M_{2\text{H}}=-18166.4\text{N}\cdot\text{mm}$
在垂直面上，齿轮所在轴截面的弯矩为 $M_{2\text{V}}=R_{\text{AV}}l_3=779.87\times64=49911.68(\text{N}\cdot\text{mm})$	$M_{2\text{V}}=49911.68\text{N}\cdot\text{mm}$
齿轮所在轴截面的合成弯矩为 $M_2=\sqrt{M_{2\text{H}}^2+M_{2\text{V}}^2}=\sqrt{18166.4^2+49911.68^2}=53114.91(\text{N}\cdot\text{mm})$	$M_2=53114.91\text{N}\cdot\text{mm}$
④画弯矩图。弯矩图如图 9-8（c）～（e）所示。 ⑤转矩和转矩图。转矩为 T_2=−195250 N·mm。 转矩图如图 9-8（f）所示。	

续表

<table>
<tr><th>计算及说明</th><th>计算结果</th></tr>
<tr><td>

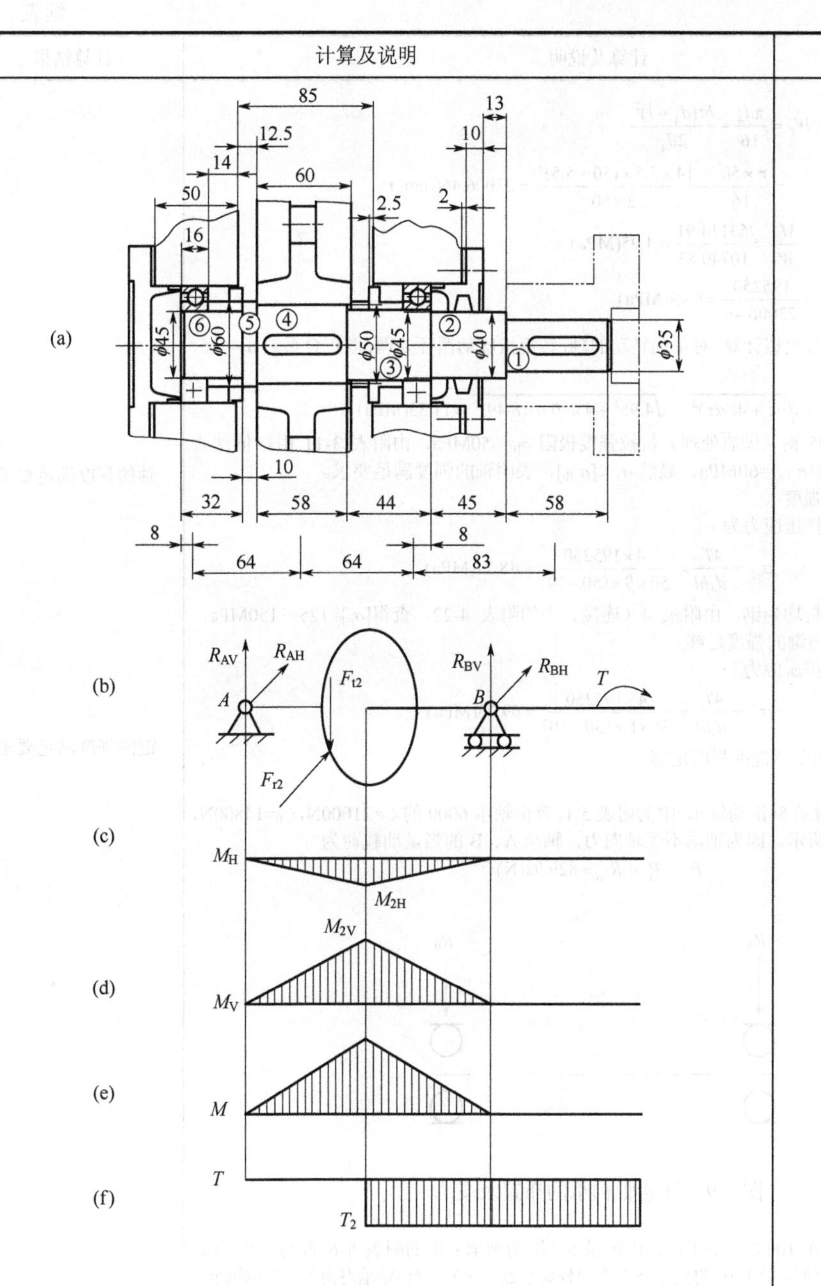

图 9-8　低速轴结构与受力分析

（7）校核轴的强度

由图 9-8 可知，齿轮所在轴截面弯矩大，同时截面还作用有转矩，因此此截面为危险截面。

其抗弯截面系数为

$$W=\frac{\pi d_4^3}{32}-\frac{bt(d_4-t)^2}{2d_4}$$

$$=\frac{\pi\times 50^3}{32}-\frac{14\times 5.5\times(50-5.5)^2}{2\times 50}=10740.83(\text{mm}^3)$$

</td><td></td></tr>
<tr><td>抗扭截面系数为</td><td></td></tr>
</table>

续表

计算及说明	计算结果
$W_T=\dfrac{\pi d_4^3}{16}-\dfrac{bt(d_4-t)^2}{2d_4}$ $=\dfrac{\pi\times 50^3}{16}-\dfrac{14\times 5.5\times(50-5.5)^2}{2\times 50}=23006.46(\text{mm}^3)$ 最大弯曲应力为 $\sigma_2=\dfrac{M_2}{W}=\dfrac{53114.91}{10740.83}=4.95(\text{MPa})$ 扭剪应力为 $\tau=\dfrac{T_2}{W_T}=\dfrac{195250}{23006.46}=8.49(\text{MPa})$ 按弯扭合成强度进行校核计算，对单向转动的轴，转矩按脉动循环处理，取折合系数 $\alpha=0.6$，则当量应力为 $\sigma_e=\sqrt{\sigma_2^2+4(\alpha\tau)^2}=\sqrt{4.95^2+4\times(0.6\times 8.49)^2}=11.33(\text{MPa})$ 由附表 3-10 查得 45 钢（调质处理）抗拉强度极限 σ_B=650MPa，由附表 3-11 用插值法查得轴的许用弯曲应力$[\sigma_{-1b}]$=60MPa，显然 $\sigma_e<[\sigma_{-1b}]$，表明轴的强度满足要求。	轴的强度满足要求
（8）校核键连接的强度 齿轮 2 处键连接的挤压应力为 $\sigma_{p2}=\dfrac{4T_2}{d_4hl}=\dfrac{4\times 195250}{50\times 9\times(50-14)}=48.21(\text{MPa})$ 取键、轴及带轮材料均为钢，由附录 4（连接）中的附表 4-22，查得$[\sigma_p]$=125～150MPa，显然 $\sigma_{p2}<[\sigma_p]$，表明该键的强度足够。 联轴器处键连接的挤压应力为 $\sigma_{p1}=\dfrac{4T_2}{d_1hl}=\dfrac{4\times 195250}{35\times 8\times(50-10)}=69.73(\text{MPa})$ 同上，$\sigma_{p1}<[\sigma_p]$，表明该键的强度足够。	键的强度满足要求
（9）校核轴承寿命 ①当量动载荷。由附录 5（滚动轴承）中的附表 5-1，查得轴承 6009 的 C=21000N，C_0=14800N，轴承受力图如图 9-9 所示。因为轴承不受轴向力，轴承 A、B 的当量动载荷为 $P_A=P_B=R_A=829.92(\text{N})$  图 9-9 低速轴轴承的布置及受力 ②轴承寿命。轴承在 100℃以下工作，由附录 5（滚动轴承）中的附表 5-6 查得温度系数 f_t=1；由附录 5（滚动轴承）中的附表 5-7 查得载荷系数 f_p=1.2。则该轴承寿命为（对球轴承，下式中 $\varepsilon=3$） $L_h=\dfrac{10^6}{60n}\left(\dfrac{f_tC}{f_pP}\right)^{\varepsilon}$ $=\dfrac{10^6}{60\times 137.93}\times\left(\dfrac{1\times 21000}{1.2\times 829.92}\right)^3=1132909.9(\text{h})$ 轴承预期寿命为 $L_h'=2\times 8\times 300\times 10=48000(\text{h})$ 显然 $L_h>L_h'$，故轴承寿命足够。	轴承寿命足够

9.7 绘制装配草图

所设计的一级圆柱齿轮减速器俯视图草图如图 9-10 所示。

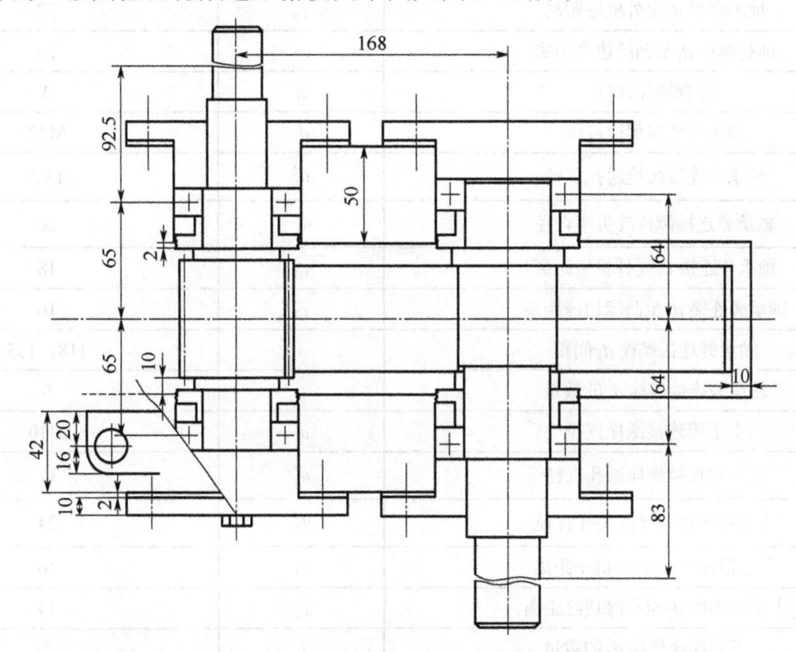

图 9-10　一级圆柱齿轮减速器俯视图草图

9.8 减速器箱体的主要结构尺寸

根据表 4-1，所设计的一级圆柱齿轮减速器箱体的主要结构尺寸列于表 9-1。

表 9-1　一级圆柱齿轮减速器箱体的主要结构尺寸

名　　称	符号	尺寸/mm
中心距	a	168
箱座壁厚	δ	8
箱盖壁厚	δ_1	8
箱座凸缘厚度	b	12
箱盖凸缘厚度	b_1	12
箱座底凸缘厚度	b_2	20
箱座肋厚	m	8
箱盖肋厚	m_1	8

续表

名　　称	符号	尺寸/mm
地脚螺栓直径	d_f	M16
地脚螺栓通孔直径	d_f'	20
地脚螺栓沉头座直径	d_f''	45
地脚螺栓 d_f 至外机壁距离	c_1	22
地脚螺栓 d_f 至凸缘边缘距离	c_2	20
地脚螺栓数目	n	4
轴承旁连接螺栓直径	d_1	M12
轴承旁连接螺栓通孔直径	d_1'	13.5
轴承旁连接螺栓沉头座直径	d_1''	26
轴承旁连接 d_1 至外机壁距离	c_1	18
轴承旁连接 d_1 至凸缘边缘距离	c_2	16
轴承旁连接螺栓 d_1 间距	s	118，135
轴承旁连接螺栓 d_1 的数量	n	6
上下箱连接螺栓直径	d_2	M10
上下箱连接螺栓通孔直径	d_2'	11
上下箱连接螺栓沉头孔直径	d_2''	24
上下箱连接 d_2 至外机壁距离	c_1	16
上下箱连接 d_2 至凸缘边缘距离	c_2	14
上下箱连接螺栓 d_2 的数量	n	2
轴承盖螺钉直径	d_3	M10
轴承盖螺钉数量	n	4×4=16
视孔盖螺钉直径	d_4	M6
视孔盖螺钉数量	n	4
起盖螺钉直径	d	M10
起盖螺钉数量	n	1
圆锥定位销直径	d	8
圆锥定位销数量	n	2
箱体外壁至轴承座端面距离	l_1	42
减速器中心高	H	170
轴承旁凸台高度	h	45
轴承旁凸台半径	R_1	16
轴承座端面外径	D_2	115，130
轴承座孔长度（箱体内壁至轴承座端面距离）	L	50
大齿轮齿顶圆与箱体内壁的距离	Δ_1	10
齿轮端面与箱体内壁的距离	Δ_2	10

9.9 减速器润滑与密封

9.9.1 润滑油选择计算

因为齿轮圆周速度 $v<12\text{m/s}$，从成本及需要考虑，齿轮采用浸油润滑。

根据表 4-14，齿轮选择全损耗系统用油 L-AN68 润滑油润滑。润滑油深度为 5.7cm，箱体底面尺寸为 8.5cm×32.3cm，则箱体内所装润滑油量为

$$V=8.5\times32.3\times5.7=1564.94(\text{cm}^3)$$

该减速器所传递的功率为 P_d=3.06kW，对于一级圆柱齿轮传动，每传递 1kW 功率，需油量 V_0=0.35～0.7L（即 350～700cm^3），则该减速器所需油量为

$$V_1=P_\text{d}V_0=3.06\times(350\sim700)=1071\sim2142(\text{cm}^3)$$

润滑油量基本满足要求。

根据表 4-15，轴承采用钠基润滑脂，润滑脂牌号为 L-XACMGA2（GB 492—1989），用脂量以轴承间隙的 1/3～1/2 为宜。

9.9.2 密封

箱座与箱盖凸缘接合面的密封，选用在接合面涂密封漆或水玻璃的方法。

在窥视孔或放油塞与箱体之间加石棉橡胶纸、油封圈进行密封。

由于轴的圆周速度 $v<4\sim5\text{m/s}$，所以轴的外伸端与轴承透盖的间隙选用半粗羊毛毡加以密封。

轴承靠近箱体内壁处用挡油盘加以密封，防止润滑油进入轴承内部。

9.10 减速器附件的选择

（1）窥视孔和窥视孔盖

根据表 4-2，窥视孔尺寸为 90mm×60mm，位置在齿轮啮合区的上方，窥视孔盖的尺寸为 120mm×90mm，材料采用 Q235，其余尺寸见表 4-2。

（2）通气器

选用提手式通气器，由表 4-3 可查相关尺寸。

（3）油面指示器

选用杆式油标 M16，由表 4-7 可查相关尺寸。

（4）放油孔与螺塞

设置一个放油孔。选用螺塞 M14×1.5 JB/T 1700—2008，材料采用 Q235；油封圈 22×14 JB/T 1718—2008，材料为耐油橡胶。由表 4-8 可查相关尺寸。

（5）起吊装置

箱盖采用吊耳，箱座采用吊钩，由表 4-9 可查相关尺寸。

（6）起盖螺钉

设置一个起盖螺钉，由附录 4（连接）中附表 4-2 可查，起盖螺钉选择“螺栓 GB/T 5782—2016 M10×20”。

（7）定位销

设置两个定位稍，定位销采用圆锥销，由附录 4（连接）中的附表 4-20 可查，定位销选择“销 GB/T 117—2000 8×35”。

9.11 齿轮精度设计

下面仅以大齿轮为例，说明其精度设计过程。

计算及说明	计算结果
（1）已知条件 根据前述内容可知：该一级减速器传递功率为 3.06kW，高速轴（齿轮轴）转速 n_1=480r/min，主、从动齿轮皆为标准直齿轮，均为 8 级精度，采用油池润滑。齿轮模数 m=3mm，标准压力角 $\alpha=20°$，变位系数 $x=0$，小齿轮和大齿轮的齿数分别为 z_1=25 和 z_2=87、分度圆直径分别为 d_1=75mm 和 d_2=261mm、齿顶圆直径分别为 d_{a1}=81mm 和 d_{a2}=267mm、齿宽分别为 b_1=65mm 和 b_2=60mm，大齿轮基准孔的公称尺寸为 ϕ50mm，中心距 a=168mm。 因为齿轮材料为 45 钢，线胀系数 $\alpha_1=11.5\times10^{-6}℃^{-1}$，箱体材料为铸铁，线胀系数 $\alpha_2=10.5\times10^{-6}℃^{-1}$。减速器工作时，齿轮温度增至 t_1= 45℃，箱体温度增至 t_2=30℃。箱体上轴承跨距 L=128mm。 （2）确定齿轮的强制性检测精度指标的公差（偏差允许值） 由附表 9-3 查得大齿轮的四项强制性检测精度指标的公差（偏差允许值）为：齿距累积总偏差允许值 F_p=70μm，单个齿距偏差允许值 $\pm f_{pt}=\pm18$μm，齿廓总偏差允许值 F_α=25μm，螺旋线总偏差允许值 F_β=29μm。 本减速器的齿轮属于普通齿轮，不需要规定 k 个齿距累积偏差允许值。 （3）确定公称齿厚及其极限偏差 分度圆上的公称弦齿厚 s_{nc} 和公称弦齿高 h_c 是通过下式进行计算。 $$\left.\begin{aligned} s_{nc} &= mz\sin\delta \\ h_c &= r_a - \frac{mz}{2}\cos\delta \end{aligned}\right\}$$	F_p=70μm $\pm f_{pt}=\pm18$μm F_α=25μm F_β=29μm

续表

计算及说明	计算结果
式中，δ 为分度圆弦齿厚之半所对应的中心角，$\delta=\dfrac{\pi}{2z}+\dfrac{2x}{z}\tan\alpha$；$r_a$ 为齿顶圆半径的公称值；m，z，α，x 分别为齿轮的模数、齿数、标准压力角、变位系数。	
将相关数据代入上式，计算得到分度圆上的公称弦齿高和公称弦齿厚分别为 s_{nc}= 4.71mm，h_c=3.02mm。如果采用公法线长度偏差作为侧隙指标，则不必计算 s_{nc} 和 h_c 数值。	
确定齿厚极限偏差时，首先确定齿轮副所需的最小法向隙 j_{bnmin}。其中，由下式计算确定补偿热变形所需的侧隙：	
$j_{bn1}=a(\alpha_1\Delta t_1-\alpha_2\Delta t_2)\times 2\sin\alpha$	
式中，a 为中心距，单位为 mm；α_1，α_2 为齿轮和箱体材料的线胀系数，单位为℃$^{-1}$；Δt_1，Δt_2 为齿轮温度和箱体温度分别对 20℃的偏差，即 $\Delta t_1=t_1-20$℃，$\Delta t_2=t_2-20$℃；α 为齿轮的标准压力角。	
将相关数据代入上式，计算得到补偿热变形所需的侧隙为	
$j_{bn1}=a(\alpha_1\Delta t_1-\alpha_2\Delta t_2)\times 2\sin\alpha$ $=168\times(11.5\times25\text{-}10.5\times10)\times10^{-6}\times2\times\sin20°=0.021(\text{mm})$	
减速器采用油池润滑，由附表 9-10 查得保证正常润滑所需的侧隙：	
$j_{bn2}=0.01m_n=0.01\times3=0.03(\text{mm})$	
因此 $j_{bnmin}=j_{bn1}+j_{bn2}=0.021+0.03=0.051\text{mm}=51(\mu\text{m})$	
然后，确定补偿齿轮和箱体的制造误差和安装误差所引起的侧隙减小量 J_{bn}，通过下式计算 J_{bn}：	
$J_{bn}=\sqrt{1.76f_{pt}^2+\left[2+0.34\left(\dfrac{L}{b}\right)^2\right]F_\beta^2}$ $=\sqrt{1.76\times18^2+\left[2+0.34\times\left(\dfrac{128}{60}\right)^2\right]\times29^2}=59.6(\mu\text{m})$	
由附表 9-9 查得中心距极限偏差 f_a=31.5μm。	
令大、小齿轮齿厚上偏差相同，计算大齿轮齿厚上偏差 E_{sns2} 为	
$E_{sns2}=-\left(\dfrac{j_{bnmin}+J_{bn}}{2\cos\alpha}+f_a\tan\alpha\right)$ $=-\left(\dfrac{51+59.6}{2\times\cos20°}+31.5\times\tan20°\right)\approx-70(\mu\text{m})$	$E_{sns2}\approx-70\mu\text{m}$
由附表 9-5 查得齿轮径向跳动允许值 F_r=56μm，从附表 9-11 查取切齿时径向进刀公差 b_r=1.26IT9=1.26×115=145(μm)。	
因此齿厚公差 T_{sn2} 选取为	
$T_{sn2}=2\tan\alpha\sqrt{b_r^2+F_r^2}=2\tan20°\sqrt{145^2+56^2}\approx113(\mu\text{m})$	$T_{sn2}\approx113\mu\text{m}$
最后，计算齿厚下偏差	
$E_{sni2}=E_{sns2}-T_{sn2}\approx-184(\mu\text{m})$	$E_{sni2}\approx-184\mu\text{m}$
（4）确定公称法向公法线长度及其极限偏差	
由于测量公法线长度较为方便，且测量精度较高，因此本例标准直齿轮采用公法线长度偏差作为测量指标。	
因为是标准的圆柱直齿轮（标准压力角 α=20°，变位系数 x=0），所以测量时的跨齿数 k 为	
$k=\dfrac{z\alpha}{180°}+0.5=\dfrac{87\times20°}{180°}+0.5=10.17$，取 k=11	k=11
通过下式计算公称法向公法线长度 W_n：	
$W_n=m\cos\alpha[\pi(k-0.5)+z\text{inv}\alpha]+2xm\sin\alpha$	
式中，m，z，α，x 分别为齿轮的模数、齿数、标准压力角、变位系数；k 为测量时的跨齿数（整数）；invα 为渐开线函数，即 invα =tanα-α（后面 α 的采用弧度），inv20°=0.014904。	
代入相关数据，计算得到公称法向公法线长度 W_n 为	

续表

计算及说明	计算结果
$W_n = m\cos\alpha[\pi(k-0.5)+z\text{inv}\alpha]+2xm\sin\alpha$ $=3\times\cos20°[\pi\times(11-0.5)+87\times0.014904]+2\times0\times3\sin20°$ $=96.600(\text{mm})$	W_n=96.6mm
确定公法线长度上偏差 E_{ws} 和下偏差 E_{wi} 为 $E_{ws}=E_{sns}\cos\alpha-0.72F_r\sin\alpha$ $=-70\times\cos20°-0.72\times56\times\sin20°=-80(\mu m)$	$E_{ws}=-80\mu m$
$E_{wi}=E_{sni}\cos\alpha+0.72F_r\sin\alpha$ $=-184\times\cos20°+0.72\times56\times\sin20°=-159(\mu m)$	$E_{wi}=-159\mu m$ $W_{n+E_{wi}}^{+E_{ws}}=96.600_{-0.159}^{-0.080}$
按计算结果，在齿轮零件图上这样标注：$96.600_{-0.159}^{-0.080}$mm 。	
（5）确定齿面的表面粗糙度轮廓幅度参数及上限值 按齿轮的精度等级，由附表 9-8 查得齿面的表面粗糙度轮廓幅度参数 *Ra* 的上限值为 3.2μm。	*Ra*=3.2μm
（6）确定齿轮坯公差 根据附表 9-7，基准孔直径尺寸公差为 IT7，其公差带确定为 $\phi50\text{H7}(_{0}^{+0.025})$，并采用包容要求Ⓔ。	$\phi50\text{H7}(_{0}^{+0.025})$ Ⓔ
齿顶圆柱面不作为测量齿厚的基准和切齿时的找正基准，齿顶圆直径尺寸公差带确定为 $\phi267\text{h11}(_{-0.320}^{0})$。	$\phi267\text{h11}(_{-0.320}^{0})$
根据附表 9-7，确定齿轮坯基准端面对基准孔轴线的轴向圆跳动公差值。 $t_t=0.2(D_d/b)F_\beta=0.2\times(253.5\div60)\times29=24.505(\mu m)\approx0.025(\text{mm})$	$t_t\approx0.025\text{mm}$
（7）确定齿轮副中心距的极限偏差和两轴线的平行度公差 由附表 9-9 查得中心距极限偏差 f_a=31.5μm，取 $a\pm f_a$= (168±0.032)mm。 由于箱体上两对轴承的跨距不相等（L_1=130mm，L_2=128mm），因此取跨距较大的轴线作为基准轴线。 轴线平面上的平行度公差 $f_{\Sigma\beta}$ 和垂直平面上的平行度公差 $f_{\Sigma\delta}$ 分别计算如下： $f_{\Sigma\beta}=\frac{L}{b}F_\beta=\frac{130}{60}\times29=63(\mu m)=0.063(\text{mm})$ $f_{\Sigma\delta}=0.5f_{\Sigma\beta}=0.5\times0.063\approx0.032(\text{mm})$	$f_{\Sigma\beta}=0.063\text{mm}$ $f_{\Sigma\delta}\approx0.032\text{mm}$
将上述相关数据标注在大齿轮零件图样上（略）。 在大齿轮零件图样的右上角标注出如下所示的齿轮啮合特性参数表	

齿轮啮合特性参数

模数		m	3
齿数		z_2	87
标准压力角		α	20°
螺旋角及方向		β	0°
精度等级			8 GB/T 10095.1—2008
齿距累积总偏差允许值		F_p	0.070
单个齿距偏差允许值		$\pm f_{pt}$	±0.018
齿廓总偏差允许值		F_α	0.025
螺旋线总偏差允许值		F_β	0.029
法向公法线长度	跨齿数	k	11
	公称值及极限偏差	$W_{n+E_{wi}}^{+E_{ws}}$	$96.600_{-0.159}^{-0.080}$
配偶齿轮的齿数		z_1	25
中心距及其极限偏差		$a\pm f_a$	168±0.032

附录1 机械设计基础课程设计题目选编

附录1.1 带式输送机传动装置设计（1）

（1）机械功能

带式输送机主要用于地面上如砂、碎石、煤粉、谷物等散装物料的输送，单向运转。

（2）工作条件

三种假设的工作条件如附表1-1所示，供设计选择。

附表1-1 工作条件

三种假设	A	B	C
工作年限	8（300d/年）	10（300d/年）	15（300d/年）
工作班制	2（8h/班）	2（8h/班）	1（8h/班）
工作环境	清洁	多灰尘	灰尘较少
载荷性质	平稳	轻微冲击	大的冲击
生产批量	小批量	大批量	单件
输送带工作速度允许误差	±5%		
环境温度	≤40℃		
三相交流电源的电压	380/220V		

（3）传动方案

带式输送机由电动机1驱动，电动机1通过V带传动2将动力传入一级圆柱齿轮减速器3，再通过联轴器4，将动力传至输送机滚筒5，驱动输送带6工作。带式输送机传动装置简图如附图1-1所示。

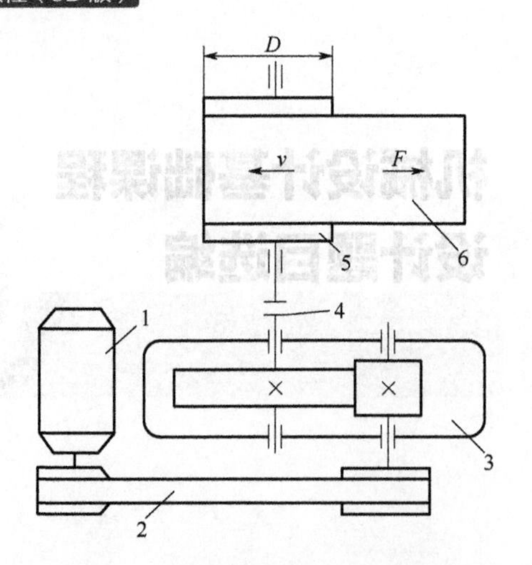

附图 1-1　带式输送机传动装置简图

1—电动机；2—V 带传动；3—一级圆柱齿轮减速器；4—联轴器；5—滚筒；6—输送带

（4）设计原始数据

具体设计数据见附表 1-2。

附表 1-2　设计的原始数据

序号	1	2	3	4	5	6	7	8	9	10	11	12
输送带拉力/kN	5	5	5	5	6	6	6	6	7	7	7	7
输送带速度/（m/s）	1.1	1.2	1.3	1.4	1.1	1.2	1.3	1.4	1.1	1.2	1.3	1.4
滚筒直径/mm	180	180	180	180	200	200	200	200	220	220	220	220
序号	13	14	15	16	17	18	19	20	21	22	23	24
输送带拉力/kN	6	6	6	6	7	7	7	7	8	8	8	8
输送带速度/（m/s）	1.1	1.2	1.3	1.4	1.1	1.2	1.3	1.4	1.1	1.2	1.3	1.4
滚筒直径/mm	180	180	180	180	200	200	200	200	220	220	220	220
序号	25	26	27	28	29	30	31	32	33	34	35	36
输送带拉力/kN	6	6	6	6	7	7	7	7	8	8	8	8
输送带速度/（m/s）	1.1	1.2	1.3	1.4	1.1	1.2	1.3	1.4	1.1	1.2	1.3	1.4
滚筒直径/mm	220	220	220	220	240	240	240	240	260	260	260	260
序号	37	38	39	40	41	42	43	44	45	46	47	48
输送带拉力/kN	5	5	5	5	6	6	6	6	7	7	7	7
输送带速度/（m/s）	2.1	2.2	2.3	2.4	2.1	2.2	2.3	2.4	2.1	2.2	2.3	2.4
滚筒直径/mm	180	180	180	180	200	200	200	200	220	220	220	220

续表

序号	49	50	51	52	53	54	55	56	57	58	59	60
输送带拉力/kN	6	6	6	6	7	7	7	7	8	8	8	8
输送带速度/（m/s）	2.1	2.2	2.3	2.4	2.1	2.2	2.3	2.4	2.1	2.2	2.3	2.4
滚筒直径/mm	180	180	180	180	200	200	200	200	220	220	220	220
序号	61	62	63	64	65	66	67	68	69	70	71	72
输送带拉力/kN	6	6	6	6	7	7	7	7	8	8	8	8
输送带速度/（m/s）	2.1	2.2	2.3	2.4	2.1	2.2	2.3	2.4	2.1	2.2	2.3	2.4
滚筒直径/mm	220	220	220	220	240	240	240	240	260	260	260	260

附录1.2 带式输送机传动装置设计（2）

（1）机械功能

带式输送机主要用于地面上如砂、碎石、煤粉、谷物等散装物料的输送，单向运转。

（2）工作条件

三种假设的工作条件如附表1-3所示，供设计选择。

附表1-3 工作条件

三种假设	A	B	C
工作年限	8（300d/年）	10（300d/年）	15（300d/年）
工作班制	2（8h/班）	2（8h/班）	1（8h/班）
工作环境	清洁	多灰尘	灰尘较少
载荷性质	平稳	轻微冲击	大的冲击
生产批量	小批量	大批量	单件
输送带工作速度允许误差	±5%		
环境温度	≤40℃		
三相交流电源的电压	380/220V		

（3）传动方案

带式输送机由电动机1驱动，电动机1通过联轴器2将动力传入一级圆柱齿轮减速器3，再通过链传动4，将动力传至输送机滚筒5，驱动输送带6工作。带式输送机传动装置简图如附图 1-2 所示。

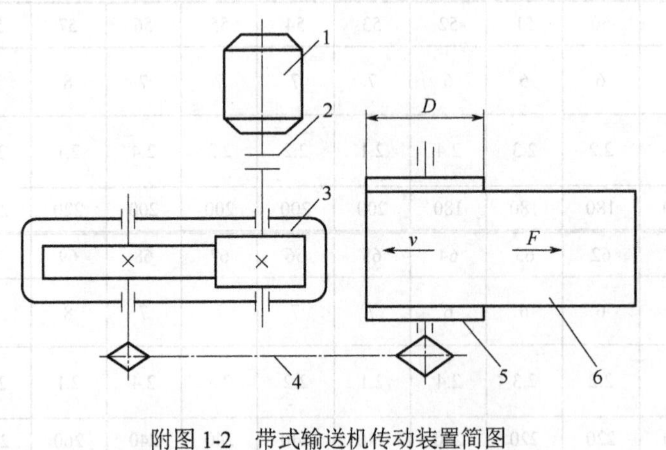

附图 1-2　带式输送机传动装置简图

1—电动机；2—联轴器；3—一级圆柱齿轮减速器；4—链传动；5—滚筒；6—输送带

（4）设计原始数据

具体设计数据见附表 1-4。

附表 1-4　设计的原始数据

序号	1	2	3	4	5	6	7	8	9	10	11	12
输送带拉力/kN	5	5	5	5	6	6	6	6	7	7	7	7
输送带速度/（m/s）	1.1	1.2	1.3	1.4	1.1	1.2	1.3	1.4	1.1	1.2	1.3	1.4
滚筒直径/mm	180	180	180	180	200	200	200	200	220	220	220	220
序号	13	14	15	16	17	18	19	20	21	22	23	24
输送带拉力/kN	6	6	6	6	7	7	7	7	8	8	8	8
输送带速度/（m/s）	1.1	1.2	1.3	1.4	1.1	1.2	1.3	1.4	1.1	1.2	1.3	1.4
滚筒直径/mm	180	180	180	180	200	200	200	200	220	220	220	220
序号	25	26	27	28	29	30	31	32	33	34	35	36
输送带拉力/kN	6	6	6	6	7	7	7	7	8	8	8	8
输送带速度/（m/s）	1.1	1.2	1.3	1.4	1.1	1.2	1.3	1.4	1.1	1.2	1.3	1.4
滚筒直径/mm	220	220	220	220	240	240	240	240	260	260	260	260
序号	37	38	39	40	41	42	43	44	45	46	47	48
输送带拉力/kN	5	5	5	5	6	6	6	6	7	7	7	7
输送带速度/（m/s）	2.1	2.2	2.3	2.4	2.1	2.2	2.3	2.4	2.1	2.2	2.3	2.4
滚筒直径/mm	180	180	180	180	200	200	200	200	220	220	220	220

续表

序号	49	50	51	52	53	54	55	56	57	58	59	60
输送带拉力/kN	6	6	6	6	7	7	7	7	8	8	8	8
输送带速度/（m/s）	2.1	2.2	2.3	2.4	2.1	2.2	2.3	2.4	2.1	2.2	2.3	2.4
滚筒直径/mm	180	180	180	180	200	200	200	200	220	220	220	220
序号	61	62	63	64	65	66	67	68	69	70	71	72
输送带拉力/kN	6	6	6	6	7	7	7	7	8	8	8	8
输送带速度/（m/s）	2.1	2.2	2.3	2.4	2.1	2.2	2.3	2.4	2.1	2.2	2.3	2.4
滚筒直径/mm	220	220	220	220	240	240	240	240	260	260	260	260

附录1.3 卷扬机传动装置设计

（1）机械功能

卷扬机主要用于建筑工地、矿山等提升物料或矿石，双向运转。

（2）工作条件

三种假设的工作条件如附表 1-5 所示，供设计选择。

附表 1-5 工作条件

三种假设	A	B	C
工作年限	8（300d/年）	10（300d/年）	15（300d/年）
工作班制	2（8h/班）	2（8h/班）	1（8h/班）
工作环境	清洁	多灰尘	灰尘较少
载荷性质	平稳	轻微冲击	大的冲击
生产批量	小批量	大批量	单件
钢丝绳牵引速度允许误差	±5%		
环境温度	≤40℃		
三相交流电源的电压	380/220V		

（3）传动方案

卷扬机由电动机 2 驱动，电动机 2 通过 V 带传动将动力传入一级圆柱齿轮减速器 3，再通过联轴器 4，将动力传至卷扬机滚筒 6，驱动钢丝绳 5 工作，从而提升重物 7，卷扬机传动装置简图如附图 1-3 所示。

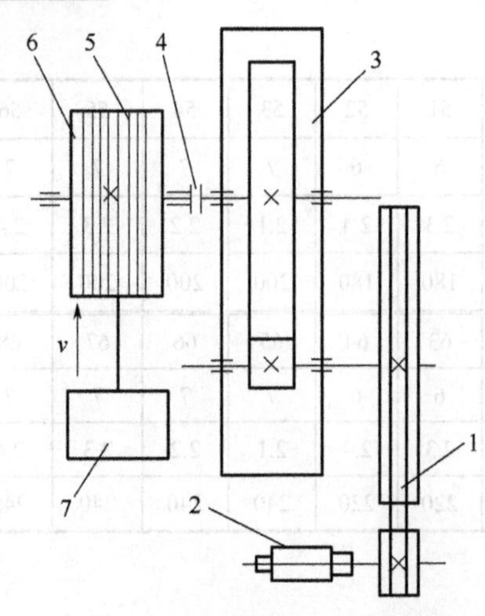

附图 1-3　卷扬机传动装置简图

1—V 带传动；2—电动机；3—一级圆柱齿轮减速器；4—联轴器；5—钢丝绳；6—滚筒；7—重物

（4）设计原始数据

具体设计数据见附表 1-6。

附表 1-6　设计的原始数据

序号	1	2	3	4	5	6	7	8	9	10	11	12
钢丝绳牵引力/kN	5	5	5	5	6	6	6	6	7	7	7	7
钢丝绳牵引速度/（m/s）	1.1	1.2	1.3	1.4	1.1	1.2	1.3	1.4	1.1	1.2	1.3	1.4
滚筒直径/mm	180	180	180	180	200	200	200	200	220	220	220	220
序号	13	14	15	16	17	18	19	20	21	22	23	24
钢丝绳牵引力/kN	6	6	6	6	7	7	7	7	8	8	8	8
钢丝绳牵引速度/（m/s）	1.1	1.2	1.3	1.4	1.1	1.2	1.3	1.4	1.1	1.2	1.3	1.4
滚筒直径/mm	180	180	180	180	200	200	200	200	220	220	220	220
序号	25	26	27	28	29	30	31	32	33	34	35	36
钢丝绳牵引力/kN	6	6	6	6	7	7	7	7	8	8	8	8
钢丝绳牵引速度/（m/s）	1.1	1.2	1.3	1.4	1.1	1.2	1.3	1.4	1.1	1.2	1.3	1.4
滚筒直径/mm	220	220	220	220	240	240	240	240	260	260	260	260
序号	37	38	39	40	41	42	43	44	45	46	47	48
钢丝绳牵引力/kN	5	5	5	5	6	6	6	6	7	7	7	7
钢丝绳牵引速度/（m/s）	2.1	2.2	2.3	2.4	2.1	2.2	2.3	2.4	2.1	2.2	2.3	2.4
滚筒直径/mm	180	180	180	180	200	200	200	200	220	220	220	220
序号	49	50	51	52	53	54	55	56	57	58	59	60
钢丝绳牵引力/kN	6	6	6	6	7	7	7	7	8	8	8	8
钢丝绳牵引速度/（m/s）	2.1	2.2	2.3	2.4	2.1	2.2	2.3	2.4	2.1	2.2	2.3	2.4
滚筒直径/mm	180	180	180	180	200	200	200	200	220	220	220	220
序号	61	62	63	64	65	66	67	68	69	70	71	72
钢丝绳牵引力/kN	6	6	6	6	7	7	7	7	8	8	8	8
钢丝绳牵引速度/（m/s）	2.1	2.2	2.3	2.4	2.1	2.2	2.3	2.4	2.1	2.2	2.3	2.4
滚筒直径/mm	220	220	220	220	240	240	240	240	260	260	260	260

附录 2～附录 11 二维码

附录 2　一般标准与规范

附录 3　常用工程材料

附录 4　连接

附录 5　滚动轴承

附录 6　联轴器

附录 7　电动机

附录 8　公差配合与几何公差

附录 9　渐开线圆柱齿轮传动精度

附录 10　齿轮传动

附录 11　带传动

参考文献

[1] 杨可桢，程光蕴，李仲生，等．机械设计基础［M］．6版．北京：高等教育出版社，2016.

[2] 成大先．机械设计手册［M］．6版．北京：化学工业出版社，2016.

[3] 谢忠东，武立波．机械设计基础课程设计［M］．大连：大连理工大学出版社，2017.

[4] 颜伟，熊娟．机械设计课程设计［M］．北京：北京理工大学出版社，2017.

[5] 杨恩霞，刘贺平．机械设计课程设计［M］．3版．哈尔滨：哈尔滨工程大学出版社，2017.

[6] 银金光，余江鸿．机械设计课程设计［M］．北京：冶金工业出版社，2018.

[7] 郭聚东，龚建成．机械设计课程设计［M］．3版．武汉：华中科技大学出版社，2015.

[8] 贺红林，封立耀．新编机械设计基础课程设计［M］．武汉：华中科技大学出版社，2018.

[9] 崔金磊，刘晓玲．机械设计基础课程设计——以单级圆柱齿轮减速器设计为例［M］．北京：北京理工大学出版社，2017.

[10] 孙德志，张伟华，邓子龙．机械设计基础课程设计［M］．2版．北京：科学出版社，2014.

[11] 赵又红，周知进．机械设计/机械设计基础课程设计指导书［M］．3版．长沙：中南大学出版社，2017.

[12] 陈立德．机械设计基础课程设计指导书［M］．5版．北京：高等教育出版社，2019.

[13] 林秀君，林怡青，谢宋良，等．机械设计基础课程设计——基于SolidWorks的实现［M］．北京：清华大学出版社，2019.

[14] 张春宜，郝广平，刘敏．减速器设计实例精解［M］．北京：机械工业出版社，2010.

[15] 刘晓玲，崔金磊．基于CDIO的机械设计课程设计［M］．北京：清华大学出版社，2017.

[16] 甘永立．几何量公差与检测［M］．10版．上海：上海科学技术出版社，2013.